蒸气云爆炸、压力容器爆裂、沸腾液体膨胀蒸气爆炸与闪燃危险指南

（第二版）

Guidelines for Vapor Cloud Explosion, Pressure Vessel Burst, BLEVE and Flash Fire Hazards, Second Edition

〔美〕Center for Chemical Process Safety　编著

郎需庆　管孝瑞　唐诗雅　等译

牟善军　陶　彬　校

杨　哲　审

中国石化出版社

内 容 提 要

　　本书在介绍蒸气云爆炸、压力容器爆裂、沸腾液态体膨胀蒸气爆炸和闪燃的基本概念和特性的基础上，提供了这些风险的整体评估方法，同时还配有相关风险的事故案例，使读者更加直观识别风险及现象，为预防和处置风险提供帮助。

　　本书可供石油石化及相关设备设施管理的行业或企业的管理人员，从事生产设备、设计、制造、安全、环保的管理人员和技术人员，以及基层生产操作、维修人员学习和参考。

著作权合同登记　图字：01-2020-0814 号

Guidelines for Vapor Cloud Explosion, Pressure Vessel Burst, BLEVE and Flash Fire Hazards, Second Edition
By Center for Chemical Process Safety (CCPS), ISBN: 978-0-470-25147-8
Copyright © 2010 by American Institute of Chemical Engineers, Inc. All rights reserved.
All Rights Reserved. This translation published under license. Authorized translation from the English language edition, Published by John Wiley & Sons. No part of this book may be reproduced in any form without the written permission of the original copyrights holder.

　　本书中文简体中文文字版专有翻译出版权由 John Wiley & Sons, Inc. 公司授予中国石化出版社。未经许可，不得以任何手段和形式复制或抄袭本书内容。

图书在版编目(CIP)数据

蒸气云爆炸、压力容器爆裂、沸腾液体膨胀蒸气爆炸与闪燃危险指南：第二版 / 美国化工过程安全中心编著；郎需庆，管孝瑞，唐诗雅译. — 北京：中国石化出版社，2020.9(2022.3 重印)
书名原文：Guidelines for Vapor Cloud Explosion, Pressure Vessel Burst, BLEVE and Flash Fire Hazards, Second Edition
ISBN 978-7-5114-5916-9

Ⅰ.①蒸… Ⅱ.①美… ②郎… ③管… ④唐… Ⅲ.①防爆-指南 Ⅳ.①X932-62

中国版本图书馆 CIP 数据核字(2020)第 155062 号

中国石化出版社出版发行

地址：北京市东城区安定门外大街 58 号
邮编：100011　电话：(010)57512500
发行部电话：(010)57512575
http://www.sinopec-press.com
E-mail: press@sinopec.com
北京富泰印刷有限责任公司印刷
*
787×1092 毫米 16 开本 16.5 印张 314 千字
2021 年 4 月第 1 版　2022 年 3 月第 2 次印刷
定价：98.00 元

翻译人员

(按姓氏笔画排序)

尹树孟　牟小冬　李栖楠　周日峰

郎需庆　单晓雯　唐诗雅　程龙军

蒋　秀　焦金庆　管孝瑞

译者的话

对于爆炸与闪燃等风险评估领域的初学者而言，本书为掌握这些事故风险评估方法提供了一个起点的入门书籍。对经验丰富的研究者而言，本书提供了本领域的研究概述和很多参考资料。针对相关事故现象，概述了过去及现在正在开展的实验及理论研究工作，精选了一些事故后果评估方法。让读者充分理解闪燃和爆炸的基本物理过程及当前应用的风险评估方法，管理者可以利用本书可对这些事故现象有基本的理解，利用计算方法评估事故后果，并了解这些计算方法的局限性。

本书中提供了大量实验数据、历史事故、案例问题帮助读者理解蒸气云爆炸和闪燃等事故的潜在后果，针对不同的情况得出定量化的结果。这些数据将作为有用的基准为风险分析人员得出事故后果风险预测结果提供重要的基准数据。对这些危险物质构成的风险有了清晰认识后，才能对企业的建筑设施和工作人员的工作场所提供一定等级的适合的防护措施。

目 录

I

表格清单

插图清单

术　语

爆炸：爆炸是一种极为迅速的物理或化学的能量释放过程。在较短时间和较小空间内，能量从一种形式向另一种或几种形式转化并伴有强烈机械效应的过程。在此过程中，空间内的物质以极快的速度把其内部所含有的能量释放出来，转变成机械功、光和热等能量形态。

沸腾液体膨胀蒸气爆炸(BLEVE)：储存在高于大气压沸点和大气压压力的压力容器中的易燃或其他液体突然释放，导致液相介质迅速蒸发膨胀，同时释放能量。如果突然降压的液体是可燃的，并且突然降压是由外部火灾导致容器损坏引起的，则沸腾液体膨胀蒸气爆炸通常伴随着火球。闪蒸过程中所释放的能量可能会引起冲击波。

燃烧速度：火焰通过可燃气体-空气混合物时的传播速度。此速度的测量与火焰前端的未燃气体直接相关。层流燃烧速度是燃烧的气体-空气混合物的基本性质。

爆燃：一种燃烧反应区前沿扩散速度低于音速的化学传递反应。

爆轰：一种燃烧反应区前沿扩散速度高于音速的化学传递反应。

辐射率：一个表面发出的辐射能与相同温度的黑体发出的辐射能之比。

辐射功率：火场单位面积内表面发射的总辐射功率(也称表面辐射功率)。

火球：一种燃烧的可燃物与空气的混合物，其能量主要以辐射热形式释放。该混合物的内核几乎完全由可燃物组成，而外层(初始着火位置)由可燃物-空气的混合物组成。当热气体的浮力增加时，该混合物会上升、膨胀，并呈现出球形。

火焰速度：相对于一个固定的参照物，火焰在燃烧的可燃气与空气的混合物中传播的速度，即未燃烧气体的燃烧与传播速度之和。

可燃极限：可燃物质在均相物质中与氧化剂可形成火焰的最低和最高浓度。

闪蒸：当某液体的压力突然降至大气压力时，其温度高于其大气压下的沸点，部分或全部液体瞬间蒸发。

闪燃：可燃气体或蒸气与空气混合物的燃烧所形成的火焰在混合物中以可忽略或不产生破坏性超压的方式传播。

冲量：定义为冲击波造成伤害的能力量度，可由压力-时间曲线的积分计算得到。

射流(Jet)：液体、蒸气或气体从喷流孔喷射到自由空间，其喷射动量吸引周围的空气与喷出的物质混合。

稀薄混合物：可燃气体或蒸气与空气的混合物，其燃料浓度低于燃烧下限(LFL)。

富集混合物：可燃气体或蒸气与空气的混合物，其燃料浓度高于燃烧上限(UFL)。

负相：爆炸冲击波中压力低于环境压力的区域。

超压：由爆炸引起的高于大气压的压力。

正相：爆炸冲击波中压力高于环境压力的区域。

反射压力：物体所受到爆炸作用的冲击或压力。

侧面压力：当爆炸冲击波从物体旁边经过时，物体所受到的冲击或压力。

化学计量比：是化学工程名词，其为空气(或氧气)与可燃物质的精确比例，能够使所有的氧气与可燃物质发生完全氧化反应。

过热极限温度：液体温度高于其闪蒸的温度。

透射率：从物体发出的热辐射能量经大气吸收和散射后透过大气传给目标物体的辐射能量与总能量的比值。

TNT 爆炸当量：用释放相同能量的 TNT 炸药（三硝基甲苯）的质量表示气体爆炸释放能量的一种习惯计量方法。某物质在给定条件下爆炸产生的破坏效应与一定质量的 TNT（三硝基甲苯）炸药爆炸产生的破坏作用相近，则该 TNT 质量即为该物质的 TNT 爆炸当量。对于非凝聚态物质爆炸，只有在离爆炸源相当远的位置爆炸，所产生的爆炸波的性质或多或少与 TNT 相似，此时该物质的 TNT 爆炸当量值才有意义。

湍流：湍流是流体的一种流动状态。当流速很小时，流体分层流动，互不混合，称为层流，也称为稳流或片流；逐渐增加流速，流体的流线开始出现波浪状的摆动，摆动的频率及振幅随流速的增加而增加，此种流况称为过渡流；当流速增加到很大时，流线不再清楚可辨，流场中有许多小漩涡，层流被破坏，相邻流层间不但有滑动，还有混合，形成湍流，又称为乱流、扰流或紊流。

蒸气云爆炸：由可燃蒸气、气体或薄雾引起的爆炸，其火焰能加速到足够高的速度，且产生明显的超压。

视角系数：一个表面接收到的辐射功率与发射表面单位面积内的发射功率之比。

致　　谢

本指南是由美国化学工程师协会化学过程安全中心赞助的两个项目的成果。第二版指南是在由以下工程师和科学家组成的蒸气云爆炸小组委员会的指导下编写的：

Larry J. Moore（FM Global），主席

Chris R. Buchwald(ExxonMobil)

Gary A. Fitzgerald(ABS Consulting)

Steve Hall(BP plc)

Randy Hawkins(RRS Engineering)

David D. Herrmann(DuPont)

Phil Partridge(The Dow Chemical Company)

Steve Gill Sigmon(Honeywell-Specialty Materials)

James Slaugh(LyondellBasell)

Jan C. Windhorst(NOVA Chemical，emeritus)

第二版由贝克工程(Baker Engineering)和风险咨询公司(Risk Consultants Inc.)的爆炸效应小组编写。作者是：

Quentin A. Baker

Ming Jun Tang

Adrian J. Pierorazio

A. M Birk(Queen's University)

John L. Woodward

Ernesto Salzano(CNR-Institute of Research on Combustion)

Jihui Geng

Donald E. Ketchum

Philip J. Parsons

J. Kelly Thomas

Benjamin Daudonnet

作者和小组委员会在编写期间得到了 CCPS 工作人员代表 John Davenport 的大力支持。

感谢贝克工程(Baker Engineering)和风险咨询公司(Risk Consultants Inc.)的 Moira Woodhouse 和 Phyllis Whiteaker 在本书的编辑、排版和成书方面的辛苦付出。

CCPS 也感谢下列同行评议的意见：

Eric Lenior (AIU Holding)

Fred Henselwood (NOVA Chemical)

John Alderman (RRS Engnieering)

Lisa Morrison (BP International Limited)

Mark Whitney (ABS Consulting)

William Vogtman (SIS-TECH Solutions)

David Clark (Dupont, emeritus)

关于命名和单位的说明

　　本书中的公式来自许多参考资料，并非所有的参考资料都使用一致的命名（符号）和单位。为方便各资料源之间进行比较，每一资料内的命名和单位都没有改变。

　　书中每个公式（或一组公式）后面都有术语和单位，读者应确保在将这些公式应用在工程中时使用适当的值。

1 引言

40多年来，美国化学工程师协会（AIChE）一直致力于研究石油化工企业的工艺安全与损失控制管理。美国化学工程师协会（AIChE）因其在工艺设计、工程建造、装置操作、安全专业人才培养及学术交流等众多领域的密切联系，在石油化工行业安全标准方面推动了不同领域间的业务交流，促进了行业进步。该协会在事故原因分析与预防方面的出版物及组织的学术研讨会为化学工程人员提供了重要的信息来源。

早在1985年，美国化学工程师协会（AIChE）组建了化工过程安全中心（CCPS）作为过程安全的持续研究中心。该中心组织出版的第一本著作是《风险评估导则》（*Guidelines for Hazard Evaluation Procedures*）。《蒸气云分散模型应用导则》（*Guidelines for Use of Vapor Cloud Dispersion Models*）在1987年面世，《化工过程定量风险评估导则》（*Guidelines for Chemical Process Quantitative Risk Analysis*）和《技术管理在化工过程安全的应用导则》（*Guidelines for Technical Management of Chemical Process Safety*）在1989年出版。

本书的第一版于1994年出版，是CCPS出版物中论述最全面的技术文献。

本书（即第二版）旨在为化学工程师提供闪燃、蒸气云爆炸、压力容器爆裂、沸腾液体膨胀蒸气爆炸特性的整体评估方法。本书总结并评估了这些方法的优缺点，综述了本领域正在研究的工作。此外，本书的内容安排与以往的版本区别很大。其中，将压力容器爆裂作为单独的一章。

对于爆炸与闪燃风险评估领域的初学者而言，本书是掌握这些事故风险评估方法的入门书籍。对经验丰富的研究者而言，本书提供了本领域的研究概述和很多参考资料。管理者利用本书可对这些事故现象有基本的理解，利用计算方法评估事故后果，并了解这些计算方法的局限性。

本书第2章的目标读者是企业管理者，本章包括了闪燃、蒸气云爆炸、压力容器爆裂、沸腾液体膨胀蒸气爆炸风险的概述等内容。第3章提供了这些风险的事故案例。这些事故案例讲述了事故发生时的现场状况，强调了这些事故的严重后果以及开展风险评估的必要性。

第4章概述了与闪燃、蒸气云爆炸、压力容器爆裂、沸腾液体膨胀蒸气爆炸相关的基本概念，并且讨论了扩散、点火源、火焰、热辐射、蒸气云爆炸及爆炸波等概念。

第5章~第8章分别阐述每种事故（如闪燃、蒸气云爆炸等）的风险及现象。这几章针对相关事故现象，概述了过去及现在正在开展的实验及理论研究工作，精选了一些事故后果评估方法。此外，每一章节都有举例说明这些方法的使用步骤，第9章是参考文献。

本书旨在让读者充分理解闪燃和爆炸的基本物理过程及当前应用的风险评估方法，而不仅仅是详细讨论该领域的所有实验及理论研究工作。

本书不涉及毒性、受限空间爆炸（如建筑物内的爆炸等）、粉尘爆炸、反应失控、凝聚态物质爆炸、池火、喷射火、建筑物的抗震等问题，本书也不阐述这些事故的发生概率及频次。本书为感兴趣的读者提供了针对这些专题的参考文献。

2 管理概述

当可燃液体或气体作为燃料被广泛用于工业生产及日常消费时，火灾和爆炸事故便时有发生。Davenport（1977 年）、Strehlow 与 Baker（1976 年）、Lees（1980 年）、Lenoir 与 Davenport（1993 年）等对这些事故进行了分类总结。与可燃液体或气体相关的事故包括沸腾液态膨胀蒸气爆炸、闪燃、蒸气云爆炸等，这类事故的发生取决于环境条件。

工业火灾爆炸事故发生次数多、事故后果严重。据 Marsh（2007 年）统计，2006 年在世界范围内发生了 23 起重大工业火灾与爆炸事故，直接造成了 67 人死亡与 394 人受伤。在这些事故中，化工企业事故造成 24 人死亡、56 人受伤，其中，发生在中国的单起事故造成了 22 人死亡、29 人受伤。另外，故意破坏输油管线造成 336 人死亡及 124 人受伤。这些工业事故及对输油管线的故意破坏共计造成 2.59 亿美元的损失。

本书探讨了易燃物质泄漏的后果，提供了评估火灾爆炸风险的实用方法，这对工业设施良好运行的过程安全管理非常必要。可燃物质燃烧能产生热量及爆炸超压风险，这些风险随着可燃物质燃烧能量以及能量释放与扩散速率的增大而增加。除了可燃物质泄漏（如压力容器失效，其液态介质挥发为蒸气，也可能未蒸发为蒸气）造成的爆炸事故外，本书对其他类型的爆炸也进行了阐述。只有对这些可燃物质构成的风险有了清晰认识后，才能为企业的建筑设施和人员提供适合的防护措施。比如，若对风险评估过高，则会造成建筑设施的防护过度，造成不必要的投资；若对风险评估偏低，则会造成建筑设施及工作人员的保护不足。

为了降低评估不当的可能性，可以分析满足甚至超过现行行业标准/推荐的、合理的工业过程设计及可靠性工程。这些行业推荐做法包括系统设计中科学合理的卸压与放空系统、充分的维护与检测程序、良好的人力资源管理等。另外，成功的风险管理最重要的因素是高度负责的管理。

利用数学模型可以计算这些事件的后果，从而制定风险减缓措施。风险减缓措施包括减少储存量、降低储存容器容积、隔离与减压、改变企业位置、优化平面布局、合理选择控制室位置、对控制室进行抗爆加固、增强设备强度等。

近些年，国际上报道的大量研究结果以及频发的工业事故使得人们关于闪燃、蒸气云爆炸、压力容器爆裂、沸腾液体膨胀蒸气爆炸等事故后果评估的认识明显加深。对超压、热辐射及破碎概念的深刻理解促进了这些事故后果数学计算模型的发展。

本章后续篇幅将对闪燃、蒸气云爆炸、压力容器爆裂、沸腾液体膨胀蒸气爆炸的概念进行简要介绍。通过闪燃与爆炸的事故案例说明这些事故在某些条件下是如何发生的，强调这些事故的后果以及预测后果的必要性。第 3 章将对这些类型事故进行更详细的案例介绍。

2.1 闪燃

闪燃是可燃气或可燃气与空气混合物的燃烧，其产生短暂的高温风险（thermal hazard），伴有轻微的超压（爆炸冲击波）。请参照 1972 年在弗吉尼亚 Lynchburg 发生的一起运输液体丙烷的半拖车事故案例。这起事故中储罐失效造成至少 15m³ 液体丙烷泄漏。丙烷蒸气在被点燃前，从储罐扩散到至少 120m 外的区域。遇到点火源后，先发生闪燃，随后形成一个火球。这个火球吞没了拖车，致司机死亡，并造成位于火球外大量人员严重烧伤。这起案例在第 3.2.2 节中详细介绍。

2.2 蒸气云爆炸

蒸气云爆炸是可燃气、可燃气与空气的混合物以比闪燃更快的速率燃烧。火焰与周围受限空间的作用导致燃烧速率加快，从而造成超压（如爆炸冲击波）。最典型的蒸气云爆炸事故案例是 1974 年发生在英国 Flixborough 工厂的事故。大约 30t 环己烷从环己烷反应器泄漏并形成一个巨大的蒸气云，在泄漏约 1min 后蒸气云被点燃。蒸气云由于受到工厂设备及建筑物的空间限制，火焰燃烧加快，形成的爆炸冲击波造成办公楼与控制室倒塌。本起事故共造成 28 人死亡，其中，控制室 18 人死亡。在工厂周围约 2000 个家庭房屋受到破坏，此起事故将在第 3.3.1 节中介绍。

2.3 压力容器爆裂

在压力容器爆裂事故中，容器内压缩气体的突然膨胀形成爆炸冲击波，夹杂着碎片从爆炸源向外扩散。1991 年发生在美国得克萨斯州 Seadrift 联合碳物质化工厂的爆炸是这类典型事故。1 号环氧乙烷再蒸馏釜（ethylene oxide redistillation still，ORS）在维修期间停工，事故发生前已经维修了几天[事故发生前几天，1 号环氧乙烷再蒸馏釜（ORS）曾被关闭进行维护和维修]。1 号蒸馏塔最大工作允许压力是 6bar（1bar＝100kPa），投产后约 1h 发生了爆炸。1 号环氧乙烷再蒸馏釜内积聚的压力达到最大允许工作压力的 4 倍，导致延性破裂失效。反应塔塔壁 2/3 处的上部发生破裂，该事故案例详细信息请见第 3.4.2 节。

2.4 沸腾液体膨胀蒸气爆炸

沸腾液体膨胀蒸气爆炸是以高于常压下沸点温度储存液体的压力容器爆炸。该容器内的液体可能是易燃物，也可能是非易燃物，如热水锅炉。约 20% 的沸腾液体膨胀蒸气爆炸事故是非易燃的液化气体爆炸（Abbasi，2007 年），这类事故的主要风险是压力容器超压破碎造成的抛射碎片。若容器内易燃物质被点燃，通常首先会产生一个火球，其次是因液体快速蒸发形成气体而形成的压力波。

1970 年，美国伊利诺得州 Crescent City 发生的火车脱轨事故造成了沸腾液体膨胀蒸气爆炸事故。这列火车有 9 节储存液化石油气（LPG）的车厢，一节车辆发生破裂，受火灾的影响，5 节车辆在 4h 内发生了沸腾液体膨胀蒸气爆炸事故。第一次爆炸在发生脱轨事故后 1h。爆炸使得这些车厢偏离了脱轨地点，其中一节车厢被抛到 480m 远的地方。附近的房屋受到严重损毁。据报道，有 66 人受伤，无人员死亡。该事故在第 3.5.3 节中详细讲述。

2.5 评估方法

本书中，针对每个风险类型提供了大量评估方法。这些评估方法简繁不一，简化的评估方法仅需要少量计算，复杂的评估方法需要复杂的数学模型在大型计算机上进行数百万次的计算。当然，这些评估方法在使用过程中可进行适当的简化或假设处理。更精确的评估方法需避免一些简化处理，通过相当高水平的数据输入和分析可获得更加准确的结果。本书中针对一些风险类型介绍了计算流体动力学（CFD）模型的应用，但是并不意味着该模型更加准确。使用 CFD 模型需要掌握高水平的专业知识。不管使用哪种模型和方法，都需要运用专业知识恰当地使用模型，其计算结果可能会受输入数据的质量、假设条件、模型应用于实际工况的可行性及其他因素影响而差异很大。

本书中提供了大量实验数据、历史事故、案例问题帮助读者理解闪燃、蒸气云爆炸等事故的潜在后果，针对不同情况得出定量化的结果。这将为风险分析人员得出风险预测结果提供重要的基准数据。

3 事故案例

3.1 历史经验

本章典型事故案例的选择充分考虑事故信息的有效性、材料的种类和数量、事故现场毁坏程度等诸多因素。各因素的具体情况如下：

- 事故介质：氢、丙烯、丙烷、环己烷、环氧乙烷和液化天然气等。
- 事故类型：蒸气云爆炸、沸腾液体膨胀蒸气爆炸（BLEVEs）、压力容器爆裂和闪燃。
- 事故日期：1964~2007 年。
- 泄漏量：90kg（200lb）~40000kg（85000lb）。
- 事故场所：从乡村到非常拥挤的工业区。
- 信息有效性：记录完整的事故（如得克萨斯城福利克斯堡事故）和记录不充分的事故（如乌法事故）。
- 严重程度：死亡人数和损害程度在案例中差别很大。

关于闪燃事故的文献很少。在对蒸气云爆炸的几次事故描述中，似乎也发生了闪燃。闪燃的选择和描述主要基于信息的有效性。

3.2 闪燃

3.2.1 美国艾奥瓦州唐纳森：丙烷火灾

1978 年 8 月 3 日晚，一条输送液化丙烷的管道破裂导致丙烷泄漏。美国国家运输安全委员会的报告（1979 年）中描述了一个直径 20cm（8in）的输送液化丙烷管道破裂引起的闪燃事故。事故涉及的管线包括从艾奥瓦州伯明翰枢纽处的泵站至伊利诺伊州法明顿的一个油库储罐之间的管线。在艾奥瓦州唐纳森附近的玉米地里，管道在 1200psig（1psig ≈ 6894.76Pa）的压力下破裂。丙烷从长度 838cm（33in）的裂缝中泄漏出来，然后气化为蒸气云。蒸气云穿过田野，沿着地势穿过公路。蒸气云最终覆盖了面积 30.4ha（公顷，1ha = 0.01km²；75 acres）的田地和树林，环绕着一座农舍及其附属建筑。当时气象条件是轻风，温度约为 15℃（约 59℉）。8 月 4 日 0 时 2 分，丙烷气云被不明点火源点燃。大火摧毁了 1 座农舍、6 座附属建筑和 1 辆汽车，损坏了另外 2 栋房子和 1 辆汽车。有 2 人死在农舍里。住在破裂管道公路对面的 3 个人听到了管道爆裂，当丙烷蒸气云被点着时，他们逃离了房子。这 3 个人烧伤面积都达到 90% 以上，一人后来死于烧伤。消防部门扑灭了森林和邻近房屋中较小的火灾。

管道破裂处火焰高度高达 120m（400ft）。在关闭阀门隔离失效管段之前，一直处于燃烧状态。

事故调查表明，管道破裂是由管材应力引起的，很有可能是 3 个月前管道重新布置造成的损坏。邻近事故现场的道路当时在同时施工，管道被削凿过并产生了凹痕。

3.2.2 美国弗吉尼亚州林奇堡：丙烷火灾

1972 年 3 月 9 日，一辆装载液态丙烷的半挂车因翻车导致丙烷泄漏。美国国家运输安全委员会的报告（1973 年）中描述了该事故。1972 年 3 月 9 日，这辆卡车行驶在双车道的美国 501 号公路上，车速约为 40km/h（25mph）。在距弗吉尼亚州林奇堡以北 11km（7 英里）的下坡路段，卡车在急转弯处进行变道，与此同时，一辆汽车从另一方向驶向转弯车道。卡车司机设法回到自己这侧的路上，但为了避免撞到弯道内侧的路堤，卡车侧翻向了自己的右侧。该场景如图 3.1 所示。

储罐上的人孔盖撞到了石头上造成了储罐破裂，导致丙烷泄漏。道路的一边是一片树林，另一边是陡峭上升的路堤、树和灌木丛，然后是一条陡降的小溪。

卡车司机下车后，从事故现场向卡车驶来的方向跑去，警告驶近的车辆。第一辆驶来的车司机停车，并打算倒车，但是另一辆车挡住了他的路。这些车上的乘客都下了车。

此次事故大约泄漏了 4000U.S.gal（8800kg，19500lb）的液化丙烷。在点燃的那一刻，蒸气云覆盖范围正在扩大，但还没到达那些大约距离卡车 135m（450ft）的司机处。蒸气云到达了离卡车大约 60m（195ft）的房屋，但没有达到大约 125m（410ft）远的居民处。蒸气云是在半挂车处被点燃的，可能是由发动机、电池或受损的电路点燃的。汽车电池或者受损的电路也可能是点火源。

闪燃产生了直径至少 120m（400ft）的火球。周围人员没感受到任何冲击波。卡车司机（大约距离 80m 或 270ft）被火烧死。居民和其他司机处于蒸气云范围之外，但被严重烧伤。

3.2.3 美国伊利诺伊州莫里斯量子化学公司：烯烃装置闪燃

1989 年 6 月 7 日，在伊利诺伊州莫里斯市，丙烯/丙烷蒸气流的泄漏导致烯烃装置发生蒸气云闪燃事故。引发的火灾导致主要厂区管道、管廊和设备损坏。最初的蒸气云闪燃造成了一人烧伤。在火灾应急过程中，造成了人员轻微伤害。

该装置正在查找并更换装置中的螺纹管件。一条将脱丙烷蒸馏塔塔顶蒸气回收至主工艺气体压缩机的排气管被查到含有螺纹管件。这条排气管包含一个控制阀，这个阀门通常只在蒸馏塔不稳定时才会打开回收蒸气。事发当天，这个排气管已经停用，以便更换管道中含有螺纹管件的部分。在一天的维护轮班结束时，管道更换工作尚未完成。维修人员用一段预制的法兰连接管道替换了一段管线，其中一个法兰上的螺栓只用手拧紧。

事发当天，停电影响了胺吸收系统和脱丁烷蒸馏塔的正常运行。在白班时候恢复了供电，在接下来的夜班中，操作人员努力恢复正常运行条件。夜班开始大约 3h 后，控制台操作人员控制打开脱丙烷塔排气管控制阀约 10%。几分钟后，控制台操作人员对脱丙烷塔排气管控制阀继续开启。此后很快，装置的丙烯分离器蒸馏塔区域的可燃气体传感器警报在控制室响起。工人们对警报做出响应，报告在管廊上有明显的蒸气泄漏。消防水炮向泄漏处喷射，并启动现场应急响应，试图确定泄漏的管线和泄漏源。现场响应人员报告指出泄漏源在管道上以 360° 圆周径向喷射，但是受到冷蒸气云和喷射的消防水干扰，无法确定具体是哪根管道在泄漏。泄漏区域的工艺装置处于中度至高度负荷状态。蒸气泄漏大约 30min 后被点燃。目击者称当一个消防炮调整角度时意外地撞击到了一个照明设备，打破了灯的保护玻璃罩，引发火灾。据目击者报告说，着火是闪燃，而不是爆炸或爆轰。

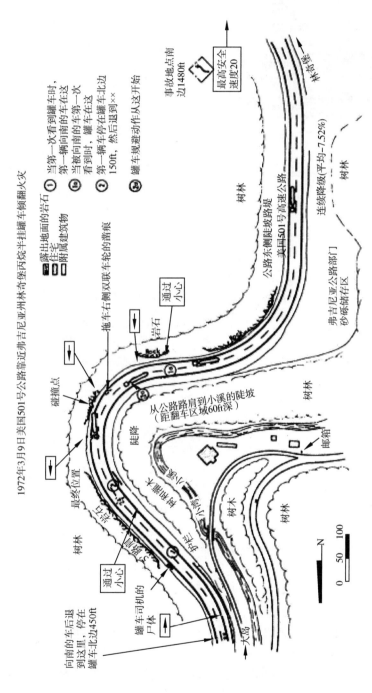

图3.1 弗吉尼亚州林奇堡事故现场详图

图 3.2 伊利诺伊州莫里斯闪燃造成的损失

由此引发的火灾冲击了管架上的许多相邻管道,导致附近管道的过热、失效、泄漏。火灾升级导致大量管架和区域设备损坏(图 3.2)。该设施停工修复了约 3 个月。

事后调查发现,蒸气泄漏源正是白班施工的排气管。这条管线在更换螺纹管件时隔离不当,排气管控制阀是工艺流程和正在工作的排气管之间的唯一隔离装置。夜班控制台操作人员没有意识到脱丙烷排气管道不能使用,最初开始打开脱丙烷排气阀大约 10%,但当时没有泄漏。排气控制阀并未以约 10%的信号打开阀座。后来,当控制台操作员进一步打开排气阀时,阀门随后打开,导致蒸气通过仅用手拧紧螺栓的法兰泄漏。

3.3 蒸气云爆炸

3.3.1 英国弗利克斯堡:化工厂蒸气云爆炸

1974 年 6 月 1 日,环己烷在一条绕过反应器的管道破裂后泄漏,形成蒸气云。总共泄漏了约 30000kg(73000lb)环己烷。HSE(1975 年)、Parker(1975 年)、Lees(1980 年)、Gugan(1978 年)、Sadée 等人(1976 年,1977 年)详细描述了这起发生在耐普罗公司弗利克斯堡工厂己内酰胺装置反应器区域的蒸气云爆炸事故。弗利克斯堡工厂位于特伦特河东岸(图 3.3),最近的村庄分别是弗利克斯堡(800m 或 0.5 英里外)、阿姆科茨(800m 或 0.5 英里外)和斯肯索普(4.9km 或约 3 英里以外)。

图 3.3 爆炸前的弗利克斯堡工厂

环己烷氧化装置包含 6 个反应器(图 3.4)。环己烷和回收物料的混合物输向反应器。反应器通过管道连接,液态的反应混合物在重力作用下从一个反应器流入另一个反应器。反应器设计压力大约为 9bar(130psi),反应温度是 155℃(311°F)。3 月份,其中一个反应器开始泄漏环己烷,因此决定拆除这个反应器,并安装一个旁路(图 3.5)。安装了一个直径 0.51m(20in)的旁通管连接反应器上的两个法兰。原本反应器间的波纹管被保留下来。由于两个法兰所在的高度不同,连接管道呈"狗腿"形(图 3.6)。

5 月 29 日,其中一个容器的观察视镜上的底部隔离阀开始泄漏,并决定对其进行修复。6 月 1 日开始启动修复流程。由于设计不当,旁路中的波纹管失效,并泄漏了约 33t(73000lb)环己烷,其中大部分形成了可燃蒸气云。

图 3.4 弗利克斯堡环己烷氧化装置(左边6个反应器)

图 3.5 泄漏区域拆除的反应器

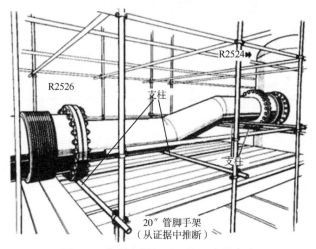

图 3.6 弗利克斯堡环己烷反应器旁路

泄漏30~90s后,可燃蒸气云被点燃。当时大约是下午4时53分。爆炸造成了装置大面积损坏,并引发多起火灾。爆炸震碎了控制室的窗户,导致屋顶坍塌。爆炸毁坏了距离爆炸中心仅25m(82ft)的主办公楼。幸运的是,事发时办公楼里没有人。没有一座建筑能满足保护人员的抗爆要求。事故造成28人死亡,36人受伤。当时18名死者在控制室,控制室内无人生还。事故发生在星期六。如果发生在工作日,超过200人将会在主办公楼内工作。工厂被彻底摧毁了(图3.7和图3.8),工厂附近的1821所房屋、167家商店和工厂不同程度受损。

图 3.7 弗利克斯堡工厂损毁鸟瞰图

图 3.8 弗利克斯堡工厂办公楼和工艺区损毁情况

Sadée 等人(1976~1977 年)详细描述了爆炸造成的结构损伤，并推导出爆炸蒸气云外爆炸压力与距离的关系曲线(图 3.9)。几位笔者根据损毁的情况估计了 TNT 质量当量，TNT 估计量为 15~45t(33000~99000lb)。TNT 当量法是当时很盛行的预测方法，然而如今并不常用。

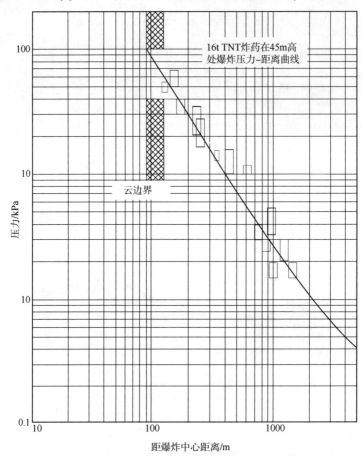

图 3.9　弗利克斯堡爆炸蒸气云外爆炸压力与距离的关系(竖线是基于观察到的损毁情况)

蒸气云内的压力估计值范围很大。Gugan(1978 年)计算出，产生可被观察到的损伤效果所需的力，比如使钢弯曲，将需要 5~10bar(73~145psi) 的局部压力。

3.3.2　美国密苏里州哈德逊港：丙烷管道破裂引发蒸气云爆炸

1970 年 12 月 9 日，密苏里州哈德逊港附近的一条液化丙烷管道破裂。大约 24min 后，产生的蒸气云被点燃。事故造成的压力破坏非常严重。据估计，爆炸相当于 50t(125000lb) TNT 的爆炸。

Burgess 和 Zabetakis(1973 年)描述了哈德逊港爆炸事故进程的时间轴。晚上 10 时 07 分，哈德逊港下游 15 英里(24km)处液态丙烷管线上的一个泵站出现异常状况。晚上 10 时 20 分，最近的上游泵站输送量突然增加，表明管线被严重破坏。最初的 24min，估计有 23t 液态丙烷泄漏。晚上 10 时 25 分，人们觉察到了丙烷泄漏的声音，并看到一股白色喷雾从地面上升起 15~20m(50~80ft)。

这条管道位于山谷中，距离管道大约 800m (0.5 英里)处有一条公路。目击者站在一个公路交叉口附近，观察到白色云团沉入一群建筑物周围的山谷中。当时天气条件是微风(约

2.5m/s 或 8ft/s)，接近冰点温度(1℃或 34℉)。大约晚上 10 时 44 分，目击者看到山谷"亮了起来"，火焰传播过程没有看到，但感觉到一股强烈的压力冲击波，其中一名目击者被冲击波击倒。

在山谷被照亮后的几秒钟内，人们观察到一场大火"卷起"了坡地，吞噬了其余的蒸气云层。在爆炸和闪燃之后，最初泄漏点发生了喷射火。爆炸点附近的建筑物遭到破坏，如图 3.10 和图 3.11 所示。据计算，爆炸对附近地区造成的损害相当于 50~75t TNT 的爆炸。

图 3.10　据爆炸中心 600m(2000ft)农场的受损情况　　图 3.11　据爆炸中心 450m(1500ft)房屋的受损情况

蒸气云爆炸最初可能发生在一个混凝土砖砌成的仓库内，这座建筑的一楼被分成 4 个房间，里面有 6 个深冷器，蒸气通过滑动车库门进入建筑，蒸气云可能是由冷冻电机的控制元件点燃的。

根据 Burgess 和 Zabetakis(1973 年)的说法，哈德逊港的最初事件是蒸气云爆轰。他们的结论是基于山谷照亮的突发性和爆炸附近建筑物的损坏程度得出的。很少有事故被报道为蒸气云爆轰。已经调查了几起在蒸气云爆炸燃烧区内严重破坏的局部地区事故，其中一小部分区域可能是爆轰，但尚未在公开文献中发表。哈得逊港目击者称，山谷被照亮后发生的一场闪燃表明，如果真正的发生了爆轰，只有一部分蒸气云参与了爆轰。长时间的点火延迟、大量的燃料泄漏、地形、大气条件以及在厚壁墙建筑内的引燃，使哈德逊港成为一个不寻常的事故案例。

3.3.3　美国内华达州杰克艾斯平原：实验期间的氢气-空气爆炸

Reider 等人(1965 年)描述了在内华达州杰克艾斯平原的事故。1964 年 1 月 9 日，洛斯阿拉莫斯实验室进行了一项测试火箭喷管的实验，主要是在高流速泄放气态氢时测量测试单元区域的噪声声级。氢气的泄放通常是燃烧的，但为了剔除燃烧对声场的影响，这个特别的实验是在没有燃烧的情况下进行的。氢气垂直泄放，并完全没有障碍。测试期间从两个位置拍摄了高速运动照片。

测试过程中，氢气流量提高到大约 55kg/s(120lb/s)。实验开始大约 23s，流量开始下降。3s 后氢气爆炸了。静电放电和机械火花是可能的点火源。爆炸发生前，在流量开始下降后不久，观察到喷嘴处着火了。火势发展成一个有一定亮度的火球，紧接着发生了爆炸。

轻型建筑的墙和厚重的门都凸出来了。其中一个建筑，设计在 0.02bar(0.3psi)压力下打开的泄爆房顶从几个固定夹中被提起。向外的破坏可由负相冲击波的产造成，或由正相冲击波使结构件向内变形之后产生的回弹造成，或由两者组合引起。建筑物通常是为向内载荷设计的，比如风载和雪载，并且向外方向较弱；因此，相较于向内变形而言，结构件可能会表现出更多的向外变形，即使正相位是主要冲击载荷。

高速运动图像表明，垂直向下火焰速度约为30m/s(100ft/s)，火焰不受流出物速度的干扰。这个值大约是预期在层流条件下燃烧速度的10倍，但这是合理的，因为存在湍流自由射流，从而提高了火焰燃烧速率。根据Reider等人(1965年)基于爆炸损坏程度的计算，据中心45m(150ft)的爆炸压力为0.035bar(0.5psi)。大约90kg(200lb)的氢气参与了爆炸(图3.12)。

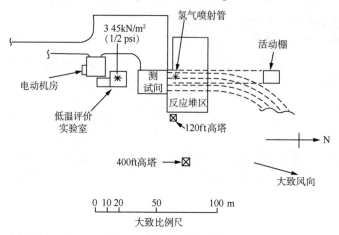

图3.12　内华达州杰克艾斯平原测试单元布局图

3.3.4　苏联西西伯利亚乌法：管道破裂导致蒸气云爆炸

Lewis(1989年)和Makhviladze(2002年)描述了1989年6月3日晚和4日凌晨在西伯利亚发生的事故。1989年6月3日晚些时候，负责将液化天然气从西伯利亚西部气田输送到乌拉尔乌法化工厂的0.7m(28in)管道的工程师注意到管道泵送端的压力突然下降。工程师们为了维持正常管道压力而增加了流速。管道通常在38bar(55psi)的工作压力下输送量约10000t/d（116~120kg/s）。

证据表明，乌法镇和阿斯玛镇之间的管道在距离跨西伯利亚双线铁路800m(0.5英里)处发生泄漏。这个地区是一个树木繁茂的山谷。泄漏点距离铁路轨道约900m，位于山谷顶部的上坡处(图3.13)。破裂口的总面积为0.77m²(8.3ft²)，是管道横截面积的2倍。整个地区在爆炸前几个小时都能闻到强烈的煤气味。据报道，蒸气云扩散了8km(5英里)。

两列相向行驶的火车驶向了蒸气云区域。每列火车都是由一个电动火车头和19节由金属和木质构造的车厢组成。每一列火车都可能点燃蒸气云，点火源可能是为火车头提供动力悬链电缆或车厢内烧水的明火加热器。

两起爆炸似乎接连发生，随后，闪燃沿着铁路轨道向两个方向蔓延。每列火车大部分车厢都脱轨了。四节车厢从铁轨上炸向一旁，一些木质车厢在10min内被完全烧毁。爆炸中心周围2.5km²(1平方英里)范围内的树木被完全夷为平地(图3.13和图3.14)，13km(8英里)范围内的窗户破碎。截至6月底，总死亡人数已达645人。

靠近铁路轨道的茂密树木区的树木阻挡导致了蒸气聚集，如图3.14所示。两列火车造成了额外的蒸气聚集，并形成了湍流，特别是在两列火车重叠的部分。此外，蒸气进入车厢和火车头产生了使车厢向外变形成筒状的内部压力。

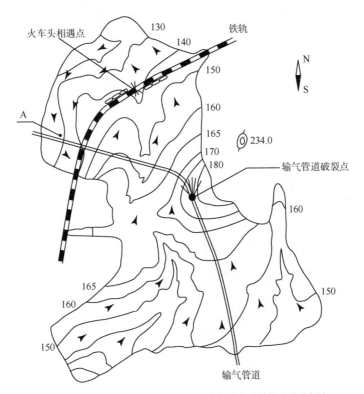

（a）用箭头表示树木倒向，方向的炸毁区域的地形示意图

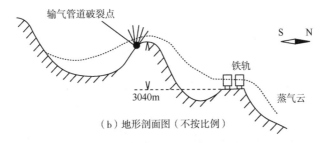

（b）地形剖面图（不按比例）

图 3.13　乌法事故（Makhviladze，2002 年）

（a）森林和铁路全景图（Makhviladze，2002年）

（b）列车经过区域的近景图（Lewis，1989年）

图 3.14　乌法事故现场鸟瞰图

3.3.5　美国得克萨斯州帕萨迪纳菲利普斯：丙烯高密度聚乙烯装置蒸气云爆炸和沸腾液体膨胀蒸气爆炸

1989 年 10 月 23 日，位于美国得克萨斯州帕萨迪纳附近的菲利普斯 66 公司休斯敦化工厂发生爆炸和火灾。这起事故是由在低密度聚乙烯装置中意外泄漏 40t（85000lbs）含有乙烯、异丁烷、己烯和氢的混合物引起的（图 3.15）。在这次事件中，23 人死亡，314 人受伤。所有死者都在距离最初泄漏点 76m（250ft）以内的位置，其中 15 人在距离泄漏点 46m（150ft）以内的位置。

图 3.15　事发前的菲利普斯帕萨迪纳工厂

1990 年的 OSHA 报告（OSHA，1990 年 4 月）描述了这起事故。1989 年 10 月 22 日星期日，一名承包商人员开始维修高密度聚乙烯反应器的阀门。聚乙烯是在环流反应器中生产的，环流反应器由高钢框架结构支撑（图 3.15）。维修程序包括拆卸和清理被聚乙烯颗粒堵塞的支腿。星期一下午（10 月 23 日）大约 1 点，排放管上游的阀门意外打开时发生了泄漏。反应器内几乎所有物料，大约 40t 高反应性物料被泄放出来。几秒钟内形成了一个巨大的蒸气云团，并顺风穿过工厂。不到 2min，蒸气云团就与一个点火源接触发生了爆炸，爆炸当量相当于 2.4t TNT。

在这次蒸气云爆炸之后，另外发生了两次大爆炸。第二次爆炸发生在第一次爆炸之后 10~15min，涉及 2 个 75m³ 异丁烯储罐沸腾液体膨胀蒸气爆炸（图 3.16）。第三次爆炸发生在 25~45min 之后，这是乙烯装置反应器的灾难性事故。工艺装置的损坏如图 3.17 所示。

图 3.16　菲利普斯帕萨迪纳沸腾液体膨胀蒸气爆炸现场

图 3.17　菲利普斯帕萨迪纳工艺区损毁情况（由 FM Global 提供）

最初的爆炸摧毁了控制室，并导致相邻的装有易燃物料容器和水管破裂。工艺装置邻近的建筑物阻挡造成了如此高强度的爆炸。在距离泄漏点 76m（250ft）范围内发现了 22 名受害者，其中 15 人在距离泄漏点 45m(150ft)范围内。死者大多都在建筑物内，但实际数量死亡人数并未报道(图 3.18)。

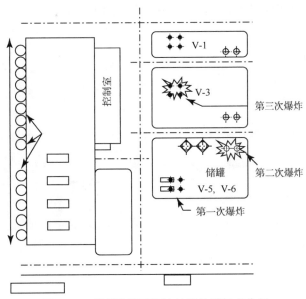

图 3.18　菲利普斯帕萨迪纳爆炸现场方位图

1989 年的菲利普斯帕萨迪纳事故、1984 年的印度博帕尔事故、1988 年的壳牌诺科事故、1987 年的阿尔科钱纳尔维尤事故和 1989 年埃克森巴吞鲁日事故推动了美国劳工部和职业安全健康局颁布工艺安全管理条例(PSM)。

3.3.6　美国得克萨斯州得克萨斯城英国石油公司：放空管排放导致蒸气云爆炸

2005 年 3 月 23 日下午 1 时 20 分，英国石油公司得克萨斯市炼油厂异构化(ISOM)装置发生爆炸并起火。在这次事故中，15 人死亡，180 人受伤。事发期间，当局发出避难令，要求周边社区 4.3 万人留在室内。

根据英国石油产品公司北美分公司(Mogford，2005 年)和美国化学品安全与危害调查委员会(CSB，2007 年)的报告，事故发生的当天上午，异构化装置中的萃余液分离塔在检修停机后重新启动。整个过程中，夜班充装萃余液分离器达到正常工作范围的 100%[相当于 50m(164ft)高塔切线上方 3.1m(10ft 3in)的高度]，然后停止充装。白班继续将萃余液泵送入塔中超过 3h，额外多加了 397m^3，没有排出任何液体，结果导致塔冒顶，液体溢出到塔顶的架空管道中。泄压阀在下午 1 时 14 分左右开启了 6min，大约 175m^3 的易燃液体被排放到了一个排气竖管通向大气的排污罐中。这个排污罐约 4.5min 后开始溢流，下午约 1 时 18 分造成在 6m 高的排气竖管上方喷泉似的泄漏。大约 8m^3 烃类液体从排气管溢出了排污罐。易燃蒸气云主要位于泄漏点南侧装置的西侧，没有到达异构化装置的东侧。

下午 1 时 20 分左右蒸气云被不确定的点火源点燃。异构化装置北侧道路的一辆柴油皮卡车发动机正在运转，是一个可能性很大的潜在点火源。

在这次爆炸中，造成位于异构化装置西侧的拖车内及其附近的 15 名工人丧生，造成一辆单宽拖车上的 3 名乘客死亡，一辆双宽拖车内 20 名工人中有 12 人死亡，其他人受重伤。拖车位置如图 3.19 所示。这些临时办公室拖车是轻型木结构的。有 15 人的死因都是钝性损伤，可能是被拖车的结构部件击中造成的。炼油厂共有 180 名工人报告受伤。

拖车放置在排污立管以西约 46m(150ft) 的开阔区域，旁边是一个高于地面约 1m(3ft) 的管架。管架的阻挡造成了异构化装置西侧边缘和拖车之间的蒸气聚集。易燃蒸气云向西延伸穿过管架和拖车，导致邻近密集区域的拖车在蒸气云爆炸中被波及(图 3.20)。

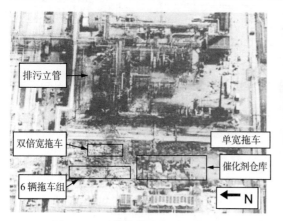

图 3.19   异构化装置爆炸后鸟瞰图

图 3.20   排污罐(图左上角的箭头)西侧
被摧毁的拖车

3.4   压力容器爆裂

3.4.1   美国路易斯安那州格拉姆西凯撒铝业公司：氧化铝加工过程压力容器爆裂

1999 年 7 月 5 日，大约早上 5 时 17 分，美国路易斯安那州格拉姆西凯撒铝业化学公司的一家工厂发生了爆炸。这一事件造成 29 人受伤，但没有造成人员死亡。该工厂通过铝土矿在高温和高压下的碱浸生产氧化铝。

矿山安全与健康管理局报告(MSHA，1999 年)对事故进行了描述。爆炸发生在溶出区，在这里浆体通过蒸煮器和闪蒸罐后转移到"排气罐"(图 3.21)。

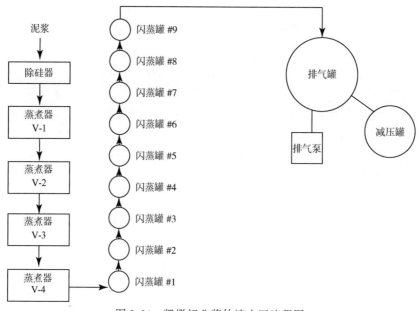

图 3.21   凯撒铝业浆体溶出区流程图

凌晨4时43分左右发生了停电,导致溶出区内所有的电动泵停止运转。因此,浆体的溶出过程和通过热交换器的溶液再循环也停止了。除硅器、蒸煮器(因为蒸气继续由发电间的燃气锅炉产生)和闪蒸罐(应为过热)的压力开始上升。

除一个闪蒸罐(3号罐)外,所有闪蒸罐的压力值都超过了安全阀的设定值。爆炸发生时,除硅器、蒸煮器中的压力在34(500psi)~41bar(600psi)之间。几个闪蒸罐达到了压力仪表的指示极限(表3.1)。

表3.1　溶出区设备爆炸时的压力

设备	爆炸时的压力	
	bar	psi
除硅器	40.3	584
蒸煮器 V1	39.0	567
蒸煮器 V2	37.5	548
蒸煮器 V3	38.5	558
蒸煮器 V4	37.0	537
闪蒸罐 1	35.2*	510*
闪蒸罐 2	33.1	481
闪蒸罐 3	29.5	428
闪蒸罐 4	21.1*	306*
闪蒸罐 5	—	—
闪蒸罐 6	10.5*	153*
闪蒸罐 7	8.4*	122*
闪蒸罐 8	4.2*	61*
闪蒸罐 9	2.1*	30*

注:* 为已达到检测限制。

根据矿山安全与健康管理局(MSHA)的描述,爆炸是由于溶出区内一个或多个容器内的压力积聚导致容器破裂造成的。容器的破裂使过热的液体暴露在大气中,造成了沸腾液体膨胀蒸气爆炸。图3.22(a)和图3.22(b)展示了爆炸前后的溶出区。

(a) 溶出区爆炸前　　　　　　　　　　　(b) 溶出区爆炸后

图3.22　凯撒铝业溶出区爆炸前后(MSHA,1999年)

爆炸造成超过 180t 的氢氧化钠进入大气中。残渣落到了格拉姆西和拉彻［距离约 1.6km（3mi）］的房屋、建筑物和车辆上。爆炸将排气罐和 4 个闪蒸罐的部分罐体炸到了离溶出区数百英尺之外。

6 号闪蒸罐的罐顶，重约 3500kg（7600lbs），从原来的位置推进了约 900m（3000ft）。爆炸还将部分钢管、支撑结构和阀门向不同方向抛射了数百英尺远。冲击波和碎片的冲击损坏了工厂的设备和结构（包括三个开关室、维修拖车、部分办公楼、发电站、附近的几个变电站、维修仓库和溶出控制室），也造成了格拉姆西和拉彻的玻璃破碎和建筑轻微损坏。

3.4.2　美国得克萨斯州锡德里夫特联合碳化物公司：环氧乙烷蒸馏塔压力容器爆裂

1991 年 3 月 12 日，大约凌晨 1 时 18 分，在联合碳化物公司锡德里夫特得克萨斯州工厂的 1 号环氧乙烷再蒸馏釜（ORS）发生爆炸。爆炸和随后发生的火灾造成一人死亡，并造成工厂大面积的破坏。

G. A. Viera 和 P. H. Wadia（1993 年）在一份报告中描述了这起事故。事故发生前的几天，为了维护和维修，关闭了锡德里夫特环氧乙烷装置。3 月 11 日下午晚些时候开始启动该装置。1 号环氧乙烷再蒸馏釜压力升高，激活了停车系统，最终解决了问题，1 号环氧乙烷再蒸馏釜在午夜左右重新启动。大约 1h 后（3 月 12 日凌晨 1 时 18 分左右）发生爆炸。

1 号环氧乙烷再蒸馏釜蒸馏塔高 40m（120ft），直径 2.5m（8.5ft），设计最大允许工作压力（MAWP）6bar（90psig）。爆炸是由环氧乙烷的自分解引起的；这种反应不需要氧气，通过产生水、一氧化碳、二氧化碳和甲烷释放大量的能量。只有当环氧乙烷蒸气在 500℃（远高于 1 号环氧乙烷再蒸馏釜正常操作温度）被加热时才会发生这个反应。

再沸器局部区域达到这个温度后，一个火焰峰在蒸馏塔底部区域形成，向上逐步加速，导致了爆炸。1 号环氧乙烷再蒸馏釜的压力上升到 4 倍的设计最大允许工作压力，导致了延性破坏。蒸馏塔外壳在其 2/3 高度以上破碎，底部附近碎片大，顶部附近碎片小。蒸馏塔的底部部分如图 3.23 所示。

图 3.23　残余的 1 号环氧乙烷再蒸馏釜基础部分和裙座，包括立式热虹吸再沸器

3.4.3　美国田纳西州巴黎德纳公司：锅炉压力容器爆裂

2007 年 6 月 18 日下午 1 时 50 分左右，位于美国田纳西州巴黎的德纳公司工厂发生一起锅炉压力容器爆裂事故，造成设施和周边地区大面积破坏，1 名员工受重伤。

根据劳工部的报告（DOL，2007 年），一个工厂维修人员在下午 1 时 50 分左右正在巡视工厂锅炉房。进入房间时，他注意到其中一个锅炉（1 号锅炉）处于低水位状态，于是前往供水罐和泵区，将水补给回锅炉。在引水时，2 号锅炉的水位指示不正确，水位非常低。控制和安全装置不起作用，致使 2 号锅炉在低水位下继续加热。干烧状态下的 2 号锅炉由于给水和锅炉过热表面之间的接触引起了热震。随后发生了蒸气迅速膨胀，导致了 2 号锅炉爆炸。

这个锅炉穿过了卷帘门，撞倒了一部分墙壁，停在了离原位置 30m(100ft) 的制作间中心的地面上（图 3.24 和图 3.25）。

图 3.24　锅炉爆炸后的最终位置　　　　图 3.25　锅炉通过卷帘门墙(西墙)时造成的破洞

爆炸将锅炉的后盖穿过对面的水泥砖墙，在厂房外墙上形成一个直径 30ft 的洞口（图 3.26）。后盖和碎片毁坏了停车场的许多车辆，落到了离锅炉房 30m(100ft) 外的一个沟渠里（图 3.27）。锅炉房南面的内墙也在爆炸过程中倒塌（图 3.28），造成了设备的额外损坏。

图 3.26　从锅炉房内部视角的外墙损坏(东墙)　　　图 3.27　工厂外东墙的视角(注意
　　　　　　　　　　　　　　　　　　　　　　　　　　沟渠内的锅炉后盖)

图 3.28　锅炉房的内墙(南墙)

3.5 沸腾液体膨胀蒸气爆炸

3.5.1 德国沃尔姆斯宝洁公司：液化二氧化碳储罐爆炸

1988 年 11 月 21 日，在德国沃尔姆斯的宝洁公司柑橘处理车间的一台液态二氧化碳储罐严重破裂后发生爆炸。该车间生产家用清洗剂产品。事故造成 3 名工人死亡、10 人受伤。2 套相邻装置被破坏，质量超过 100kg 的破裂储罐的碎片被抛至 500m 以外的地方。

该事故在《过程安全进展》(Clayton 等，1994 年) 文章中详述。事故中的储罐由该公司从二氧化碳供应商那租赁而来，该供应商并非欧洲工业二氧化碳协会的会员。事故中的这台卧式储罐容积 30m³，直径 2.6m，长 6.5m。该储罐的破裂源于罐内超压，很可能是由罐内加热器失效、泄压阀故障(阀门冰堵)以及超压报警装置缺失等多种原因造成的。对失效压力评估结果指出：罐内压力可能达到 35~51bar，相当于储罐设计压力的 1.75~2.5 倍。

爆炸使得储罐破裂成了两块小碎片；储罐封头及一小部分罐壁。一块约占储罐罐壁80%的大碎片被抛至距离事故地点 300m 远的莱茵河内。

3.5.2 墨西哥墨西哥城圣胡安区：液化石油气(LPG)储罐系列沸腾液体膨胀蒸气爆炸

1984 年 11 月 19 日，液化石油气的初始泄漏与闪燃事故破坏了一台大型储罐和邻近的一部分社区。事故造成约 500 人死亡、7000 人受伤。该储存设施及公司附近的社区几乎完全损毁。

Pietersen(1988 年)介绍了这起灾难性事故。该储存区域包括 4 台 LPG 储罐(储罐容积 1600m³)和 2 台 LPG 储罐(储罐容积 2400m³)。另外，现场还有 48 台大小不一的卧式储罐(图 3.29)。事故发生时，现场液化石油气的储存量约 11000~12000m³。

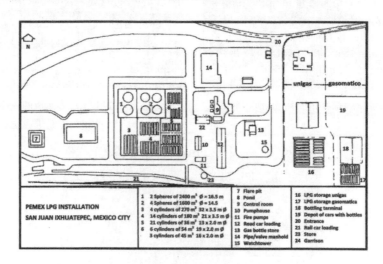

图 3.29 墨西哥圣胡安区装置布局

1984 年 11 月 19 日的清晨，大量液化石油气从管道或储罐内泄漏出来。液化石油气蒸气越过 1m 高的防火堤墙向周围扩散。蒸气在被燃烧坑点燃时，蒸气云层厚度达到约 2m。

在早晨 5 时 45 分，发生了闪燃。由于附近的房屋内部发生了爆炸，所以推测蒸气云已进入了房屋内。在闪燃发生后约1min，包括几个储罐在内的设施发生了强烈的沸腾液体膨胀蒸气爆炸。其产生了火球，并对1~2个立式储罐形成了爆炸冲击波，释放的热量和爆炸碎片又引发了沸腾液体膨胀蒸气爆炸。爆炸和火球最终彻底摧毁了这个4个小球罐。较大的球罐保持完好，尽管其支腿已经折弯变形。现场的48台立式储罐中，仅4台储罐保留在原位置，12台破裂的立式储罐被抛至超过100m远的位置，1台储罐落至1200m远的地点。现场很多房屋已经倒塌，彻底被损毁。距离储罐区中心（图3.30）约300m远的居民因事故死亡或受伤。

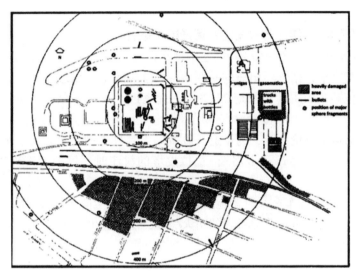

图 3.30　墨西哥圣胡安区损毁区域

Pietersen将事故造成的后果与那时可得到的效应与损伤模型进行了对比，主要结果如下：

- 容器失效造成的超压效应归因于气体膨胀，而不是闪蒸。
- 一旦容器破裂失效，在地面一定会形成快速膨胀的火球。

爆炸造成的球罐碎片约10~20块，而立式储罐的碎片约2块。因为储罐区的立式储罐相互直立平行，其碎片被抛至特定方向（图3.31）。

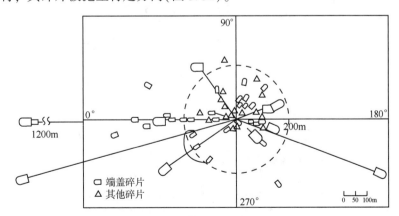

图 3.31　圆柱形碎片投射定向图

Pettitt、Harms 和 Woodward(1994 年)利用升级的数学模型(Pettitt)对沸腾液体膨胀蒸气爆炸进行了评估。他们发现 1600m³ 的液化石油气(LPG)球罐发生最强烈的爆炸,即沸腾液体膨胀蒸气爆炸,其火球半径约 183m,可燃气质量约 41t,这与事故中观察到的火球半径 185m 非常接近,估计火球的持续时间为 46s。

圣胡安区海拔约 2250m,这影响了爆炸冲击波与碎片飞行距离。爆炸超压是大气压的几倍,高海拔地区的压力越低,相对于低海拔地区,其爆炸超压就越小。高海拔地区因空气稀薄,碎片飞行时空气阻力小,因此,高海拔地区的碎片飞行距离会大于低海拔地区。

3.5.3　西班牙圣卡洛斯-德拉皮塔:丙烯罐车破裂

Stinton(1983 年)与 Lees(1980 年)描述了这起事故。1978 年 7 月 11 日下午 12 时 05 分,一辆丙烯罐车装车完毕,据炼厂出口的磅秤记录,这辆罐车已经超载。后来计算得知,罐内气相空间不足。该罐车的质量记录是 23479kg,远超过了其最大允许质量 19099kg。该罐车未配置减压阀。

该罐车的目的地是巴伦西亚,为了避开收费站,其并未驶上高速路,而是沿小路行驶。当时是炎热的夏季,当其经过圣卡洛斯-德拉皮塔的村庄时,目击者声称该车行驶速度很快,且已经超速。

下午 4 时 29 分,该罐车在某野营地附近驶离道路时发生撞车事故(图 3.32)。丙烯发生泄漏形成蒸气云团,可能由野营地做饭的明火引爆,随后发生了 1~2 次爆炸(一些目击者说听见了 2 次爆炸声)。

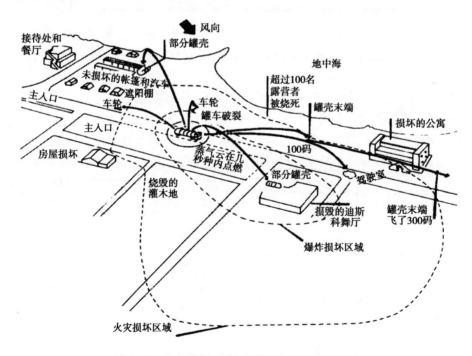

图 3.32　圣卡洛斯-德拉皮塔营地灾难现场重现

发生初次爆炸或火灾后约 3min,罐车破裂形成了罐体碎片,并产生一个火球。如图 3.32 所示,罐车纵向的爆炸冲击波更加剧烈。距爆炸中心约 75m 处的一个单层建筑被彻底摧毁，造成 4 人死亡。在相反的方向上，距离爆炸点约 20m 的一辆摩托车在事故后一直保持站立状态。事故发生时，附近野营地约有 500 人，造成 211 人死亡，大多数人被火球吞没。

3.5.4　美国伊利诺伊州新奥尔良市：液化石油气火车罐车脱轨

1970 年 6 月 21 日上午 6 时 30 分，15 节罐车在伊利诺伊州新奥尔良市发生了脱轨事故，其中 9 节载有液化石油气。脱轨事故造成一个罐车破裂，液化石油气随即泄漏。其他罐车的安全阀自动开启，更多的液化石油气参与燃烧，导致罐车破裂，随后发生了碎片抛射，形成了火球。事故没有造成人员死亡，但是 66 人受伤，财产损失严重。

国家运输安全委员会的报告（1972 年）、Eisenberg（1975 年）和 Lees（1090 年）分别介绍了这起事故。脱轨的力量使得后面第 27 节罐车越过了其前面的脱轨罐车（图 3.33），其罐车连接钩撞击到第 26 节罐车并把罐体刺破。泄漏的液化石油气很可能是被脱轨罐车产生的火花引燃的。产生的火球达到几百英尺高，并蔓延至附近的村庄，多处房屋被点燃。

其他罐车的安全阀自动打开，导致更多 LPG 泄漏出来。上午 7 时 33 分，第 27 节罐车被炸碎，4 个碎片被抛至不同方向（图 3.34）。罐车的东侧罐体被砸出一个坑，随即被抛至东侧 180m 远的位置。罐车的西侧罐体被抛向西南方向，抛掷距离达 90m，这个碎片砸坏了一个加油站的屋顶。另外 2 个较大的罐体碎片被抛向西南方向，分别落至距离储罐约 180m 和 230m 的位置。

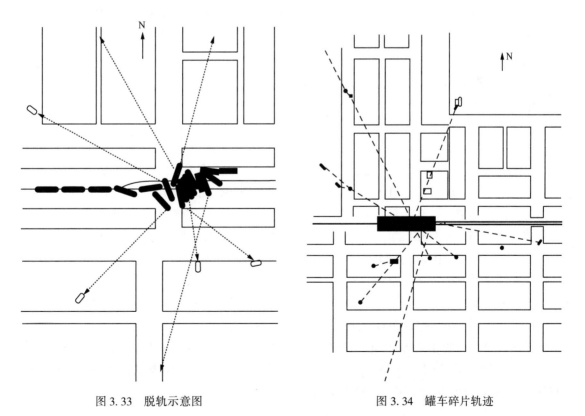

图 3.33　脱轨示意图　　　　　　　　图 3.34　罐车碎片轨迹

上午大约 9 时 40 分，第 28 节罐车发生爆炸。罐车的南端越过公路，向南被抛至 60m 远的位置，落进了一个砖结构的公寓内。罐车的北端被抛向西北方向的几处房屋屋顶上，然后落至空旷区域，并在地面上向前翻滚，直到在距离事发地点 480m 远的位置停下。

上午 9 时 45 分，第 30 节车辆破裂，罐车的北端，约占半个储罐，沿地面向东北方向被抛出 180m 远，其破坏了 2 座房屋，停在了第三座房屋处。

上午 10 时 55 分，第 32 节和 33 节罐车几乎同时发生爆炸，其中一个罐车罐体沿纵向裂开，但未完全分开成碎片。第二个罐车被抛至第 34 节罐车所在位置，砸破了罐体，造成大量液化石油气泄漏。罐车的另一侧也击中了第 34 节罐车，弹跳至第 35 节罐车的阀门箱处，第 35 节罐车的阀门断裂，造成了更多液化石油气泄漏。事故现场的大火持续了 56h。

事故共造成 16 处营业场所被摧毁，另外 7 个被损坏；25 处住宅被摧毁，其他一些房屋也被不同程度破坏。造成 66 人受伤。由于疏散及时，没有造成人员死亡。

3.5.5 美国亚利桑那州金曼：液化石油气火车罐车沸腾液体膨胀蒸气爆炸

1973 年 7 月 5 日，凌晨约 2 时 10 分，亚利桑那州金曼某液化气运销工厂内一个载有液化石油气的火车罐车发生沸腾液态蒸发膨胀爆炸，事故共造成 13 人死亡（其中 12 人是在现场处置的消防队员），在高速路两侧围观的 95 人受伤。

Sherry（1974 年）在《火灾》期刊上介绍了这起事故。金曼工厂包括了一条铁路侧线、一个罐车卸车栈台、2 台卧式储罐、3 个货车装车栈台、一个储罐区和一个小办公室。在厂区办公室北侧 21m 处有一条高速公路。7 月 5 日，下午 1 时 30 分左右正在进行由一辆罐车卸车向储罐输送液化石油气的作业。罐车容积 130m³，其试验压力为 23.4bar，设计爆破压力为 34.5bar。

两名工人正在现场负责液化石油气的转输工作。一名工人发现了一处泄漏，尝试用一个大的铝制扳手敲打泄漏处的连接管件，试图加固连接件，阻止泄漏。他采用这个方法对多个连接件进行了加固，直到在一个连接处发生了火灾。两个值班工人倒地被烧伤，其中一人严重烧伤，几个小时后死亡。消防人员在下午 2 时抵达现场，此时火势强烈。消防员试图用两个消防水枪冷却罐壁。储罐着火 19min 后（约下午 2 时 10 分开始着火），罐壁破裂。在地面上形成一个火球[图 3.35（a）]，向着火点周围 45～60m 的区域蔓延，紧接着一个直径约 250～300m 的火球从地面上升起[图 3.35（b）]。着火储罐分裂成两部分，西侧的部分被膨胀的液化石油气抛射至 370m 远的位置。另外一部分没有被抛射出去，但完全裂开、平铺在地面。当储罐爆炸时，13 名消防人员在罐车 45m 范围内。12 人因严重烧伤而死亡。95 名受伤人员中绝大多数是距离储罐 300m 的高速沿线的围观者。

厂区办公室及紧邻火球的周围区域的绝大多数汽车被完全损毁。在罐区的几个小液化石油气立式储罐在减压阀处燃烧，其中一个储罐罐壁撕裂。在爆炸点东侧 180m、240m 和 270m 的三个企业因飞出的燃烧物和火球的热辐射引发火灾。

（a）储罐破裂后的火球扩展

（b）火球升空

图 3.35　金曼爆炸火球(Sherry，1974 年)

4 基本概念

上一章描述了导致蒸气云爆炸、闪燃和沸腾液体膨胀蒸气爆炸的事故场景。爆炸效应是蒸气云爆炸、压力容器爆裂和沸腾液体膨胀蒸气爆炸的一个特征。火球和闪燃所造成的损害主要来源于热辐射引起的热效应。本章描述了这些现象的基本概念。

为方便读者理解大气扩散对蒸气云爆炸和闪燃的影响，第 4.1 节对大气扩散的概念进行了详细介绍。第 4.2 节描述了典型火源和典型燃料–空气混合物的点火特性。第 4.3 节介绍了热辐射建模的基本概念。第 4.4 节分析了爆炸产生过程，并介绍了爆燃和爆炸的概念。第 4.5 节介绍了爆炸和爆炸荷载的物理概念，并介绍了如何构建爆炸参数及相关参数的比例缩放准则。

4.1 蒸气云扩散

蒸气云的诸多特性，如可燃蒸气云的大小、均匀性和位置等，在很大程度上取决于释放条件和释放后的湍流扩散。蒸气云的扩散受多种因素的影响：风速、风向、排放方向、天气稳定性、局部湍流、蒸气云密度（包括混合初期的蒸气密度和混合后的蒸气密度）、空气加热/冷却、源头喷射混合特性。蒸气云的着火、燃烧和爆炸取决于燃烧极限、闪点、自燃温度和层流燃烧速度等材料特性，如表 4.1 所示。

表 4.1 标准压力下空气中可燃气体和蒸气的爆炸特性

气体或蒸气名称	燃烧极限/%（体积）	闪点	自燃温度/℃	层流燃烧速度/（m/s）
甲烷	5.0~15.0	—	595	0.448
乙烷	3.0~15.5	—	515	0.476
丙烷	2.1~9.5	—	470	0.464
乙烯	2.7~34	—	425	0.735
丙烯	2.0~11.7	—	455	0.512
氢气	4.0~75.6	—	560	3.25
丙酮	2.5~13.0	−19	540	0.444
乙醚	1.7~36	−20	170	0.486
乙炔	1.5~100	—	305	1.55
乙醇	3.5~15	12	425	—
甲苯	1.2~7.0	—	535	—
环己烷	1.2~8.3	−18	260	—
己烷	1.2~7.4	−15	240	—
二甲苯	1.0~7.6	30	465	—

注：数据来源，Nabert，Schon（1963 年）；Coward，Jones（1952 年）；Zabetakis（1965 年）；Gibbs，Calcote（1959 年）。

蒸气云在水平和垂直方向上呈现出不同的浓度分布。蒸气云中的可燃质量是将质量在燃烧极限之间积分所得到。目前，诸多学者专家如 Nabert 和 Schon(1963 年)、Coward 和 Jones(1952 年)、Zabetakis(1965 年)和 Kuchta(1985 年)等已经出版了与空气中易燃气体和蒸气燃烧极限相关的研究。

液体不会燃烧。然而，如果液体上方可燃蒸气浓度介于燃烧下限(LFL)和燃烧上限(UFL)之间，则此蒸气是可燃的。衡量燃料挥发性的一个特性是闪点，闪点是液体释放出足够浓度的蒸气与液体表面附近的空气形成可燃混合物的最低温度。理论上，闪点是以大气压为单位的蒸气压等于燃烧下限(LFL)的温度。如果低蒸气压液体(如煤油)的蒸气在环境温度下不高于其燃烧下限(LFL)，则不可燃；如果液体在高温下，则可以形成易燃的蒸气-空气混合物。

物质燃烧特性随氧浓度的变化而变化。富氧，是指在单位体积内氧气浓度大于 21% 的气体环境，富氧环境可增大燃烧极限范围、降低点火能量、加快燃烧速度。

此外，燃料在低于其闪点的温度下、在压力释放下可形成易燃的气溶胶(或雾)混合物。也就是说，较小的气溶胶液滴可以点燃，并且这种气溶胶具有独立的燃烧极限下限(LFL)。学者 Burgoyne(1963 年)的研究表明，基于碳氢化合物气溶胶混合物质量的燃烧极限下限与气体-空气或蒸气-空气混合物的燃烧极限下限处在 $50g/m^3$，但目前气溶胶的具体燃烧极限并不可知。

燃烧速度是火焰前缘相对于未燃烧气体传播的速度。燃烧速度与火焰速度是不同的。层流燃烧速度指的是层流(平面)火焰前缘相对于其前方未燃烧气体混合物传播的速度。基本燃烧速度与观察到的层流燃烧速度相似，但也不完全相同。这是由于基本燃烧速度是指标准化的未燃烧气体条件(通常为 760mmHg 和 25℃)的一个特征参数，且已针对测量中的标准化误差进行了校正。

层流燃烧速度主要反映了燃料的反应活性，如表 4.1 所示。对于大多数燃料，层流燃烧测量速度小于 1m/s，但对于大多数反应性燃料，层流燃烧速度却高达 3m/s。相比之下，湍流火焰速度在闪燃情况下约为 10m/s、爆燃情况下约为 100~300m/s、爆轰情况下高达 2000m/s。

湍流在蒸气云点火前后会影响蒸气云的特性。点火前，燃料-空气混合物的均匀程度很大程度上决定了燃料-空气混合物是否能够维持和加速燃烧的过程。点火后，火焰湍流是蒸气云爆炸时可能产生爆效应的主要决定因素。因此，本节简单讨论湍流的扩散概念具有重要意义。

湍流可以描述为气流叠加在平均流量上的随机运动。湍流扩散可以描述为一个简单的模型，在这个模型中，湍流可视为一个长时间尺度范围内的旋涡光谱(Lumley 和 Panofsky，1964 年)。在剪切层中，大范围的旋涡从平均流量中获得机械能，然后将其不断地转移到越来越小的漩涡中。

可燃蒸气云的面积范围取决于许多因素，包括释放条件、物质、地形、工艺装置几何形状和大气条件等。目前，相关研究已经建立了几种计算可燃蒸气云释放和扩散效应的模型。其中，学者 Hanna 和 Drivas(1987 年)为各种事故场景的模型选择提供了理论指导，CFD 模型也被广泛应用于分析此类模型的分散效应。2006 年，学者 Hanna 在相关研究中还总结了目前分散效应模型的发展特点。

4.2 点火源

点燃蒸气云的方法有很多，如明火、电火花或接触热表面等。在每种情况下，都需要形成接触燃烧体积，或点，或核心，其形成的必要条件是有最短接触时间和最小的能量传递。爆燃起爆能量(MIE)是在规定的试验条件下，点燃可燃性燃料-空气混合物所需电火花放电的最低能量。表 4.2 提供了一些燃料的爆燃起爆能量值。表 4.1 中还列出了一些燃料的自燃温度(AIT)，即燃料-空气混合物自燃的最低温度。在用于确定燃料 AIT 的测量规定中，每种燃料的暴露持续时间是固定的。

表 4.2　几种燃料空气混合物的爆燃起爆能量

气体混合物	爆燃点火能量/mJ	直接起爆的装药质量/g(Tetryl)	直接起爆能量/mJ
乙炔-空气混合物	0.01	0.04	1.8×10^5
丙烷-空气混合物	0.25	90	4.1×10^8
甲烷-空气混合物	0.21	22000	9.9×10^{10}
氢气-空气混合物	0.016	1.15	5.2×10^6

注：数据来源，Britton(1982 年)、Lewis、von Elbe(1987 年)、Knystautas 等(1983 年)、Guirao (1982 年)、Bull(1978 年)。

根据点火源特性，点火可能导致爆燃或爆炸。到目前为止，爆燃在点火时立即发生，是最可能的火焰传播模式。爆燃点火能量约为 10^{-4}J，直接起爆需要大约 10^6J 的能量。表 4.2 给出了一些碳氢化合物-空气混合物爆燃和起爆的能量(直接起爆的起爆能量由表中所示的炸药质量转换而来)。由于直接起爆所需的能量极高，因此直接起爆的情况不太可能发生。

实际在蒸气云被点燃的情况下，可能是由于化工厂中的电气设备或热表面(如挤压成型机、蒸气管线或机械运动部件之间的摩擦)产生火花的结果。另一个常见的点火源是明火和火焰，例如，熔炉和加热器中的明火。机动设备和车辆也有潜在的点火源，例如，机器运动部件与坠落物体之间摩擦产生的机械火花。许多金属与金属的组合也会产生能够点燃气体或蒸气-空气混合物的机械火花(Ritter，1984 年)。

4.3 热辐射

燃烧释放的热量通过传导、对流和热辐射传递到周围环境。热辐射是重大火灾的主要危害，会对着火区域的人员造成二次火灾等危害。

热辐射是波长为 $2 \sim 16$im(红外)的电磁辐射。它是由诸如水、二氧化碳和烟尘(通常在火球和池火中占主导地位)等辐射物质所发出的热辐射、热辐射吸收和热辐射散射的直接结果。本节介绍了在距离热辐射源一定距离处描述辐射效应的一般方法。描述火灾辐射可以用两种模型：点源模型和表面发射体模型(或固体火焰模型)。

4.3.1 点源模型

在点源模型中，假设燃烧热的一部分 f 作为辐射从火焰中心点向各个方向发射。因此，由一个目标 q 在距点源的距离 x 接收到的单位面积和单位时间的辐射表述为

$$q = \frac{f \dot{m} H_c \tau_a}{4\pi x^2} \qquad\qquad \text{式}(4.1)$$

式中 $\dot{m}$——燃烧速率，kg/s；

H_c——单位质量燃烧热，J/kg；

τ_a——大气热辐射衰减（透射率）；

q——单位时间单位面积辐射（通量），W/m^2；

x——目标距离点源的距离，m。

假设目标表面的方向面向辐射源，以便接收最大入射通量。燃烧速度取决于释放量。对于具有高于环境温度T_a的沸点T_b的燃料来说，燃烧速率可以通过经验关系来估计：

$$\dot{m} = \frac{0.0010 \, H_c A}{H_v + C_v(T_b - T_a)} \qquad\qquad \text{式}(4.2)$$

式中 $\dot{m}$——燃烧速率，kg/s；

H_c——单位质量燃烧热，J/kg；

A——面积，m^2；

H_v——汽化热，J/kg；

C_v——燃料比热容，J/(kg·K)；

T_b——沸腾温度，K；

T_a——环境温度，K；

0.0010——常数，kg/(s·m^2)。

在点源模型中，未知参数是作为热辐射耗散的燃烧能分数f。这个分数取决于燃料和火焰的尺寸。通过测量，Mudan（1984年）和Duiser（1989年）给出了燃烧能分数的数值范围为0.1~0.4。Raj和Atalah（1974年）测量了直径2~6m液化天然气池燃烧的火焰范围内燃烧能分数，发现数值在0.2~0.25之间。Burgess和Hertzberg（1974年）提供了甲烷的燃烧能分数为0.15~0.34，丁烷的数值为0.20~0.27。他们发现燃料燃烧能分数的最高值为0.4，且对应的燃料为汽油。Roberts（1982年）对HasegaWa和Sato（1977年）的火球实验数据进行了分析，发现该实验的燃烧能分数值为0.15~0.45。

使用点源模型描述靠近发射表面的目标位置可能是不准确的。一般来说，点源模型主要用于估计远场中火的几何形状看起来近似于点源的辐射值。

4.3.2 固体火焰模型

固体火焰模型可以克服点源模型的不精确性。假设该模型火焰可以由一个简单几何形状的固体来表示，并且所有的热辐射都是从它的表面发射出来的。与点源模型计算燃烧的总热能然后计算辐射能量的一部分不同，固体火焰模型中的表面辐射功率E是与辐射计测量的火灾相关的。这种模型具有直接测量辐射的优点，且可以根据细节描述火焰结构。

由于具有考虑了火焰和目标的几何形态及其相对位置的优点，该模型也适用于近场情况。也就是说，火焰每个点的辐射只有一部分到达目标（无论是否存在阴影障碍物）。每个点的几何关系是由一个"角系数（或视角系数）"来解释，这个"视角因子"整合了目标在火焰表面每一点上可视的面积。视角因子是落在接收目标上总辐射的分数。通过纯粹的几何分析，视角因子取决于火焰和接收目标的形状以及它们之间的距离，而与火焰的热辐射特性无关。模型为理想化的几何形状(如圆柱形或锥形火焰和倾斜平面或球形目标)制定了视图因素表。

单位面积入射辐射和单位时间入射辐射为

$$q = FE\tau_a \qquad \text{式}(4.3)$$

式中　q——感应器接受到的辐射，$W/m^2 \cdot t$；

　　　F——视角因子；

　　　E——表面辐射功率，W/m^2；

　　　τ_a——大气衰减系数(透射率)。

透射率是在到达目标之前吸收或散射在大气中的辐射能量的一部分。这一比例随着距离目标的距离和影响吸收及散射的因素而增加，主要影响因素是相对湿度。

辐射功率

辐射功率是离开火焰表面的辐射通量(单位面积和单位时间的辐射)。如果与窄角高温计相关，表面辐射功率 E 发生局部变化且可反映详细的火焰结构。如果与广角高温计相关，则 E 反映整个火焰的平均值。利用 Stefan Boltzmann 定律可计算辐射功率 E 的理论值，给出黑体辐射与其温度的关系。因为火焰体并不是一个完美的黑体，所以辐射功率 E 只是黑体辐射的一部分：

$$E = \varepsilon\sigma T^4 \qquad \text{式}(4.4)$$

式中　E——辐射功率，W/m^2；

　　　T——火焰温度，K；

　　　ε——发射率；

　　　σ——Stefan Boltzmann 定律常数，$\sigma = 5.67 \times 10^{-8}$，$W/(m^2 \cdot K^4)$。

同样，温度可以随火焰体结构而变化，$T(x, z)$ 也可以反映火焰表面的平均温度。

利用 Stefan-Boltzmann 定律计算辐射时需要已知火焰的温度和发射率。然而，湍流混合会导致火焰温度的变化，因此，在实际计算中最好仅根据测量的辐射值计算辐射。

火球的表面辐射功率在很大程度上取决于释放前的燃料量和压力。Fay 和 Lewis(1977年)发现 0.1kg(0.22bar)燃料($20 \sim 60kW/m^2$，$6300 \sim 19000Btu/h/ft^2$)的表面辐射功率很小。Hardee 等人(1978 年)发现其测量值为 $120kW/m^2$($38000Btu/h/ft^2$)。Moorhouse 和 Pritchard (1982年)提出对于工业规模的纯蒸气火球来说，平均表面的辐射功率为 $150kW/m^2$ ($47500Btu/h/ft^2$)，最大值为 $300kW/m^2$($95000Btu/h/ft^2$)。1990 年，Johnson 等人在英国天然气公司用燃料质量为 $1000 \sim 2000kg$ 丁烷或丙烷的沸腾液态膨胀蒸气爆炸(BLEVEs)进行的实验显示，其表面辐射功率在 $320 \sim 350kW/m^2$($100000 \sim 110000Btu/h/ft^2$)之间。

发射率

火焰实际发出的黑体辐射的一部分称为发射率。发射率首先由燃烧产物(包括烟灰)在火焰中的吸附和第二辐射波长来确定。这些因素使得发射率建模变得复杂。假设火焰以灰体形式辐射，即辐射吸附的衰减系数与波长无关，则火焰的发射率可以写成：

$$\varepsilon = 1 - \exp(-k x_f) \qquad \text{式}(4.5)$$

式中　ε——发射率；

　　　x_f——火焰辐射束长，m；

　　　k——衰减系数，m^{-1}。

Moorhouse 和 Pritchard(1982 年)提出,火球的 x_f 可以被火球直径所代替。Hardee 等人(1987 年)提出光学薄液化天然气火灾的 k 值为 0.18m^{-1}。较大火灾的发射率大致相同。

透射率

大气衰减是辐射源和接收者之间大气吸收和散射辐射的结果。大气吸收主要取决于水蒸气,在较小程度上也取决于部分二氧化碳。同时,大气吸收取决于辐射波长,由于在吸收波长处的辐射比例随火灾温度而变化,因此大气吸收也取决于火焰温度。Duiser(1989 年)估算了透射率的计算公式为

$$\tau_a = 1 - \alpha_w - \alpha_c \qquad \text{式}(4.6)$$

式中　τ_a——透射率;

　　α_w——蒸气辐射吸收系数;

　　α_c——二氧化碳辐射吸收系数。

这两个系数均取决于水和二氧化碳各自的部分蒸气压和与辐射源的距离。大气中二氧化碳的部分蒸气压相对恒定(为 30Pa),但水的部分蒸气压随大气相对湿度而变化。Duiser(1989 年)根据部分蒸气压和火焰距离的乘积 P_x 绘制了从 800~1800K 火焰温度范围内的吸收系数 α 图表。

Moorhouse 和 Pritchard(1982 年)提出了碳氢化合物火焰通过大气红外辐射近似透射率的关系:

$$\tau_a = 0.998^x \qquad \text{式}(4.7)$$

式中　τ_a——透射率;

　　x——与火源的距离,m。

上式仅适用于距离火源 300m 以内的透射率计算。

Simpson(1984 年)绘制了大气吸收和散射的曲线图,并提出了二者的相关性。

Raj(1982 年)绘制出了仅取决于空气相对湿度的透射率图。他的图表可以近似为

$$\tau_a = \log(14.1 RH^{-0.108} x^{-0.13}) \qquad \text{式}(4.8)$$

式中　τ_a——透射率;

　　x——与火源的距离,m;

　　RH——相对湿度,%。

上式不适用于相对湿度小于 20% 的情况。Raj 提出的方法计算的透射率(距离火源 500m 内)与 Duiser(1989 年)提出的方法计算的透射率一致。

Lihou 和 Maund(1982 年)定义了碳氢化合物火焰在大气中的衰减常数,提出衰减常数的变化范围可从 0.0004m^{-1}(晴天)到 0.001m^{-1}(雾天),平均值为 7×10^{-4},计算公式为

$$\tau_a = \exp(-0.0007x) \qquad \text{式}(4.9)$$

式中　τ_a——透射率;

　　x——与火源的距离,m。

通过上述方程计算的透射率值比前文方法计算的透射率值高。据推测,Lihou 和 Maund 的透射率计算方法适用于相对湿度较低的条件,其中,灰尘颗粒(薄雾)的存在是影响透射率的主要因素。保守的方法是假设透射率 $\tau_a = 1$。

视角因子

设F_{12}为直接撞击接收表面的辐射分数。如果发射表面等于A_1，则目标接收区域A_2上的入射辐射如下：

$$A_1 E F_{12} = A_2 q_2 \qquad \text{式}(4.10)$$

式中　E——发射面的辐射功率，W/m^2；

　　　q_2——接收面的入射辐射，W/m^2。

利用互易定理（$A_1 F_{12} = A_2 F_{21}$）可将目标接收的辐射分数（除大气衰减和发射率外）表示为

$$q_2 = F_{21} E \qquad \text{式}(4.11)$$

式中　F_{21}——视角因子或几何结构因子；

　　　E——发射面的辐射功率，W/m^2；

　　　q_2——接收面的入射辐射，W/m^2。

视角因子取决于发射表面的形状（平面、圆柱形、球形或半球形）、发射表面和接收表面之间的距离以及这些表面之间的相对方向。一般而言，当差分平面（dA_2）与火焰（区域A_1）间距为L时，视角因子可由以下公式计算：

$$F_{dA_2-A_1} = \int_{A_1} \frac{\cos\theta_1 \cos\theta_2}{\pi L^2} dA_1 \qquad \text{式}(4.12)$$

式中　L——连接元件dA_1与dA_2的长度，m；

　　　θ_1——L与dA_1的法相夹角，（°）；

　　　θ_2——L与dA_2的法相夹角，（°）；

　　　A_1——火焰前沿表面积，m^2；

　　　dA_2——微分平面，m^2。

与此方程式相关的几何结构如图4.1所示。

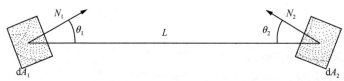

图4.1　辐射交换的结构示意图

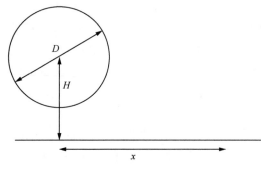

图4.2　火球的视角因子

差分平面火球被表示为一个中心高度为H、直径为D的实心球。设球的半径为R（$R = D/2$）（图4.2），火球中心正下方地面上的一个点到地面上接收器所测得的距离为x。当距离x大于火球半径时，可以计算视角因子。

对于垂直表面：$F_v = \dfrac{x(D/2)^2}{(x^2+H^2)^{3/2}}$　式（4.13）

对于水平表面：$F_h = \dfrac{H(D/2)^2}{(x^2+H^2)^{3/2}}$　式（4.14）

当垂直表面与火球的距离 x 小于火球半径时，视角因子的计算公式如下：

$$F_v = \frac{1}{2} - \frac{1}{\pi}\sin^{-1}\left[\frac{(x_r^2 + H_r^2 - 1)^{1/2}}{H_r}\right] + \frac{x_r}{\pi(x_r^2 + H_r^2)^{\frac{3}{2}}}\cos^{-1}\left[-\frac{x_r(x_r^2 + H_r^2 - 1)^{1/2}}{H_r}\right] - \frac{(1 - x_r)^{1/2}}{\pi(x_r^2 + H_r^2)^{1/2}}$$

式(4.15)

式中　x_r——x/R 的折算长度；

　　　H_r——H/R 的折算长度。

闪燃的火焰可以表示为一个平面。本书附录 A 附上了各种结构(包括球形、圆柱形和平面几何)的视角因子方程和表格。

4.4　爆炸——蒸气云爆炸

4.4.1　爆燃

爆燃过程中火焰传播到未燃燃料空气混合物中的机理在很大程度上取决于热量和物质的传导和分子扩散。图 4.3 显示了层流火焰的温度变化，层流火焰的厚度约为 1mm。

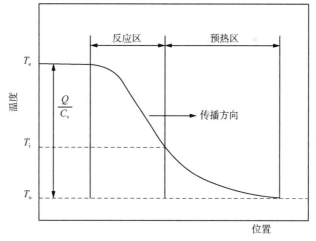

图 4.3　层流火焰的温度分布图

热量是由反应区内的化学反应产生的。由于分子扩散是一个相对缓慢的过程，层流火焰传播缓慢。热量在反应区之前被输送到预热区，在预热区中混合物被加热，从而对反应进行预处理。表 4.1 概述了一些最常见的碳氢化合物和氢气的层流燃烧速度。

影响层流燃烧向湍流燃烧转变的主要因素是强度，其次是燃烧不稳定性。层流火焰前锋传播到湍流混合物中会受到湍流的强烈影响。低强度湍流只会使火焰前缘起皱，扩大其表面积。随着湍流强度的增加，火焰前缘或多或少地失去了光滑的层流特性，呈现出更加强烈和高效的燃烧形式。在强湍流混合物中，燃烧发生在燃烧产物和未反应混合物有效混合的扩展区。在燃烧区内，燃烧产物和反应物之间的反应界面会变得非常大，因此燃烧速率会较高。

蒸气云爆炸发展的关键是湍流与燃烧的相互作用。点火后，层流燃烧膨胀并产生流场，当膨胀流场的边界条件为湍流时，由膨胀流对流形成的火焰前沿将与湍流相互作用。这种湍流可增加燃烧速度。

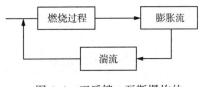

图 4.4　正反馈，瓦斯爆炸的
基本机理

随着单位体积和时间内更多的燃料转化为燃烧产物，膨胀流不断增强，同时存在更高的流速与更强烈的湍流。这个过程是依靠自身完成的，即开始起作用的是正反馈耦合。在火焰传播的湍流阶段，气体爆炸可以描述为燃烧驱动的膨胀流动过程，它的湍流膨胀流动结构是一个不受控制的正反馈(图 4.4)。

如果这一过程持续加速，燃烧模式可能突然从爆燃转变为爆炸。湍流燃烧区正前方的反应混合物是通过压缩和燃烧产物的湍流混合加热进行反应。如果湍流混合变得非常强烈，燃烧反应可能会局部熄火，导致混合物的反应物和热产物虽未反应，但却具有很强的反应性。压缩加热的强度可以将部分混合物的温度提高到高于自燃温度的水平。这些高度反应的"热点"最终反应非常迅速，导致局部定容亚爆炸(Urtiew 和 Oppenheim，1966 年；Lee 和 Moen，1980 年)。如果周围的混合物由于一次爆炸导致的压缩而达到接近自燃的临界点，则会产生爆炸波。

4.4.2　爆轰

爆燃和爆炸(也称爆轰)这两种基本燃烧方式在传播机理上有着根本的不同。在爆燃燃烧中，反应前沿通过分子热扩散传输和反应物与燃烧产物的湍流混合传播；在爆炸燃烧中，反应前沿通过由燃烧反应释放热量维持的强冲击波进行传播，冲击波压缩混合物使其温度高于自燃温度。

下文将简要总结爆炸的几项基本特征。不同的模型反映了不同的爆炸特性(Ficket 和 Davis，1979 年)。Nettleton(1987 年)提出的 Chapman-Jouguet(CJ)模型可以计算爆炸波总体特性的精确值，包括波速和压力等。该模型假设感应时间和瞬时反应为零(图 4.5)，并将爆炸波简化为瞬时冲击压缩与燃烧前沿同时发生的反应激波。对于按化学式计量关系式混合的碳氢化合物-空气混合物，爆炸波速的速度在 1700~2100m/s 之间，对应超压在 18~22bar 之间。

与 CJ 模型相比，zel'dovich-von neumann-doring(ZND)模型更适用于实际场合。该模型中，在经过诱导期之前，燃油-空气混合物不会对超过自燃条件的冲击压缩产生反应(图 4.6)。非主动激波后的压力远高于 CJ 爆炸压力。直到反应完成，才达到 CJ 压力。在非活跃的休克后状态下，诱导期的持续时间约为微秒。非反应性、震后压力的"冯纽曼脉冲"由于衰减到 CJ 压力的时间极短，因此很难通过实验检测出来。

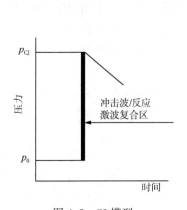

图 4.5　CJ 模型

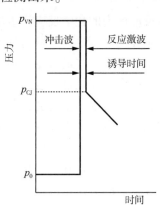

图 4.6　ZND 模型

上述的一维表述过于简单，无法描述爆炸响应边界条件。1962 年，Denisov 等人表明爆炸波的 ZND 模型是不稳定的。图 4.7 为冲击波和反应波的平面结构分解成孔眼结构的示意图。爆炸不是一个稳定的过程，而是一个高度波动的过程。它的多维循环特性是由一个连续衰减和重新初始化的过程决定的。横波的碰撞在爆炸波结构中起关键作用。这个过程的性质多年来已被相关学者详细描述了很多次，例如 Denisov 等人（1962 年），Strehlow（1970 年），Vasilev 和 Nikolaev（1978 年）。在这个循环过程中，可以区分平均特征孔眼范围或单元大小（图 4.7 和图 4.8）。特征孔眼尺寸是燃料氧化剂混合物所特有的。表 4.3 给出了从 Bull 等人（1982 年）获得的化学计量燃料空气混合物的指导值。

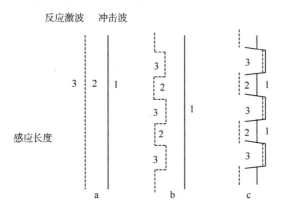

图 4.7　爆轰波 ZND 概念的不稳定性
a—平面结构；b—分解成孔眼的反应波；c—完全发育的孔眼结构；
1—未受干扰的燃料空气混合物；2—冲击后非反应性混合物；3—反应后产物

图 4.8　爆轰波的微孔结构

孔眼尺寸很大程度上取决于燃料和混合物的组成成分；反应性更强的混合物会导致孔眼尺寸变小。表 4.3 显示，与其他碳氢化合物空气混合物相比，甲烷和空气的化学计量比例混合物具有异常大的孔眼尺寸，这表明甲烷空气比其他碳氢化合物空气混合物反应性更小，更难引爆。

表 4.3　某些化学计量比例燃料-空气混合物的特征孔眼尺寸

燃料名称	孔眼尺寸/cm	燃料名称	孔眼尺寸/cm
甲烷	33	乙烯	2
乙烷	5	乙炔	0.5
丙烷	5.4	氢气	1.5
正丁烷	6.5		

注：数据来源，Guirao、Knystautas、Lee（1982 年）；Knystautas、Guirao、Lee、Sulmistras（1984 年）。

4.5 冲击波效应

4.5.1 表现形式

爆炸的一个特征是气流。气体爆炸的特点是燃烧十分迅速，燃烧的高温产物膨胀并影响周围环境。通过气体爆炸这种方式，燃料-空气混合物的燃烧热(化学能)部分转化为膨胀(机械能)，机械能通过爆炸过程以冲击波的形式传递到周围的大气中。这种能量转换过程与内燃机中的过程非常相似，可以用热力学效率来表征。在大气条件下，气体爆炸中化学能转化为机械能(爆炸)的理论最大热力学效率约为40%。因此，爆炸燃烧产生的总燃烧热中，只有不到一半可以作为冲击波能量传播。

在周围大气中，冲击波作为气体动态参数(压力、密度和粒子速度)发生瞬态变化。通常情况下，这些参数值会迅速增加，然后降低到亚环境值(即出现负相位)。随后，参数慢慢恢复到大气压值(图4.9)。冲击波的形状在很大程度上取决于爆炸过程的性质。

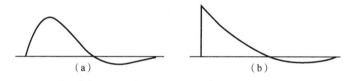

$$(a) \qquad\qquad\qquad (b)$$

图4.9 冲击波形

冲击波中压力高于环境压力的初始部分称为正相。压力低于环境压力的部分称为负相。术语"超压"是指爆炸压力高于环境压力。正相和负相的持续时间由压力达到或穿过环境的时间确定。脉冲是正相或负相关于压力-时间历程的积分。

如果气体爆炸中的燃烧过程相对缓慢，则膨胀缓慢。由于冲击由低振幅压力波组成，其特征是气体动态变量逐渐增加[图4.9(a)]；同时，如果燃烧很快，爆炸可能导致气体动态变量突然增加，形成冲击[图4.9(b)]。由于冲击波的传播机制是非线性的，因此在传播过程中冲击波的形状会发生变化。初始压力波趋于陡峭，在某些情况下可能会在远场产生冲击波，波长随传播距离的增大而不断增大。

4.5.2 爆炸荷载

一个被冲击波击中的物体经历了一次载荷加载。这种加载有两个方面。首先，入射波在物体上产生一个瞬态压力分布，它高度依赖于物体的形状。这个过程的复杂性可以用图4.10所示的现象来说明。当入射波遇到前壁时，撞击前壁的部分被反射，形成局部反射超压。对于弱波，反射超压略大于入射超压的2倍。随着入射(侧开)超压的增加，反射压力倍增率增加。

在图4.10(b)中，反射波向左移动。在刚性结构上方，入射波相对不受干扰。当反射波从前向后移动时，一个稀疏的前壁向下移动到结构的正面[图4.10(b)]。稀疏区为减小压力的膨胀波。同样，稀疏波也从两侧穿过前侧。刚性结构顶面承受的超压小于侧面压。当入射冲击波越过结构的后表面时会绕着该表面进行绕射，如图4.10(c)所示。在图4.10(c)所示的瞬间，前表面反射的超压已被稀疏区完全衰减到压力水平的一侧。随后，入射波越过刚性结构，绕射过程结束，结构被浸没在前缘激波后的颗粒速度流场中。此阶段，冲击波起到为刚性结构施加阻力的作用。

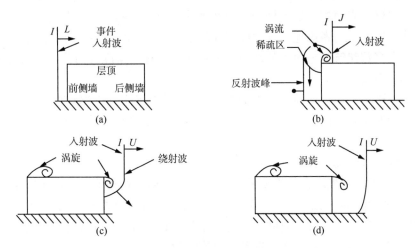

图 4.10   冲击波与刚性结构的相互作用(Baker，1973 年)

具有较宽物体的爆炸载荷在很大程度上取决于冲击波的超压。另一方面，细长的物体，例如灯柱，几乎不受爆荷载超压方面的影响。

爆炸荷载的第二个组成部分是由冲击波中的粒子速度引起的阻力。阻力的大小由物体的前方面积和前导激波后的流动动压决定。细长物体的爆炸载荷很大程度上取决于冲击波的动态压力(阻力)。

利用多维气体动力学数值模型(也称为计算流体动力学 CFD 模型)可以对冲击波对物体的全负荷进行估算。然而，如果问题可以足够简化，那么通过分析的方法也可以估算全负荷。分析方法利用峰值侧超压和正相位脉冲或持续时间来描述场中某处的冲击波。蒸气云爆炸模型(详见第 6.3 节)给出了爆炸附近爆炸参数的分布。

4.5.3　地面反射

地面爆炸是从地面产生反射冲击波，类似于上述从建筑表面反射的过程。刚性非移动的平面将反射冲击波，同时，损失很小的波强。因此，爆炸源附近的物体可以连续经历两次冲击波：入射波和反射波。

当入射波和反射波之间的夹角小于临界角时，冲击波产生汇聚作用，形成第三个冲击波，称为马赫杆(Baker，1973 年)。由于马赫杆是两个冲击波耦合的结果，所以它的强度比原来两个冲击波中的任何一个都大。

马赫杆的形成角度取决于入射波的强度。对于高空爆炸，地面上马赫杆所形成点的夹角与垂直方向的夹角在 $40° \sim 80°$ 之间(TM5-1300，1990 年)。例如，对于 $34kPa(5bar/in^2)$ 的入射冲击，马赫杆的形成角度约为 $54°$；对于 $7kPa(1bar/in^2)$ 的入射冲击，马赫杆的形成角度约为 $65°$。

蒸气云爆炸通常是地面或"地面突发"的事件。压力容器爆裂和沸腾液体膨胀蒸气爆炸虽然可以升高，但其高度仍受工艺结构的限制。具有压力容器爆裂或沸腾液体膨胀蒸气爆炸的工艺装置内或其附近的建筑物可能会受到高空爆炸产生的爆炸荷载的影响，在屋顶上产生反射爆炸荷载，并在入射波之后产生地面反射。单一波加载位于马赫杆一定距离之外的建筑物，这种表面爆发只产生一个波。

学者 Baker(1973 年)指出，高空爆炸引起的地面反射可以用地面以下与地面上实际爆炸距离相同的假想爆炸来模拟。假想爆炸与地面爆炸具有相同的特征。在自由空气中使用爆炸曲线进行爆炸模拟时，为考虑地面反射使爆炸能量加倍，可简化处理地面反射。

化工厂的大多数建筑都超出了从高空爆发形成马赫杆的角度。因此，可以将爆炸简化为具有双能量的表面爆炸。

爆炸曲线已被用于描述地面爆炸，通常被称为"半球面爆破"爆炸曲线。由于地面反射是由模型中包含的反射平面产生的，所以爆炸曲线中包含地面反射。适用爆炸曲线时，不能加倍爆炸能量。

4.5.4　爆炸参数比例定律

图4.11的上半部分表示直径为 d 的球形炸药在距离炸药中心 r 处产生峰值超压 p 和正相位持续时间 t^+ 的侧面冲击波。实验结果表明，直径为 Kd 的炸药在距装药中心一定距离 KR 处，在峰值超压 p 和正相位持续时间 Kt^+ 上产生同侧的冲击波。这种情况如图4.11的下半部分所示。因此，装药尺寸可以作为爆破的标度参数。

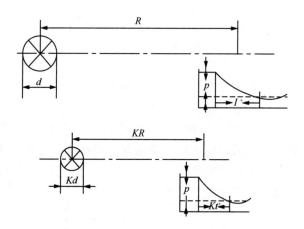

图4.11　爆炸测量图（Baker，1973年）

然而，表示爆炸装药威力的惯用单位不是装药尺寸，而是装药质量。因此使用与球形装药直径成正比的装药质量的立方根作为比例系数，如果将到装药的距离和冲击波的持续时间按装药质量的立方根进行比例缩放，就可以用图形表示不依赖于装药质量的爆炸参数在爆炸场中的分布。这种技术，在计算高爆炸药爆炸参数时经常使用，被称为霍普金森比例定律（Hopkinson，1915年）。

然而，为了实现问题的无量纲简化，应该在量纲分析中考虑所有的控制参数，如参与能量 E、环境压力 p_0 和环境声速 a_0（环境温度）。比例定律（Sachs，1944年）提出了如下无量纲参数组描述方法。

超压标度侧：
$$\bar{p} = \frac{\Delta p_s}{p_0}$$
式(4.16)

标度比冲：
$$\bar{i} = \frac{i\, a_0}{p_0^{2/3}\, E^{1/3}}$$
式(4.17)

缩放持续时间：
$$\bar{t} = \frac{t\, a_0^{1/3}\, p_0^{1/3}}{E^{1/3}}$$
式(4.18)

标距距离：

$$\overline{R} = \frac{R\,p_0^{1/3}}{E^{1/3}}$$

式(4.19)

式中　Δp_s——峰值侧超压，Pa；

　　　　i_s——比冲侧，Pa/s；

　　　　t^+——冲击波持续时间，s；

　　　　R——距爆破中心距离，m；

　　　　E——参与能源量，J；

　　　　p_0——环境压力，Pa；

　　　　a_0——环境声速，m/s。

5   闪燃

可燃蒸气或挥发性液体的意外泄漏可引起不同的着火事故：
- 闪燃；
- 池火；
- 喷射火；
- 火球；
- 爆炸。

它们都有一个共同特点，即蒸气浓度都在燃烧范围以内。泄漏还包括由泄漏液体受撞击雾化或过热液体闪蒸形成的气溶胶。

闪燃是指可燃性气体与空气混合后出现的短暂的，并且超压（冲击波）可忽略的热危害。闪燃将水平方向上预混蒸气云变成垂直的"火焰墙"。如果闪燃烧回到了点火源处，可能变成喷射火或池火。1951 年和 1984 年分别在美国新泽西的 Newark 港和墨西哥的墨西哥城发生过闪燃导致的破坏性强的重大火灾事故。Lees 对这些事故进行了描述。

闪燃与火球、爆炸一样，燃烧使云团体积膨胀 8 倍。也就是说，x、y、z 线性尺寸按照其尺寸成比例增加。蒸气云的位置通常比较低，蔓延宽度大，其蔓延长度随泄漏时长而变化。如后面闪燃模型部分所述，蒸气云膨胀将可燃蒸气向前推，使火焰体增大。

喷射火是压力稳定或衰减很慢的火焰。喷射火能产生比瞬态闪燃严重得多的影响，特别是当喷射到一个物体上时。池火会随机产生垂直或倾斜火焰。本书不涉及喷射火和池火方面的内容。

一般火球在垂直方向有一个初速度，燃烧时在浮力作用下上升。沸腾液体膨胀蒸气爆炸可导致正在燃烧的储存可燃液体的压力容器产生火球。

第 6 章对蒸气云爆炸进行了阐述。这部分介绍燃烧导致爆炸的条件，包括：
- 可燃蒸气在可发生湍流的有限空间内产生；
- 喷射性泄漏；
- 高能量点火。

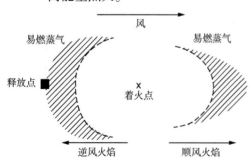

图 5.1   闪燃火焰前锋的理想化说明图

闪燃一般不存在这些条件。

图 5.1 是基于着火点的闪燃方向的理想状况。如果燃烧是背风向的，火焰前锋移动速度较慢。如果燃烧是顺风向的，火焰前锋移动速度较快。实际上，闪燃可能不会迎风前进。

图 5.1 的理想状况中不考虑羽流和火焰传播速度随浓度的变化。例如，健康安全实验室（HSL，2001 年）采用泄漏率为 2.6kg/s、风速为 2.0m/s 的 LPG 蒸气云，在距火源 25m 的下风向

开展了引燃实验研究，结果表明：火焰前锋不会进入逆风羽流。火焰在羽流边缘处燃烧更快，最终后面的下风羽流蒸气被引燃(图 5.2)。

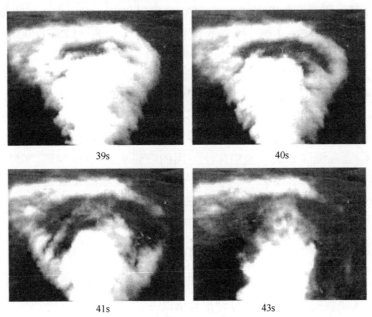

39s   40s
41s   43s

图 5.2　LPG 蒸气云火焰前锋发展过程(风速 2.0m/s，以 2.6kg/s 泄漏 51s，距火源 25m 点火，HSL，2001 年)

关于闪燃性能和影响方面的实验和模型文献很少，可能与闪燃瞬时辐射危害比喷射火、火球或爆炸小得多有关。闪燃的主要危害是火焰经过某点时的瞬时热辐射。正常情况下，闪燃持续时间不会超过几十秒(见表 5.1 的实验周期)。因此，尽管在相同时间内闪燃产生的热辐射总量可能比火球产生的热辐射总量大，但闪燃附近物体所受的热辐射值实际上比与池火或喷射火同样距离处的物体所受热辐射值小得多。

分析闪燃性能需考虑以下热辐射参数：
- 引燃时及燃烧瞬间可燃蒸气云面积、长度、宽度；
- 可燃蒸气云高度；
- 闪燃的火焰传播速度(与风速值相加或相减)；
- 火焰的表面辐射功率(SEP)、火焰温度的函数；
- 大气的透过率(大气衰减)；
- 从火焰前锋到目标的视角因子(蒸气云燃烧路径的一个瞬变函数)。

本章的后面部分还将讨论这些影响因素。

从处于燃烧极限下限(LFL)的位置到云团边缘的范围是危险区域，即在云团的燃烧范围内的任何人都可能有危险，而且燃料与空气的蒸气云浓度通常不是均匀分布，在燃烧极限下限以外的区域，基于平均时间的扩散模型估算出来的高于平均浓度的局部区域也可能发生着火。考虑到这些区域及包括平均羽流在内的一些因素在建模中的不确定性，0.5 倍 *LFL* 值通常被认为是可燃蒸气云的边界值。Lees(2005 年)认为是 Feldbauer 等(1972 年)首次用 0.5 *LFL* 替代 *LFL* 来计算易发生着火的蒸气云面积。如果在燃烧期间着火范围扩大，在这些边界以外的人员可因闪燃热辐射导致烧伤。

在采用扩散模型进行风险分析时需要定义危险区域和可燃物质量。即使只针对闪燃而言，讨论扩散模型也超过了本指南的范围。CCPS 的其他指南里，如《蒸气云扩散模型使用指南》（Wiley-AIChE，22 版，1996 年）对扩散模型进行了阐述，LEES（2005 年），P. J. Rew，Deaves D. M.，Hockey S. M. 和 LinesI. G.（1996 年）对扩散模型进行了综述。在编号为 94/1996 的 HSE 合同研究报告中也涉及了闪燃方面的内容。Woodward 编制的 CCPS 图书（1998 年）也对蒸气云中可燃物质量的计算和火焰特征进行了阐述。

CFD 模型可处理时间平均的偏微分纳维-斯托克斯方程（N-S 方程），根据网格可对障碍物、地形及喷射等进行计算。如果这些特性很重要，CFD 模型可能是首选方法。KAMELION（Velde，1998 年）是在海洋石油工业中广泛使用的喷射火的 CFD 代码，CFD 模型被认为比其他方法更基本的方法。然而，CFD 的其他子模型还需要进一步开发才能解决包括形成烟灰在内的关键机理。因此，TNO 指出 CFD 方法并不一定比简单的方法重要。

5.1 实验研究概述

燃料-空气云中火焰传播的全尺寸实验费时费力，费用昂贵，因此，有关闪燃动力学和伴随的热辐射的实验数据很少。这部分讨论包括以下实验：
- China Lake 低温液体实验；
- Maplin Sands LNG 和 LPG 实验；
- Musselbanks 丙烷实验；
- HSE，HSL LPG 实验。

5.1.1 China Lake 和 Frenchmen Flats 低温液体实验

Schneider（1980 年）、Urtiew（1982 年）、Hogan（1982 年）和 Goldwire（1983 年）报道了在加利福尼亚 China Lake 开展的液化天然气（LNG）、液化甲烷和液氮泄漏实验结果。在实验水池中释放 $40m^3$ 液化气，共开展了 10 组实验，其中 5 组实验是研究蒸气云的扩散与燃烧，另外 5 组实验研究发生快速相变的爆炸。

除一组液化甲烷实验外，其他燃烧实验都是在开放环境中采用 LNG 进行的。燃烧过程的测量仪器包括电离真空计（用于局部火焰传播速度和方向的三维测量）、温度计（测量局部火焰温度）、辐射仪（测量辐射强度）和安装在直升机头部的红外成像仪。这些仪器都安装在泄漏源的下风向。

Rodean 等（1984 年）在内华达的 Frenchmens Flats 采用 LNG 开展了一系列低温实验。喷射羽流的瞬时火焰传播速度可达 30~50m/s。瞬时火焰传播速度在远处发生衰减，主要随燃料成分的变化而变化（Cracknell 和 Carsley，1997 年）：
- LNG 和天然气：6m/s；
- 甲烷和 LPG：12m/s。

从辐射仪测得的最大热通量为 $160~300kW/m^2$。

5.1.2 Maplin Sands 实验

Maplin Sands 实验[Puttock 等（1984 年），Blackmore 等（1982 年），Hirst 和 Eyre（1983 年），数据总结在 Ermak 等（1988 年）里]在泰晤士河口的海洋表面采用瞬时和连续的方式泄

漏了 20m³ LNG 和液化甲烷。主要目的是评估现有蒸气云扩散模型的准确性，燃烧实验为闪燃特性补充实验数据。

在 71 个浮筒上安装仪器对蒸气云扩散与燃烧过程进行检测。在 20~30 个选定的浮筒桅杆上安装了 27 个广角辐射仪(测量平均辐射量)和 24 个水诊器(测量火焰产生的超压)。另外两个特制的浮筒用于给气象仪器提供平台。这些仪器可提供海平面 10m 以上空间的温度和风速在垂直方向的分布情况以及风向、相对湿度、太阳能辐射、水温和波高等数据。

连续泄漏和瞬时泄漏时的燃烧行为不同，LNG 和液化甲烷的燃烧行为也不一样。连续泄漏时，着火后马上会发生短暂的预混燃烧。特征是首先产生微弱的发光火焰，然后燃烧羽流富含燃料部分发生燃烧，并出现低的亮黄色火焰。当火焰蔓延回在液池的泄漏点处时，火焰高度明显增加，呈倾斜的圆柱形池火特征。

瞬时泄漏的蒸气云扩散速度较慢，在着火前随风漂移远离泄漏点。这些实验的燃烧主要是预混型。在火燃烧回来前实验池已完全蒸发，因此不会发生池火。在燃烧的预混阶段火焰传播速度最快。在丙烷实验中，平均火焰传播速度达 12m/s。瞬时火焰传播速度更高(某个瞬间达到 28m/s)，但未发生持续加速。

LNG 蒸气云也发生了类似的燃烧行为，但平均火焰传播速度比 LPG 低。所有这些实验的最大速度为 10m/s。预混燃烧后，火焰在蒸气云富含燃料部分燃烧，火焰传播速度很慢。在 LNG 的连续泄漏实验中，在地面 10m 以上空间的风速为 4.5m/s 时可使距离泄漏点 65m 的火焰保持稳定燃烧 1min。虽然没有给出羽流高度和火焰高度，但可能小于 10m，所以风速和火焰传播速度更低。

LNG 和液化甲烷燃烧的表面辐射功率相近，平均为 173kW/m²。

5.1.3 Musselbanks 丙烷实验

Zeeuwen 等(1983 年)在荷兰 Westerschelde 河口南岸 Musselbanks 开阔平坦区域开展实验，观察了大量丙烷(1000~4000kg)泄漏时的大气扩散和燃烧现象。这个实验没有测量热辐射。在开放环境条件下，火焰前锋移动速度是高度定向的，并和风速有关。火焰行为与 Maplin Sands 的丙烷实验结果相似。火焰前锋平均移动速度达 10m/s。然而，在一次测试中最大瞬时火焰速度达到了 32m/s。

火焰高度与混合物组成密切相关：混合物浓度越低，火焰高度越低。对处于燃烧极限范围内的混合物，火焰高度大约为 1~2m。对超过燃烧极限上限的混合物，火焰平均高度为 2~5m。在泄漏点附近区域的火焰高度可达 15m。视频显示燃烧产物不是垂直上升，它们首先在水平方向向现有羽状物流动，汇合在一起后再上升。

图 5.3 是在不受限的丙烷蒸气云中火焰传播瞬间图片。左边部分是火焰穿过蒸气云预混部分，火焰光线很弱。中间部分是富含燃料蒸气云燃烧，火焰高度更高，呈现出类似倾斜圆

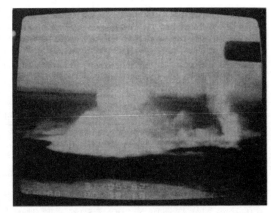

图 5.3　丙烷-空气云团着火瞬间
(Zeeuwen 等，1983 年)

柱的形状。

5.1.4 闪燃和喷射火的 HSE LPG 实验

在一个由加拿大、法国、日本和西班牙加入的工业联合项目中，英国健康和安全部门的健康安全实验室(HSL)开展了 LPG 蒸气云着火实验。实验介质的水平喷射泄漏率为 2.4 ~ 4.9kg/s(Butler 和 Royle，2001 年)。研究目标是证实一个新的蒸气云火灾模型。实验的着火点是变化的，大多数实验是在开阔区域完成的，只有几组实验在火焰传播方向布置了栅栏阻挡。

这些实验测量了火焰传播速度和热通量。在一些实验中，孤立的小容器发生了着火，但火焰没有传播。1m 高的栅栏可明显降低下风向的蒸气浓度。表 5.1 列出了关键的实验条件和火焰传播速度。火焰传播速度是测得的下风向火焰传播速度减去风速。通过这些数据分析可获得一个大致的趋势：风速越高，火焰传播速度越低。

表 5.1　HSL LPG 实验条件和火焰传播速度

实验序号	风速/(m/s)	泄漏率/(kg/s)	时间/s	点火距离/m	火焰传播速度/(m/s)
17	2.0	3.0	160	23	11.3
18	2.0	2.4	143	30	7.1
21	2.0	2.8	60	25	7.9
23	2.0	2.6	51	25	11.4
4	2.5	3.0	35	15	9.0
15	2.5	3.0	41	15.3	8.7
20	3.0	3.2	148	39	9.8
8	3.0	5.0	131	30	4.3
9	3.0	2.7	78	5	—
10	5.0	3.4	141	15	7.2
16	5.0	2.6	116	17.5	6.2
6	5.5	4.9	66	20	4.5
7	60	3.2	59	20	6.5
14	7.0	3.8	82	14.7	3.2

图 5.4 是实验(序号 14)中测得的通过闪燃和喷射火的火焰前锋边缘的热辐射通量。风速加上或减去火焰传播速度等于 10m/s 或 4m/s，泄漏时间为 82s，着火时间为 40s。这与火焰顺风向燃烧的延迟点火一致。通过对图 5.4 的曲线积分可获得传感器处的热辐射通量。孤立的小容器燃烧温度为 200~250℃。喷射火火焰一般长 20m，在大约 10m 后火焰在浮力作用下向上移动，在 20m 处的火焰温度超过 1000℃。

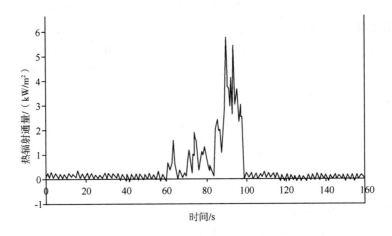

图 5.4　实验(序号 14)中 HSL LPG 闪燃的热辐射通量

5.2　闪燃辐射模型

　　尽管先进的数学计算技术发展很快，计算流体动力学得到了大量应用，但 Raj 和 Emmons 的模型(1975 年)仍然被广泛使用。基于以下实验现象，闪燃被认为是二维的，湍流火焰以恒定速度传播：

- 云团被湍流火焰前锋逐渐消耗掉，火焰前锋的传播速度大约与环境风速成正比。
- 云团燃烧时，主导火焰前锋以稳定的速度传播到未燃烧的云团内。主导火焰前锋逐渐发展为燃烧区。
- 当燃料充足时，燃烧会呈现高的、扩散控制的火焰羽流特征。当云团与空气充分混合后，可见燃烧区的垂直深度大约等于云团的初始可见深度。

　　这个模型是在 Steward(1964 年)开发的池火模型基础上发展起来的。模型假设燃烧过程是完全对流控制的，湍流火焰传播速度由空气进入浮力火羽流决定。图 5.5 对模型进行了描述，二维湍流火焰前锋以常速 S 传播到深度为 d 的静态混合物中。火焰宽度 W 取决于火焰底部上浮力羽流的燃烧过程。以速度 u_0 流入的未燃烧混合物向火焰羽流供给(对于喷射火，未燃烧混合物的速度大于风速；对液池而言，未燃烧混合物的速度小于或等于风速)。图 5.5 中斜线表示燃烧区厚度。如果未燃烧燃料浓度比较小(在燃烧下限与化学计量范围内)，火焰不需要空气扩散，火焰前锋高度大致与火

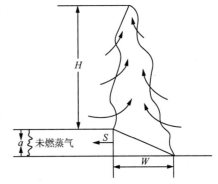

图 5.5　不受限的闪燃示意图

羽流相同。但是，富含燃料的混合物需要空气扩散，高温燃烧产物的绝热膨胀将未燃烧的燃料向上推举，因此，火焰前锋比最初的火羽流高。这种情况在图 5.5 中用升高的燃烧区表示。

　　质量、动量和能量守恒在羽流上的应用获得了可见火焰高度与火焰底部气体向上速

度 u_1 的关系。在火焰扩散高度的经验数据基础上修正了这个简化问题的理论解决方法（Steward，1964 年）。自由燃烧云团的火焰底部向上的速度 u_1 是未知的，实验结果显示可见火焰高度 H 与火焰底部宽度 W 基本上成正比，即 $H/W = 2$。根据这个实验，对于由火焰前沿和火焰底部围成的三角形区域，通过质量平衡可以将图 5.5 中可见火焰高度与燃烧速度 S（m/s）关联起来。如果 $w > 0$，可见火焰高度 H 可用以下近似半经验公式表示：

$$H = 20d \left[\frac{S^2}{gd} \left(\frac{\rho_0}{\rho_a} \right)^2 \frac{w\, r^2}{(1-w)^3} \right]^{\frac{1}{3}}$$
式(5.1)

式中　d——蒸气云深度，m；

　　　g——重力加速度，m/s^2；

　　　r——空气与燃料化学计量混合物的质量比。

ρ_0 和 ρ_a 分别是空气、燃料与空气混合物的密度，kg/m^3。后面将对 w 进行定义，可根据分子质量 M_{air} 和 M_{fuel} 计算比率（kg/kmol）。

$$\frac{\rho_0}{\rho_a} = \frac{(1-\phi) M_{air} + \phi\, M_{fuel}}{M_{air}}$$
式(5.2)

式中　ϕ——燃料-空气混合物的摩尔分数。

空气-燃料化学计量混合物的质量比 r（无纲量）可根据化学计量混合物组成、ϕ_{st} 以及燃料与空气的分子质量进行计算：

$$r = \frac{(1-\phi_{st}) M_{air}}{\phi_{st} M_{fuel}}$$
式(5.3)

w 无纲量，代表火焰羽流燃烧的体积膨胀的倒数，表示为

$$w = \frac{\phi - \phi_{st}}{\alpha(1-\phi_{st})} \quad 当 \phi > \phi_{st} 时$$
式(5.4)
$$w = 0 \quad 当 \phi \leq \phi_{st} 时$$

其中，α 是化学计量燃烧的常压膨胀比（对碳氢化合物而言，一般等于 8）。这里的 w 与 Raj 和 Emmons（1975 年）推荐值不同，主要与蒸气云的成分有关。如果蒸气云为纯碳氢化合物，w 代表恒压化学计量燃烧的体积膨胀系数的倒数。如果蒸气云中混合物浓度较低，燃烧发生在没有明显上升的羽流中。火焰高度与蒸气云的深度相当，$w = 0$。

模型中缺少燃烧速度 S，不能给出闪燃动力学。根据大量实验研究结果，Rja 和 Emmons（1975 年）发现燃烧速度与云团垂直中心方向的质量 u_w（m/s）高度处的风速基本上成正比。

$$S = 2.3\, u_w$$
式(5.5)

已知某一时间 t 的可见火焰高度、被环境中平板阻挡的单位面积辐射功率 q（W/m^2），可根据以下公式计算：

$$q = EF\, \tau_a$$
式(5.6)

式中　E——辐射功率，W/m^2；

　　　F——垂直平板发射体的无量纲几何视角因子；

　　　τ_a——大气衰减因子（无纲量过热率）。

辐射功率值可以是观察值，也可以是根据火焰温度和辐射率计算的理想黑体辐射量。辐射量主要取决于火焰中不发光烟灰。在 China Lake 和 Maplin Sands 的池火实验及 Montoir LNG 火灾实验(Nedelka，1990 年)中均报道了辐射功率值。表 5.2 中给出了大口径辐射器基于面积的平均测量值。小型池火通常是明亮的，倾向于闪燃。大型池火可能烟尘弥漫，这些烟雾降低了辐射功率。

表 5.2 采用口径辐射器测得闪燃和池火的表面辐射功率值

实验	实验室尺寸/m 或泄漏体积/m³	$E/(\text{W/m}^2)$	$\mu_F/(\text{m/s})$	$\mu_W/(\text{m/s})$
China Lake(广角)	15	220±47		
Mpalin Sands		178~248	10	
LNG	20	203±35		
LPG(平均)			12~20	
Monitor(广角)	35	165±10		
Musselbanks LPG	2~7m³		10	
HSE LPG	喷射		3.2~11.4	3~7

大气衰减因子 τ_a 考虑了水、二氧化碳、灰尘和气溶胶粒子对吸收和散射的影响。Rja(1979 年)利用吸收带之间的高透射区域获得了透过率的值。Simpson(1984 年)也绘制了一组同时考虑吸收和散射的透过率曲线。透过率可用以下简化公式进行计算：

$$\tau_a = \log(14.1 \, RH^{-0.108} x^{-0.13}) \qquad \text{式}(5.7)$$

式中　RH——相对湿度,%；

　　　x——火焰与目标之间的距离，m。

在保守的情况下，假设清洁干燥大气的 $\tau_a = 1$。然而，Simpson(文献出处如上)指出对透过率修正后可将典型天气条件下的危险范围降低 10%~40%。

几何视角因子 F 取决于接收面和发射面的相对位置和方向。附录 A 给出了柱状和平板垂直发射面及接收面各方向视角因子的图表代表值。

目标阻挡掉的总热辐射通量等于火焰传播期间连续火焰位置贡献的总和。由于闪燃过程中火焰表面面积以及火焰与阻挡面的距离随时间变化，因此闪燃的辐射热通量与时间密切相关。由于存在许多不确定量(如着火面积和形状、火焰传播速度、组成分布、着火点的位置)，用简单的方法分析通常比较困难，可能对最终结果造成较大影响。在实际应用中推荐了一种保守的方法，比如：

● 假设闪燃传播期，云团的位置不变，组成固定并且均匀分布；

● 假设火焰表面积与时间的变化关系近似为一个平面横截面以燃烧速度穿过静止的蒸气云。

对火焰形状进行简化假设，可能导致错误的辐射水平。图 5.6(a)和图 5.6(b)中假设火焰形状是扁平状的，然而图 5.6(c)中的火焰是圆柱状的。在这些图中，D 和 R 是云团的直径和半径，L 为到着火点的距离；t 为时间；W 为火焰宽度；S 为火焰传播速度。

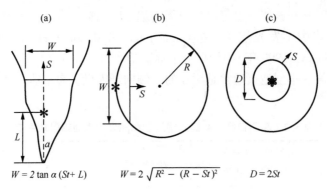

$$W = 2\tan\alpha\,(St+L) \qquad W = 2\sqrt{R^2-(R-St)^2} \qquad D = 2St$$

图 5.6　假设的火焰形状(∗为点火源)

5.3　计算示例

大量丙烷在一个开阔区域瞬间泄漏，云团在扩散时呈扁平的圆形。云团中燃料平均体积浓度约为 10% 时，云团深度约为 1m，直径为 100m，云团边缘到达点火源处。在这种情况下没有湍流诱导效应，所以不可能发生爆炸。因此，热辐射和火焰直接接触是唯一危害因素。以下是计算 $X = 100$ 时通过云团中心垂直表面的事故热通量随时间的变化情况。

数据

丙烷：$M_{fuel} = 44\text{kg/kg-mol}$

空气：$M_{air} = 29\text{kg/kg-mol}$

平均羽流浓度：$\varphi = 0.10$

化学计量浓度(摩尔分数)$\phi_{st} = 0.04$

云团深度：$d = 1\text{m}$

风速：$u_w = 2\text{m/s}$

相对湿度：$RH = 50$

计算

采用式(5.5)，根据风速计算火焰传播速度 S：
$$S = 2.3 \times u_w = 2.3 \times 2 = 4.6\text{m/s}$$

采用式(5.2)计算混合物与空气密度比的平方：
$$\left(\frac{\rho_0}{\rho_a}\right)^2 = \left(\frac{0.9 \times 29 + 0.1 \times 44}{29}\right)^2 = 1.11$$

采用式(5.3)，根据化学计量混合物组成 ϕ_{st}，空气及燃料密度计算空气与燃料的质量比 r：
$$r = \frac{(1-0.04) \times 29}{0.04 \times 44} = 15.8$$

采用式(5.4)，根据实际混合物组成 ϕ，化学计量混合物组成 ϕ_{st} 和化学计量燃烧的膨胀率 α 计算 w：

$$w = \frac{0.1-0.04}{8\times(1-0.04)} = 0.0078$$

根据云团深度 d、重力加速度 g、$S\left(\dfrac{\rho}{\rho_a}\right)^2$、$w$ 和 r 计算火焰高度，计算过程如下：

$$H = 20\times1\times\left[\frac{4.6^2}{9.81\times1}\times1.11\times\frac{0.0078\times15.8^2}{(1-0.0078)^3}\right]^{\frac{1}{3}} = 33\text{m}$$

首先需要明确闪燃动力学(火焰的形状和位置随时间的变化)才能计算热通量。为了简化，假设在闪燃传播的整个过程中云团是静止的。为保守起见，假设发射面(火焰)和接收面是垂直的，在火焰传播整个过程中是平行的，如图 5.6(b)所示。

如果假设火焰是扁平的平板状，高 33m，在整个过程中火焰一直以 4.6m/s 的速度传播 (100/4.6 = 21.7s)，可以计算目标在环境中接收到的热辐射。整个过程中火焰宽度从 0~100m 变化，超过 100m 后的火焰宽度根据图 5.6(b)计算。

$$W = 2\left[R^2-(R-St)^2\right]^{0.5} = 2\left[50^2-(50-4.6t)^2\right]^{0.5}$$

由于火焰表面面积及火焰到阻挡面的距离在闪燃期间一直变化，因此辐射热通量与时间密切相关。例如，5s 后火焰传播的视角因子可计算如下：

火焰宽度：$\qquad W = 2\left[50^2\times(50\times4.6t)^2\right]^{0.5} = 84\text{m}$

目标与火焰间的距离：$\qquad x = 150-(5\times4.6) = 127\text{m}$

如果假设接收体到火焰的 I 和 II 部分的距离相同(图 5.7)，那么 r_{I} 等于 r_{II}。可计算从接收体中心到火焰表面每侧火焰部分的 x_r 和 h_r。在这种情况下，要计算 x_r 和 h_r，可用火焰宽度的一半来确定火焰表面每侧的火焰部分。

$$x_r = \frac{x}{r} = \frac{x}{0.5W} = \frac{127}{0.5\times84} = 3.02$$

$$h_r = \frac{h}{r} = \frac{h}{0.5W} = \frac{43}{0.5\times84} = 1.02$$

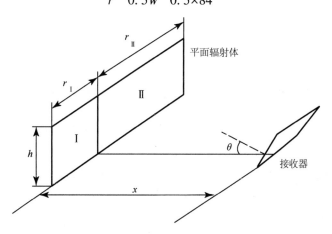

图 5.7　垂直平面辐射体的视角因子定义

此时，主要问题集中到如何确定几何视角因子。采用附录 A 里的公式计算垂直平板发射体的视角因子，或从附录 A 的表 A-2 中读取相应 x_r 和 h_r 的视角因子。

对于火焰表面的每一部分,这个结果为 $F = 0.062$,并且意味着一个总的视角因子为
$$F = 2 \times 0.062 = 0.12$$
根据式(5.7)计算透过率:
$$\tau_a = \log(14.1 \times 50^{-0.108} 100^{-0.13}) = 0.71$$
根据式(5.6)计算接收体处的辐射功率:
$$q = \tau_a FE = 0.706 \times 0.12 \times 173 = 14 \text{kW/m}^2$$
所选定时间和距离的结果见表5.3和图5.8。

表 5.3　计算结果

t/s	W/m	X/m	h_r	X_r	F	τ_a	$q/(kW/m^2)$
0	0	150					0
5	84	127	1.02	3.02	0.12	0.69	14
10	100	104	0.86	2.08	0.20	0.70	25
15	92	81	1.07	1.76	0.30	0.72	37
20	54	58	1.59	2.94	0.30	0.74	38
21	36	53	2.39	2.94	0.26	0.74	33
21.7	0	50				0	

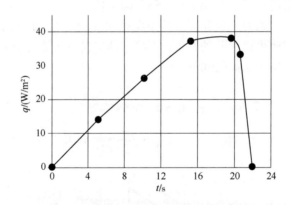

图 5.8　辐射热通量随时间变化示意图

通过对火焰传播期的辐射热通量进行积分,即图5.8曲线下的面积,可获得一个表面的辐射热总量。

计算辐射量时有很多不确定量。火焰可能不会燃烧成前端呈扁平状,更可能呈马掌状。而且,可能有几个羽流组成,这些羽流高度超过模型假设的高度,并且火焰辐射随时间变化。最后,风向和速度的改变对火焰形状及云团位置也有相当大的影响。

6 蒸气云爆炸

6.1 引言

6.1.1 本章结构

本章首先简要介绍蒸气云爆炸(VCE)现象和相关专业术语。其次，介绍蒸气云爆燃和爆轰的研究概况。爆燃部分首先简要介绍了几个基本概念，例如层流燃烧速度和火焰速度。然后，简要介绍了火焰加速的机理，这对蒸气云爆炸的发生至关重要。为了更好地理解诸多蒸气云爆炸爆燃实验结果，本章还讨论了影响火焰加速、限制、阻塞和燃料反应性的三个重要因素。

本章关于爆轰的内容介绍相对简单，因为一旦蒸气云组成确定，爆轰属性就唯一确定。因此，蒸气云爆炸爆轰产生的爆炸效应一目了然。本章还介绍了蒸气云爆炸产生的爆轰效应实验测量结果和经验公式。

本章最后介绍了三种爆炸效应的预测方法：TNT当量法、爆破曲线方法和数值模拟法，并用实例问题来说明这些方法如何应用。

6.1.2 蒸气云爆炸现象

蒸气云爆炸是可燃物质在空气中释放、扩散一段时间后，可燃部分被点燃造成的结果。蒸气云爆炸的实验、分析和计算流体动力学已分化为两个不同研究方向。一个方向专注于燃料-空气爆炸武器系统(FAE)的开发，另一个方向专注于防范蒸气云爆炸。在燃料-空气爆炸武器系统中，燃料通常对冲击很敏感，而且在蒸气云爆炸中，燃料可以是任意气体或者是闪蒸液体燃料。

在燃料-空气爆炸武器系统中，爆炸性蒸气云是由于有意地将可燃气体或雾气通过设计的爆炸装药装置故意在大气中分散而形成的。在蒸气云爆炸事故中，可燃蒸气云主要是由可燃气体或液体长时间释放而不是瞬间释放形成的。射流释放过程中的湍流可以促进可燃蒸气与空气混合，风机等机械设备也是如此。压力容器、管道或设备在压力下失效时，可以导致可燃气体或者雾气的快速扩散(有时也称爆炸性扩散)。燃料-空气爆炸扩散是被设计成接近化学计量条件下的均匀云团，而蒸气云爆炸的释放是不均匀的。相比于蒸气云爆炸中的"软"引爆源，燃料-空气爆炸武器系统则使用高爆炸药。

气体或液体燃料意外泄漏不一定会导致爆炸。如果释放的物质被迅速点燃，则只会发生火灾。在非封闭区域内，延迟点燃蒸气云会导致闪燃。有些释放的物质如果没有被点燃，则能避免火灾或者爆炸事故(Davenport，1977年)。

蒸气云爆炸发生必须满足某些特定的条件。第一，易燃物质释放到密闭/封闭的区域。第二，点火必须延迟足够长的时间，从而形成足够的可燃气混合物，而且燃料-空气浓度处于可燃极限内。第三，必须有足够能量的点火源。一旦满足上述条件并且蒸气云爆炸被引发后，其对周围环境的影响可能包括：

- 一系列爆炸，可能是微小的，也可能是灾难性的；
- 火球；
- 在爆炸区及其周边地区，会飞射出一些轻质材料，比如绝缘材料和薄金属护套等；
- 较轻的物质会随着火焰分散到上层空气中，二次火灾上升气流也会分散到下风向；
- 由初始泄漏源以及其他由设备移位导致的泄漏而引起的二次火灾。

特别地，本章主要阐述了爆炸效应，暂时忽略碎片效应，另外辐射效应在第 5 章节中有所介绍。

6.1.3　蒸气云爆炸概念

6.1.3.1　蒸气云爆炸（VCE）

蒸气云爆炸是燃料-空气爆炸之一。过去也被命名为"开放空间蒸气云爆炸（UVCE）"，这是为了强调爆炸事件是在室外发生的。但是，"开放空间"这个词并不准确，因为如果在真正的开放情况下，不会对周围环境造成可察觉的损害。因此将这种类型的爆炸称为"蒸气云爆炸（VCE）"更为准确。"内部蒸气爆炸"是另一种燃料-空气爆炸类型，是指发生在建筑物内部的爆炸，比如室内或船舱内。建筑围墙存在和不完整围墙产生的湍流会影响燃烧过程，因此本书不涉及内部蒸气爆炸的相关内容。

与其他类型的爆炸一样，根据传播机制，可以将蒸气云爆炸分为爆燃和爆轰两种模式。

6.1.3.2　蒸气云爆燃

在蒸气云爆燃中，火焰以低于声速的燃烧速度在未燃烧的燃料-空气混合物中传播，产生的超压随燃烧速率发生变化：低火焰速度下产生的超压小，高火焰速度下产生的超压高。因此，蒸气云爆炸爆燃对周围环境造成的破坏程度从轻微到严重不等。由于超音速波产生的高压，蒸气云爆炸爆轰通常比爆燃更严重。由于爆燃中的火焰速度和所产生的压力与很多因素有关，不是完全由蒸气云成分决定的，使得蒸气云爆炸爆燃的情况很复杂。而且，蒸气云中有助于爆燃的燃料和燃烧产物的成分在火焰峰处是不断变化的。大多数意外的蒸气云爆炸都是蒸气云爆燃。

6.1.3.3　蒸气云爆轰

在蒸气云爆轰中，燃烧波以超音速速度通过未燃烧的燃料-空气混合物传播。爆轰是蒸气云爆炸最剧烈的一种形式，后果最严重。虽然爆轰模式是 FAE 武器系统的预期结果，但是在意外蒸气云爆炸中发生爆轰的可能性很小。与其他类型的爆炸一样，蒸气云爆炸爆轰可以由直接引爆源引起或者爆燃过渡来完成。在研究中常用一种直接引爆的"爆炸箱"方法，也就是在坚固的建筑围墙内，蒸气云爆炸被触发，并通过开口或爆破墙传播，为外部蒸气云提供高能量。"爆炸箱"必须能够承受高强度爆炸压力，而这样坚固的"爆炸箱"在化学加工厂中很难找到。如果要像第4.4.2节描述的那样进行爆炸传播，就必须要满足一些限制条件。

6.1.3.4　爆轰与爆燃的异同

爆轰和爆燃都是在反应介质中传播的爆炸，都是由化学反应释放的能量引起的。然而，两者传播机理、燃烧速率范围、超压峰值和持续时间存在实质性差异。蒸气云爆轰与爆燃之间最重要区别是传播机制。对于蒸气云爆炸爆燃，化学反应传播是热量和化学物质从反应区扩散到未燃烧的物质。因此，传播速度受限于分子的扩散性。对于蒸气云爆炸爆轰，化学反应传播是依靠未燃烧的材料绝热压缩，在高度压缩和预热的气体中火焰燃烧极其迅速。在接近最佳化学计量的蒸气云中，大多数碳氢化合物燃料的爆轰波传播速度可达到5Ma(马赫，1Ma=340m/s)。

爆轰超压峰值超过了初级到中等级火焰爆燃速度的超压峰值。假设爆炸能量恒定，那爆轰持续时间将比爆燃时间短。接近声速的快速爆燃比燃烧空间内的爆轰压力小，但在燃烧区域之外能快速达到爆轰爆炸超压值。

对于理想混合物，仅少量的几毫焦耳的弱能量即可引发爆燃。直接引发蒸气云爆轰则需要比爆燃能量多出几个数量级的强引爆源。不过爆轰不仅可以通过直接引发，也可以来自爆燃过渡引爆。

值得注意的是，爆轰是一种独特的状态，其特征由燃料-空气混合物成分决定，然而爆燃会有一个持续燃烧的状态，燃烧速率范围从低火焰速度到接近声速。

6.1.4 限制和阻塞

可燃蒸气云中实体的物理布局直接影响蒸气云爆炸的结果。布局由两个参数描述：限制和障碍。限制是指在一个或多个维度上阻止未燃烧的气体和火焰运动的固体表面。比如当燃烧发生在甲板下面时，工艺结构中的实心甲板会阻止燃烧向上蔓延，从而减弱了燃烧气流向一个方向的发展。管道内的燃烧只能在一个维度(轴向)扩展，因此消除了两个维度的扩展。限制的程度是基于可扩展的维度，也就是三维(3-D)、二维(2-D)和一维(1-D)。部分表面或穿孔表面能降低限制的程度。下面提供了一些限制的例子：

- 三维(3-D)火焰扩张特点是"无限制"空间，比如空地或没有盖板覆盖的过程区(图6.1)。没有固体表面的过程区、油库、没有坚固顶盖或者水平障碍物的船只都可能发生三维火焰扩张，允许火焰在三维方向上自由扩张。

- 二维(2-D)火焰扩张的特征是有固体表面阻止火焰前端在某一维度上扩张，如图6.2所示。比如高架储罐、压缩机房、类似于开放式停车场的多层实心地面建筑物，以及高架风扇冷却器，火焰可以在两个水平方向上扩张但不能在垂直方向上扩张。用作装饰板的格栅不是一个限制平面，但可认为是限制障碍。

- 一维(1-D)火焰扩张的特征在于有固体表面阻止火焰前端在两个维度的扩张。比如管道、隧道、封闭走廊或污水系统的内部，火焰前段只能向结构的末端扩张(图6.3)。

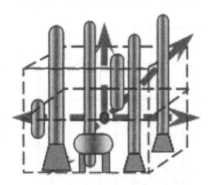

图6.1 三维(3-D)火焰扩张示意图
(FM Global 提供)

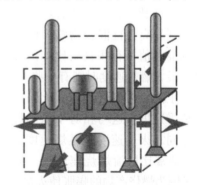

图6.2 二维(2-D)火焰扩张示意图
(FM Global 提供)

障碍是指火焰在扩张过程中产生湍流的障碍物。湍流使得火焰折叠和起皱，增加火焰的表面积和燃烧率。重复的紧密间隔排列的障碍物可能会产生有利于引起蒸气云爆炸的条件。阻塞程度受沿火焰扩张路径中障碍物密度和障碍物层数的影响，包括：

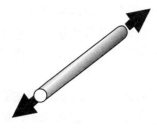

图 6.3 一维(1-D)火焰
扩张示意图

- 障碍物直径 D——障碍物的直径;
- 间距 P——连续障碍物或障碍行之间的间距,通常表示为障碍物直径的倍数(例如 $P=6D$);
- 面积阻塞率 ABR——被一平面障碍物阻挡的面积与总面积的比值;
- 体积阻塞率 VBR——所有障碍物阻挡的体积与总体积的比值。

"阻塞"这个词语用于描述流场区域中被障碍物占据的部分。工艺单元内的障碍物不是按系统平面排列的,其直径也不均匀。因此通常采用平均值来描述障碍物的直径、间距和面积阻塞率。体积阻塞率不需要平均,也不能从障碍物的大小和数量来表征障碍物环境。

二维限制不仅取决于限制材料表面还取决于可燃蒸气云高度。当封闭面高度高于地面时,封闭面不影响火焰膨胀,仅在地面附近的可燃蒸气云不构成蒸气云爆炸的二维限制条件。Baker(1997年)建议当蒸气云爆炸作为三维限制处理时,限制面高度应大于可燃云高度的3.2倍。当限制面高度小于可燃云高度的3.2倍时,蒸气云爆炸则应用二维限制分析。

6.2 蒸气云爆燃理论与研究

6.2.1 层流燃烧速度和火焰速度

燃烧速度是火焰前端相对于未燃烧气体的运动速度。层流燃烧速度是材料的一个基本特性,是在标准测试仪器中测量层流火焰前端的传播速度。层流燃烧速度只取决于给定混合物的初始条件。一些模型将蒸气云爆炸燃料反应活性与层流燃烧速度结合起来。燃料反应活性是指给定的燃料-空气混合物的火焰在蒸气云爆炸中受到限制和阻塞的影响而加速的倾向。虽然通常情况下层流燃烧速度越高,混合物的反应活性越高,但一些相近层流燃烧速度的燃料的反应活性会存在显著差异。层流燃烧速度随燃料当量比的变化而变化。在碳氢化合物燃料中,当火焰温度达到最高,且混合物略多时,层流燃烧速度达到最大值。有些物质比如丙烯醛和烯丙基氯达到最大燃烧速度时则有一些差异。

相对于固定观测者而言,火焰速度是火焰前端的传播速度。这与相对于未燃烧气体的燃烧速度不同。火焰速度是燃烧速度和气流速度的总和,通常比层流燃烧速度大一到两个数量级,这是因为燃烧产物的膨胀使火焰前端未燃烧气体加速。图6.4展示了不同当量比的甲烷-空气的层流燃烧速度 S_u、气流速度 S_g 和火焰速度 S_s。在不阻塞静止的混合物中,当混合物比例略多(当量比为1.1)时,当层流燃烧速度达到约为50cm/s时,火焰速度达到峰值,约为260cm/s。

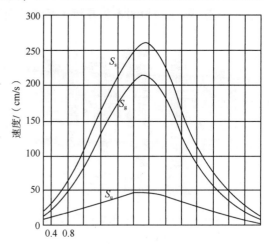

图6.4 不同当量比甲烷-空气的层流燃烧速度 S_u、
气流速度 S_g 和火焰速度 S_s
(1atm, 298K; Andrews, 1997年)

膨胀率 E 是火焰前端燃烧产物的密度与火焰前端未燃烧的燃料-空气混合物的密度之比（Phylaktou，1994年）。膨胀率对于在规定温度和压力下的每种燃料-空气混合物通常是特定值。膨胀率 E 的计算公式如下：

$$E = \frac{\rho_b}{\rho_u} \times 100\% \qquad \text{式（6.1）}$$

式中　ρ_b——燃烧产物气体的密度；

　　　ρ_u——未燃烧气体的密度。

当初始压强和最终压强相等时，膨胀率 E 的计算公式为

$$E = \frac{T_b}{T_u} \cdot \frac{N_b}{N_u} \qquad \text{式（6.2）}$$

式中　T_b——燃烧过程中，燃烧气体升高的绝对温度；

　　　T_u——燃料-空气混合物初始的绝对温度；

　　　N_b——燃烧后产物气体的摩尔数；

　　　N_u——反应物气体燃烧前的摩尔数。

如果已知燃料和氧化剂的化学成分，则可以计算出理想条件下按照化学计量比燃烧的膨胀率。略高于化学计量浓度的燃料-空气混合物的膨胀率最高。膨胀率与燃烧产物的体积和温度成正比。对于最常见的气态燃料，其膨胀系数在 7~8 之间。

层流火焰速度是层流燃烧速度与膨胀比的乘积，计算公式如下：

$$S_b = S_u \frac{\rho_u}{\rho_b} \qquad \text{式（6.3）}$$

式中　S_b——层流火焰速度；

　　　S_u——层流燃烧速度；

　　　ρ_u——未燃烧气体的密度；

　　　ρ_b——燃烧气体的密度。

对于层流燃烧速度可以使用计算机编程计算，而且实验测量数据也易获得。例如常用碳氢化合物的层流燃烧速度的数据可在 NFPA《爆燃防爆标准》中查到（国家消防协会，Quincy，MA，2007 年）。

虽然层流燃烧速度是特定火焰的一个基本性质，但是火焰传播受到诸多因素的影响，比如火焰前端的流场、空气动力、扩散热效应引起的火焰不稳定性等。从本质上讲，爆燃与爆轰的区别在于爆燃波前面的未燃烧的混合物会受到燃烧产物的膨胀干扰。

6.2.2　火焰加速机理

层流火焰本质上是不稳定的，受多种因素影响，其中影响最大的因素是阻塞（比如工艺设备、管道等）和限制（比如甲板、建筑墙等）。因此本章将重点讨论限制和阻塞作为火焰加速机制。其他火焰加速机制包括火焰不稳定性（Istratov，1969 年）和火焰冲击相互作用引起的火焰增强机制，即马斯汀-泰勒不稳定性（Markstein，1964 年）。燃料反应活性定义为在蒸气云爆炸中火焰加速的倾向性，是影响火焰加速的第三个主要因素，本章节将有涉及（Baker，1994 年）。

三维几何结构的限制程度最低，在流场中具有最高的发散度，在无封闭限制表面的室外区域最为常见。在这种几何结构中，整体火焰表面积随着到着火点距离的平方呈正相关。流速相对低，障碍物扰动对火焰速度的影响较小，只影响原火焰表面积的一小部分。这种情况在室外没有限制表面区域（不包括地平面）最常见。

与三维几何结构相比，二维几何结构具有更高的限制程度和更低的流场发散度。实体甲板属于二维几何限制，其中甲板和地面作为封闭平面，通常被称为"局部限制"。在这种几何图形中，整体火焰表面积与到着火点的距离成正比，而且火焰诱导流场只能在两个方向上衰减。障碍物能更有效地引发干扰，导致更高的火焰速度。

一维几何结构只允许火焰在一维方向膨胀，比如管道、隧道、通道，投射的火焰表面积是恒定的。这种情况下，由于没有流场发散，几乎没有流速衰减。火焰变形对火焰加速有很大的影响，对火焰加速产生最强的正反馈机制。

Kuhl 等人预测分析了火焰速度对上述三种几何结构的蒸气云中产生超压的影响（1973年），如图 6.5 所示。Stock 等人用两种设备测量火焰传播速度（1989 年）：①槽形结构（高 0.25m，宽 0.5m，长 2.0m）；②圆的扇区结构（顶角 30°，高 0.25m，长 2.0m）。两种设备具有相似的障碍排列和燃料类型（图 6.6）。图 6.5 和图 6.6 清楚地表明，限制程度提高时，火焰速度和超压显著变大。

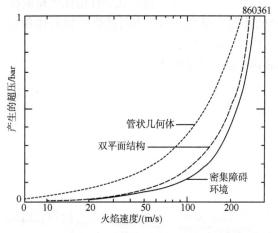

图 6.5　在三种几何形状中超压与火焰速度的关系
（类管状结构是一维限制，双平面结构是二维限制，
密集障碍环境是三维限制）（Kühl 等，1973 年）

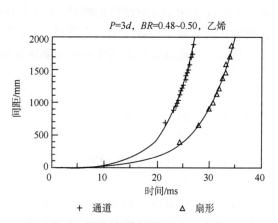

图 6.6　火焰在一维（通道）和二维（扇形）
几何结构中的传播

阻塞的影响可以用两个与障碍物相关的火焰加速机制说明，即湍流和流速梯度。火焰前方流场中障碍物的存在会产生流速梯度。当火焰遇到障碍物时，火焰前端会被拉伸和折叠，导致火焰表面积增加，如图 6.7 所示。这导致在单位时间内，火焰消耗的气体量增加，放热率增加。因此火焰会以更高的速度传播。在限制表面的刚性边界处也会产生流速梯度。

当障碍物周围有流动时，障碍物后面就会产生漩涡。首先会形成离散的漩涡。随着燃烧过程的进行，流动会变成湍流，火焰也会加速。障碍物后面的湍流区与障碍物间的主流区之间会产生剪切层。火焰进入湍流区后会使其表面积和反应速度增大。

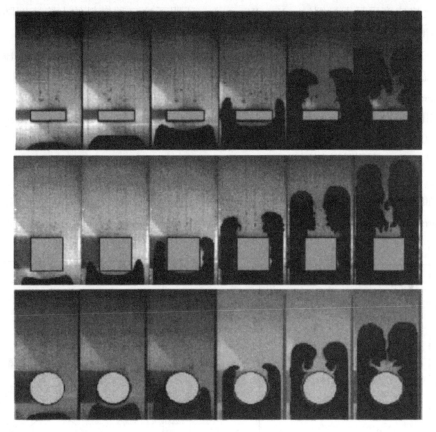

图 6.7 燃料-空气在化学计量条件下,火焰在矩形、方形和圆柱形障碍物中
传播的流动可视化图像。左侧框架开始时间是点火后 32ms;时间间隔为 1.66ms
(Hargrave,2002 年)

在离障碍物一定距离处,流场的畸变会衰减,导致火焰前端速度衰减。换句话说,如果只有一个障碍物,火焰加速是暂时和局部的,而且在离障碍物一定距离处,火焰燃烧和湍流强度都降低。

另一方面,如果障碍物是在足够小的距离上重复排列以防止减速,火焰可能保持原速度或者继续加速,这取决于其他几何结构和燃料反应活性。在继续加速的情况下,经过第二排障碍物之后,流速梯度会变大,湍流强度也会变大。这将导致火焰速度和火焰前端的流速进一步增加。只要障碍物存在且间隔适当,这种反馈机制就会持续有效。

从上面的讨论可以清楚地看出,由于重复障碍物的作用,这种火焰加速的反馈机制非常有效。火焰加速主要取决于阻塞配置,比如障碍物的大小和形状,以及两个相邻障碍物之间的距离。放置障碍物的几何构型也起着重要的作用,也就是说,限制程度决定了障碍物对火焰加速的效果。例如,在一维几何图形内的障碍物最有效,同样的障碍物放置在三维几何图形中,有效性最差。阻塞和限制总是关联的。

6.2.3 燃料反应活性的影响

Van Wingerden(1989 年)报道了燃料反应活性对火焰加速的影响。测试的燃料是按照化学计量比填充的甲烷、丙烷、乙烯与空气混合物。在所有测试条件下,乙烯的火焰速度最大。一般来说,燃料反应活性越高,火焰速度和超压越高。图 6.8 中,火焰速度除以每种燃料的层流火焰速度后是无量纲量。Van Wingerden 证明了这三种燃料的火焰速度随距离的相对增加规律是相似的。

需要注意的是图 6.8 针对的是低火焰速度。当火焰速度较高,且火焰传播以湍流燃烧为主时,层流火焰速度的缩放比例是无效的。较高火焰速度下,上述结果的偏差已经被报道(Van Wingerden 和 Zeeuwen,1983 年)。Hjertager 等人(1984 年)的实验结果表明,尽管层流燃烧速度相似,但直径 2.5m×长 10m 的管道内存在内部阻塞时,对甲烷和丙烷在所有阻塞值条件下(0.1、0.3 和 0.5)的影响都是有显著差别的。在面积阻塞率均为 0.5 时,丙烷的超压能达到 7.1bar,而甲烷的超压只有 4.2bar。

Mercx(1992 年)在大规模 TNO 测试中研究了甲烷、丙烷和乙烯的火焰传播,如图 6.9 所示。正如预期结果,乙烯的火焰速度最大。由于过早的通风,乙烯火焰速度的急剧下降。然而,Mercx 研究中没有解释为什么甲烷的火焰速度比丙烷快。当间距 p 是障碍物直径的 3 倍时($3d$),丙烷在任何距离下的火焰传播速度都高于甲烷的火焰传播速度。

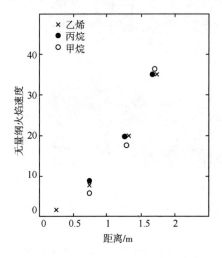

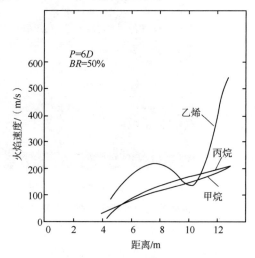

图 6.8 火焰速度与距离关系图,火焰速度
除以对应燃料火焰层流速度,无量纲(测试
条件为 $P=6D$,$ABR=0.5$,$H=2D$)

图 6.9 三种不同燃料火焰
速度与距离的关系

6.2.4 限制的影响

6.2.4.1 一维限制产生的爆炸效应

一维结构的限制程度最高,这导致火焰膨胀的发散度最低。当火焰消耗未燃烧的气体时,燃烧产物会膨胀到初始体积的数倍。例如,满足化学计量比的烷烃混合物燃烧,膨胀体积约为初始体积的 8 倍。由于在一维结构中没有流场的发散,未燃烧的气体会被强推到火焰前端,产生湍流流场。当火焰扩散到湍流流场内时,燃烧速度急剧增加。这种增强的燃烧速度将会进一步增加气流速度和火焰前端未燃烧气体的湍流。这种正反馈效应在一维结构限制的火焰加速最有效。因此,有可能引起非常高的火焰速度,甚至过渡到爆轰状态。

有坚固墙壁的管道或通道

研究人员利用管状装置进行了一系列不同规模的实验。结果汇总在表 6.1 中。对于管道开口只在与点火位置相对的末端位置，而其长度/直径比非常大的，即使没有障碍物，对于很多燃料而言，正反馈机制都能导致 DDT 的发生。在一个无障碍的长 30.5m，横截面 2.44m×1.83m 的通道内，引爆氢气-空气混合物，顶部的一端完全封闭，另一端的开口率是 13%（Sherman 等，1985 年）。

表 6.1 蒸气云爆炸爆燃实验结果

文献	结构	燃料	最大火焰速度/(m/s)	最大超压值/bar
Chapman 和 Wheeler（1926 年，1927 年）	2.4m 长管，$D=50mm$ 节流孔板	CH_4	420	3.9
Dorge 等（1981 年）	2.4m 长管，$D=50mm$ 节流孔板	CH_4	770	12.0
Chan 等（1980 年）	具有节流孔板的 0.45m，63mm ID 管和 1.22m，152mm ID 管	CH_4	550	10.9
Moen 等（1982 年），Hjertager 等（1984 年，1988 年）	具有孔口的 10m，2.5m ID 管	CH_4 C_3H_8	500 650	4.0 13.9
Lee 等（1984 年）	具有孔口或螺旋 11m，50mm ID 管	H_2	DDT	DDT

一维几何结构中通风影响

在有限制/阻塞的结构中，在一定程度上可以通过排气来减少火焰加速。实验中，通道顶部开口或者在通道一侧有很多的通风孔时，这都会使火焰速度会很低。

Urtiew（1981 年）用一个高 30cm、宽 15cm、长 90cm 的实验空间测试，其中放置了几个不同高度的障碍物。由于顶部通风，丙烷-空气混合物的最大火焰速度只有 20m/s。

Chan 等人（1983 年）研究了火焰在封闭通道中的传播，通道的限制程度可以通过调整顶部穿孔来调节。通道长 1.22m，横截面尺寸为 127mm×203mm。结果表明，降低顶部限制可以大大降低火焰加速。当通道顶部限制减少到顶部表面积的 10%时，甲烷-空气混合物产生的最大火焰速度从 120m/s 下降到 30m/s。

Elsworth 等人（1983 年）在一个顶部开口的长 52m、高 5m 的通道内进行实验。通道宽度从 1~3m 不等。实验采用蒸气预混丙烷，也以液体在管道内泄漏的真实情况模拟。在预混燃烧实验中，在通道底部插入 1~2m 高的挡板。点燃丙烷-空气混合物，对于所有的泄漏实验，火焰速度为 4m/s；在预混燃烧实验中，最大火焰速度为 12.3m/s。

显然，限制度的降低会显著降低火焰加速正反馈机制的有效性。

一维几何结构中阻塞的影响

一维实验中使用的障碍物一般为孔板和螺旋板。一般来说，阻塞比越高，湍流强度越高，火焰速度和超压越高。对于火焰加速，通常有一个最佳的间距值。当间距太大时，即障碍物被之间相隔太远时，火焰会吞没前一障碍物引起的火焰变形，并在到达下一个障碍之前减速。当间距太小时，即障碍物之间的距离过近，相对地，障碍物之间的气体不受外界气流影响。因此，在以上两种情况下，障碍物对火焰加速的影响较小。其他有关障碍物的参数，比如障碍物形状或排列形式，是影响火焰加速的次要因素。

Moen 等人于 1982 年很好地证明了一维结构中重复排列障碍物对火焰加速和压力变化的重要影响。在长 10m、直径 2.5m 的无阻碍开口管道内，满足化学计量比的甲烷-空气混合气爆炸的最大超压为 0.1bar，距容器开口端 10m 处的爆炸(air blast) 超压为 0.03bar。然而，当管内 $ABR = 0.3$ (孔板直径 $d = 2.1m$)且 6 个等间距孔板排列时，爆炸最为剧烈，其超压峰值为 8.86bar，距容器开口端 10m 处的外部空气爆炸超压为 0.46bar。此外，研究组还研究了 0.1bar 和 8.86bar 情况之间具有不同阻塞比和不同间距障碍物下的超压。

6.2.4.2　二维结构下的爆炸效应

小规模的二维实验

Van Wingerden 和 Zeeuwen(1983 年)通过实验研究了限制、阻塞和气体反应活性的影响。实验装置如图 6.10 所示。障碍物是直径 1cm、高度 9cm 的垂直圆柱体。相邻两排障碍物的间距 $P = 3cm$，面积阻塞率 $ABR = 0.31$。点火装置放置在平台中央。

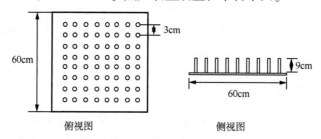

俯视图　　　　　　　　　　侧视图

图 6.10　TNO 小规模实验装置

通过安装一个平行的顶板来实现限制。实验中测试了四种构型：

构型 a：无棍单层板，60cm×60cm；

构型 b：无棍的双层平行板，相距 9cm；

构型 c：有棍的单层板，垂直棍直径 1cm、高 9cm，$P = 3cm$，$ABR = 0.31$；

构型 d：有棍的两个平行的平板，垂直棍直径 1cm、高 9cm，$P = 3cm$，$ABR = 0.31$。

高速摄像机记录了火焰速度，如表 6.2 所示。对于较低火焰速度，为了提高精度取平均值。精度为±1m/s。

表 6.2　各种燃料和构型的最大燃烧速度
(Van Wingerden 和 Zeeuwen，1983 年)

混合气 /%(燃料-空气)	最大火焰温度/(m/s) (半径，cm)			
	a (3-D)	b (2-D)	c (3-D+障碍物)	d (2-D+障碍物)
10%甲烷	3.67	3.67	6.94 (23.2)	26 (19.2)
4%丙烷	5	5	13 (26)	38 (21.2)
8%乙烯	9.5	9.5	20 (23.6)	37.2 (17.6)

四种化学计量比燃料-空气混合物的实验结果为：
- 10%甲烷/空气混合物的层流火焰速度是2.1m/s；
- 4%丙烷/空气混合物的层流火焰速度是2.6m/s；
- 8%乙烯/空气混合物的层流火焰速度是5.0m/s；
- 10%乙炔/空气混合物的层流火焰速度是13.5m/s。

对于构型a和构型b(无障碍物的三维结构和二维结构)，火焰速度较低；只在乙炔混合物中能观察到轻微火焰加速。对于构型c(有障碍物的三维结构)，甲烷和丙烷混合物中能观察到轻微火焰加速，乙烯和乙炔混合物中火焰加速明显。对于构型d(有障碍物的二维结构)，即使对于甲烷和丙烷，其火焰速度呈指数增长。

Hjertager(1984年)报道了在具有重复排列障碍物的半径0.5m的平行圆盘之间，丙烷和甲烷-空气混合物的超压分别为1.8bar和0.8bar。该结果与Van Wingerden和Zeeuwen(1983年)的数据一起呈现在表6.3中。

表6.3 二维结构蒸气云爆炸爆燃的小型实验结果

文献	结构	燃料	最大火焰温度/(m/s)	p_{max}/bar
Van Wingerden 和 Zeeuwen(1983年)	有圆形障碍物的 0.6m×0.6m 双层板	CH_4	26	—
		C_3H_8	38	—
		C_2H_4	37	—
		C_2H_2	30	
Hjertager(1984年)	有管道和平板障碍物的半径0.5m圆盘	C_3H_8	225	1.8
		CH_4	160	0.8

Van Wingerden(1989年)报道了不同规模下的实验结果。以垂直圆柱为障碍物的小规模实验装置如图6.10所示。以水平圆柱为障碍物的实验装置如图6.11所示。这些圆柱体彼此平行地放置在地面或在地面上方的某个距离 h 处。其间距 P 是可调的，障碍物的数量取决于间距大小。限制条件是通过在障碍物上安装顶板实现，两个平行板之间的高度可调的。点火装置位于阵列的中心。在小规模实验中，障碍物圆柱体直径 D 分别为0.01m、0.02m和0.03m；在大规模实验中，障碍物圆柱体直径为0.1m。

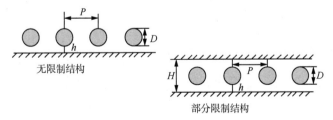

无限制结构 部分限制结构

图6.11 障碍物水平排列的TNO实验装置(Van Wingerden, 1989年)

图6.12清楚地展示了限制程度对爆炸的影响。针对两个平行板之间的高度变化，用爆炸超压 $\bar{p}$ 与和能量比例距离 $\bar{R}$ 作图。对于7%~8%乙烯-空气混合物，爆炸超压随两平行板之间高度减小而增大，对应的限制程度越高。

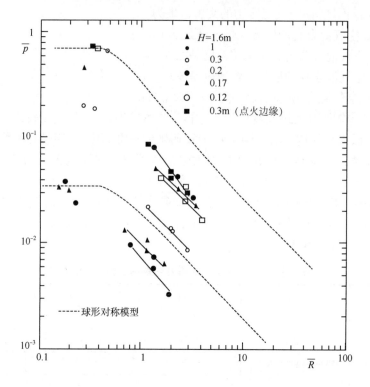

图 6.12　高度可变的双层板结构产生的爆炸

通风在二维几何限制结构中的影响

Van Wingerden(1989 年)也提出限制程度的影响。实验装置如图 6.13 所示。该装置由两个尺寸 4m×2m 的平行板对称组成。障碍物阵列是由直径为 8cm 的垂直同心圆柱体组成。点火点是阵列中心。限制程度通过顶部穿孔板改变,孔隙率在 0～100% 之间变化。此外,障碍物高度 $H = 2D$,间距 $P = 3D$,$ABR = 0.5$,燃料为乙烯-空气混合物。

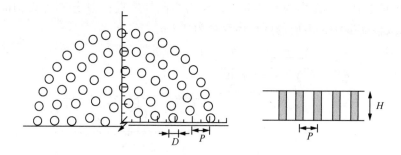

图 6.13　二维配置结构的实验装置图(Van Wingerden,1989 年)

图 6.14 显示的是距离对最终火焰速度有很大的影响。顶部限制程度轻微减少对火焰速度产生了很大的影响。针对同一位置,当顶板仅打开 5% 时,其火焰速度降低到顶部不开口时测量速度的一半以下。当顶板打开 25% 时,火焰速度与没有顶板时相近。

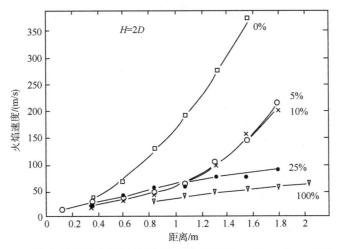

图 6.14　孔隙率不同时火焰速度与距离的关系（Van Wingerden，1989 年）

堵塞可调的二维实验

Moen 等人（1980b）测试了火焰在两个尺寸为 2.5m×2.5m 的平板块间的传播结果，二维限制结构如图 6.15 所示。气体通常在中心被点燃。平板之间放入螺旋管（直径 $H=4$cm）作为障碍物。障碍物间距保持 $P=3.8$cm 不变。

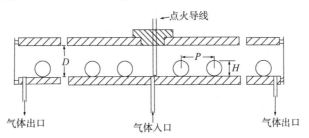

图 6.15　火焰在圆柱形障碍中传播的实验装置图（Moen，1980b）

对于甲烷/空气混合物，火焰速度可达 400m/s，并产生 0.64bar 的超压。图 6.16 清楚地显示了阻塞的影响，阻塞度越高时，测量的火焰速度越高。

Van Wingerden（1989a）研究了 2m×4m 的矩形双板装置中森林状障碍物阵列（障碍物直径为 0.08m）对火焰传播的影响。在一些构型中，火焰从点火点传播的距离可达 4m。乙烯-空气混合物在阻塞区域内产生的火焰速度高达 685m/s、压力高达 10bar。障碍物参数变化范围很大，火焰速度随着阻塞比和间距的增加而增加。

Van Wingerden 以乙烯、丙烷和甲烷为燃料，进行了更大规模的（放大倍数为 6.25）重

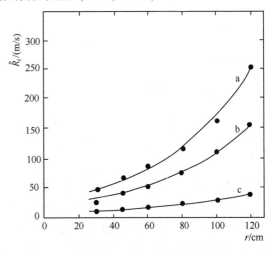

图 6.16　双平板构型中甲烷-空气火焰速度与距离关系（2.5m×2.5m）（Moen 等，1980b）
a—$H/D=0.34$；b—$H/D=0.25$；c—$H/D=0.13$

复实验（Van Wingerden，1989b）。图6.17是测试装置。小规模实验的结果普遍得到证实。然而，火焰速度和超压都高于同等规模实验时的测试结果，乙烯实验发生了爆轰。

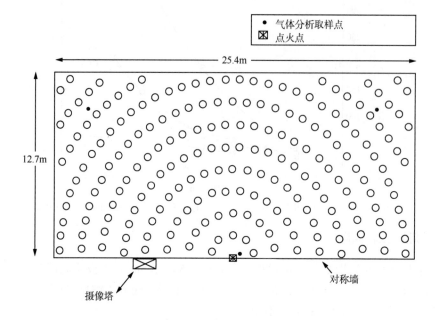

图6.17　火焰在圆柱形障碍中传播的大规模实验装置图

（尺寸：长25m、宽12.5m、高1m；障碍物直径为0.5m）

二维结构的大规模实验结果如表6.4所示。

表6.4　二维构型蒸气云爆炸爆燃的大规模实验结果

文献	结构	燃料	最大 V_f/(m/s)	$\ddot{A}p_{max}$/bar
Moen 等	有螺旋管障碍物的	CH_4	400	0.64
(1980a，b)	直径2.5m双层板	H_2S	50	—
Van Wingerden	两个同心竖直圆柱	C_2H_4	685	10.0
(1989a)	体平板(2m×4m)			

平台顶部的二维实验

大型实验是在一个用于模拟海上平台顶部结构的测试结构中进行的（Walker，2002年）。测试结构代表上层甲板结构的一个隔间，有坚实的地板和屋顶，长28m，宽8～12m，高8m。测试的目的之一是增加测试的规模，并生成用于CFD程序验证的数据。该结构两个长边有侧壁板，测试中被用于各种配置的测试，包括一侧全开，一侧半开和两侧全封闭的情况。所有测试中有一侧被完全封闭。该结构也有一个坚固的地板，并在大多数测试中有一个坚固的屋顶。阻塞是海上平台典型的结构配置。阻塞配置和侧壁封闭的相互作用导致的几何形状并不能代表大多数陆上化工厂。这些测试可能与一些阻塞程度高的封闭过程有关。

6.2.4.3 三维结构产生的爆炸效应

三维结构的限制程度最低，流场发散度最高。火焰的整个表面积与到着火点距离的平方成正比。未燃烧的燃料-空气混合物和燃烧产物能自由地向三个方向扩展。在三维结构中，火焰加速的正反馈机制是无效的。

无障碍的三维结构

在实验室进行小规模实验，肥皂泡的直径从 4~40cm 不等（Deshaies，1981 年；Okasaki 等，1981 年）。当没有内部障碍物时，火焰速度与层流火焰速度非常接近。例如，乙烯在圆柱形和半球形气泡中最大火焰速度分别为 4.2m/s 和 5.5m/s。无限制圆柱形气泡中引入障碍物只会导致局部火焰加速。一般来说，在离圆柱形气泡一定距离处测得的压力是没有障碍物时测得压力的 2~3 倍。

一些研究小组在空气中进行了易燃气体大规模气球实验（Lind，1977 年；Broussard，1985 年；Schneider，1981 年；Harris，1989 年），气球中无障碍物。

在所有这些实验中，火焰加速很小甚至没有，超压也不明显。在直径 20m 的装有氢气-空气混合气的气球中测量到的最高火焰速度为 84m/s。对于其他混合物，火焰速度不超过 40m/s。

据报道，火焰加速完全是由于固有的火焰不稳定性。为了研究火焰在能够传播更长的距离时是否会加速，研究者们在一个 45m 长的开放式测试装置中进行了测试（Harris 和 Wickens，1989 年）。结果表明，火焰加速并不比在气球中的加速度大。

实验报道已经证实，由于三维结构没有障碍，即使在非常大的范围内，火焰速度低，且超压不明显。如表 6.5 中所示。这种低火焰速度/低超压情况不属于蒸气云爆炸，属于闪燃。

表 6.5 无障碍、无限制条件下的实验结果

文献	结构	燃料	V_{fmax}/(m/s)	$\ddot{A}p_{max}$/bar
Deshaies 和 Layer（1981 年）	半球形气泡（$D=4~40cm$）	CH_4	3.0	—
		C_3H_8	4.0	—
		C_2H_4	5.5	—
Okasaki 等（1981 年）	圆柱形气泡（$D=44cm$）	C_2H_4	4.2	—
Lind 和 Whitson（1977 年）	半球状气球（$D=10~20m$）	C_4H_6	5.5	—
		CH_4	8.9	—
		C_3H_8	12.6	—
		C_2H_4	17.3	—
		C_2H_4O	22.5	—
		C_2H_2	35.4	—
Brossard 等（1985 年）	球状气球（$D=2.8m$）	C_2H_4	24	0.0125
		C_2H_2	38	—
Schneider 和 Pfortner（1981 年）	半球状气球（$D=20m$）	H_2	84	0.06

续表

文献	结构	燃料	$V_{fmax}/(m/s)$	$\ddot{A}p_{max}/bar$
Harris 和 Wickens （1989 年）	球状气球 （$D=6.1m$）	天然气	7	—
		LPG	8	—
		C_6H_{12}	8	—
		C_2H_4	15	—
Harris 和 Wickens （1989 年）	45m 长，开放式帐篷	天然气	8	—
		LPG	10	—
		C_6H_{12}	10	—
		C_2H_4	19	—
		C_2H_4	19	—

低阻塞程度的三维结构

在"开放"的蒸气云中引入障碍物会产生火焰加速。在一个小规模实验中，安装在一个 60cm×60cm 平板上的垂直障碍板阵列导致了阵列内的火焰加速（Van Wingerden 和 Zeeuwen，1983 年）。乙炔-空气混合物火焰传播了 30cm 以上时达到最高火焰传播速度，为 52m/s；在没有障碍物的情况下最高火焰传播速度为 21m/s。

Harris 和 Wickens（1989 年）报道了在含有网格和障碍物的 45m 长的开放装置中进行的大规模实验结果。研究表明，该装置中火焰的最高速度大约是没有障碍物时的 10 倍。

Dörge 等（1976 年）在实验室规模上研究了半球形丝网筛屏障（障碍物）对半球形火焰行为的影响。丝网筛的尺寸多种多样。甲烷、丙烷和乙炔的最大火焰速度参见表 6.6。

Harrison 和 Eyre（1986 年，1987 年）研究了圆柱状云中有、无障碍物以及射流点火时火焰的传播和压力变化（图 6.18）。扇形长 30m，高 10m，顶角 30°。这些障碍物由直径 0.315m 的水平管道组成，呈网格状排列。这些实验（表 6.6）得到以下几点结论：

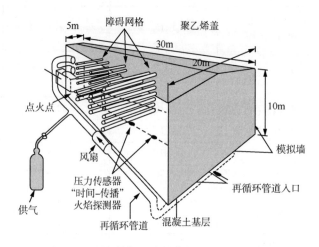

图 6.18　研究管架对火焰传播影响的实验装置

- 低能点燃的无阻碍的丙烷–空气云团和天然气–空气云团不会产生破坏性的超压。
- 天然气–空气云团在一个高密度排列的障碍阵列中燃烧，火焰速度超过100m/s(压力超过200mbar)。
- 利用来自局部爆炸的喷射火焰高能点燃无阻碍的云团可以在射流区产生高的燃烧速率。
- 喷射火焰与障碍物阵列的相互作用可导致火焰速度的增加，压力超过700mbar。

表 6.6 有障碍、无限制条件下蒸气云爆炸爆燃实验结果

文献	结构	燃料	$V_{fmax}/(m/s)$	$\ddot{A}p_{max}/bar$
Van Wingerden 和 Zeeuwen(1983 年)	顶部有1cm竖直障碍物的60cm×60cm平板	CH_4	7	—
		C_3H_8	13	—
		C_2H_4	20	—
		C_2H_2	52	—
Harris 和 Wickens (1989 年)	有障碍物的45m长开放式帐篷圆柱形气泡	天然气	50	0.03~0.07
		C_4H_{10}	65	0.03~0.07
		C_6H_{12}	70	0.03~0.07
Dorge 等(1976 年)	0.6m 立方体中球形网格	C_2H_4	>200	0.8
		C_2H_2	150	—
		C_2H_4	30	—
		C_3H_8	16	—
Harrison 和 Eyre (1986 年，1987 年)	有管道的扇区	天然气	119	0.208
		C_3H_8	—	0.052
Harrison 和 Eyre (1986 年，1987 年)	有管道和射流火焰的扇区	天然气	170	0.710

表 6.5 和表 6.6 的结果表明，即使对于乙炔和乙烯等高反应活性的燃料，在无障碍环境中，微弱点火能点燃开放状态云团也不会导致破坏性爆炸。低密度障碍物的引入会导致火焰加速，特别是对于高反应活性燃料。燃料的反应活性越强，障碍物对火焰加速的影响就越大（Harris 和 Wickens，1989 年）。然而，对于低阻塞程度的三维几何结构，火焰加速不显著。充装在半径为 10m 的气球内的氢气–空气混合物，可以产生最高火焰速度为 84m/s，并伴随着 60mbar 的超压（Schneider 和 Pförtner，1981 年）。对于所有其他燃料，火焰速度低于 40m/s，对应的超压低于 35mbar。

值得注意的是，约在 1990 年以前，许多三维实验都是在低阻塞和小规模下进行。因此火焰加速和压力聚集不显著。

高阻塞度的三维结构

大量大规模实验表明，在高障碍密度的三维结构中可以获得极高的火焰速度和超压。

Mercx（1995 年）证明了在中等到高阻塞程度的三维结构中，会产生每秒几百米的火焰速度和 1bar 超压。在 MERGE 实验中，高反应活性燃料的 DDT 发生。在三维构型结构中火焰速度和超压 MERGE 测试结果如表 6.7 所示。

表 6.7 所示的是 Thomas（2003 年）和 Pierorazio（2004 年）在大规模的细长几何尺寸中的实验结果。Thomas 的实验涉及 5.9%~9.3%乙烯−空气混合物。燃料−空气比在此范围内时，接近阻塞体积时，会引起火焰快速加速和 DDT 的发生。较稀和较浓的混合物不会经过 DDT 反应。Pierorazio 使用与 Thomas 相同的测试装置，测试了化学计量甲烷、丙烷与空气的混合物。最大火焰速度分别为 115m/s 和 170m/s。

表 6.7 所示的是在三个正交方向管道的高密度障碍阵列的 MERGE 实验。部分阻塞率大大超过实际的工厂几何形状。

表 6.7　三维配置结构的火焰速度和超压

文献	燃料[1]/%	障碍物尺寸			V_f(max)/ (m/s)	Δp(max) /bar
		P[2]	ABR/%	VBR/%		
Mercx 1995 年，MERGE 3D，4m×4m×2m，管道 3 方向，d=4.1cm	CH_4	4.65d	35	10	250	0.66
	C_3H_8	4.65d	35	10	397	1.48
	C_2H_4	4.65d	35	10	—	10.8
Mercx 1995 年，MERGE 3D，4m×4m×2m，管道 3 方向，d=4.1cm	CH_4	3.25d	45	20	—	1.60
	C_3H_8	3.25d	45	20	—	3.88
	C_2H_4	3.25d	45	20	—	13.3
Thomas 2003 年，ERC 14.6m×3.7m×1.8m，竖直管 d=5.08cm	C_2H_4(7.3)	4.5d	23	4.2	1768	>6.9
	C_2H_4(7.3)	4.5d	23	4.2	1768	>6.9
	C_2H_4(5.9)	4.5d	23	4.2	>340	>6.9
	C_2H_4(9.3)	4.5d	23	4.2	>340	>6.9
Pierorazio 2004 年，ERC 14.6m×3.7m×1.8m，竖直管 d=5.08cm	CH_4	4.3d	23	4.3	78	—
	CH_4	3.1d	23	5.7	115	—
	C_3H_8	7.6d	13	1.5	37.5	—
	C_3H_8	4.3d	23	4.3	150	—
	C_3H_8	3.1d	23	5.7	170	—

① 除非另有说明，燃料浓度是化学计量的；
② 间距 P 表示障碍物直径 d 的倍数。

阻塞度可调的三维结构

Harris 和 Wickens（1989 年）的实验涉及三个级别的限制/阻塞。他们修改了图 6.18 所示的 45m 长的开放式实验装置。该装置的前 9m 通过在其顶部和侧面安装实体墙进行修改，从而产生一个有限制的区域。因此，该装置也可以用于研究高速传播的火焰是否可以在其无限制区进一步加速，无限制部分安装了管道障碍物。装置无限制部分的初始火焰速度可以通过限制区域的障碍物引入改变。

利用环己烷、丙烷和天然气进行了实验。在环己烷实验中，火焰以接近 150m/s 的速度从封闭区域喷出，并在有障碍物的非封闭区域内逐渐加速，直到发生爆炸。在不受限制的地区继续发生爆炸。丙烷也有类似的结果，火焰以 300m/s 的速度从封闭区域喷出（图 6.19）。

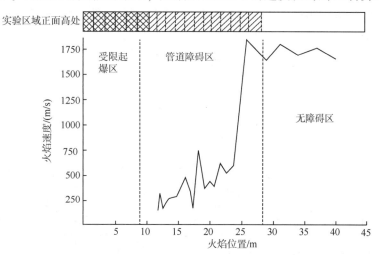

图 6.19 在爆轰转变过程中，环己烷-空气火焰速度-
距离关系图（Harris 和 Wickens，1989 年）

用天然气进行实验得出了一些不同的结果。当火焰以低于 500m/s 的速度从装置的封闭部分喷出，然后在有障碍物的非封闭区域迅速减速。当火焰以 600m/s 以上的速度从封闭区域喷出，然后继续以 500~600m/s 在云团阻塞、不受限制的区域中传播。没有爆炸过渡的迹象。一旦出了阻塞区域，火焰速度迅速减小到小于 10m/s。

6.2.5 阻塞的影响

阻塞最重要的两个参数是阻塞比和间距。"阻塞"一词用来描述被障碍物占据的流场。面积阻塞率是指被障碍物阻塞的面积与横截面积之比。"体积阻塞比"是指障碍物所占体积与区域总体积的比例。

6.2.5.1 障碍物间距的影响

Van Wingerden（1989 年）利用 TNO 中型实验平台论证了阻塞比和间距对火焰加速的影响，如图 6.13 所示。四种不同间距大小的火焰速度随距离变化实验结果如图 6.20 所示。结果表明，在火焰传播距离相同的情况下，最小间距处火焰传播速度最大，$P = 1.5D$。这是由于最小的间距允许火焰通过更多的障碍物。

如图 6.21 所示，火焰速度与无量纲的距离比（距离除以间距，R/P）作图。因此，在给定的 R/P 数值下，火焰通过一定数量的障碍物。$P = 6D$ 是最佳间距，此时火焰速度最大。间距越小，极限火焰速度越高，这是因为火焰在到达测试装置边缘之前通过了更多的障碍物。

Mercx（1992 年）在 TNO 大规模实验中也报道了类似的间距效应，如图 6.22 和图 6.23 所示。图 6.22 中，当间距 $P = 3D$ 和 $P = 6D$ 时，火焰随传播距离 r 而增加。图 6.23 中，火焰速度与无量纲距离 r/P 作图，其中 r 是火焰传播的距离，P 为间距，即相邻两排障碍物之间的距离。因此，在固定的 r/P 数值下，火焰通过固定数量的障碍物。

从图 6.22 可以看出，火焰通过相同的距离时，$P=3D$ 的火焰速度要高于 $P=6D$ 的火焰速度，这与中型规模实验结果相似。这是因为间距越小，火焰在相同的距离内通过了更多的障碍。此外，相同的面积阻塞比，较小的间距会使得体积阻塞比越大。另一方面，火焰通过相同数量障碍物时，$P=6D$ 结构的火焰速度超过了 $P=3D$ 结构的火焰速度，如图 6.23 所示。这也与中型规模实验结果相似，归因于每排障碍物的有效性。结果表明，火焰在两排障碍物之间的传播速度 $P=6D$ 情况下比 $P=3D$ 更有效。图 6.22 和图 6.23 展示的是丙烷的测试结果，甲烷结果类似。

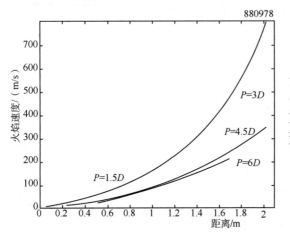

图 6.20　障碍物间距对火焰速度的影响(空间距离)(Van Wingerden，1989 年)

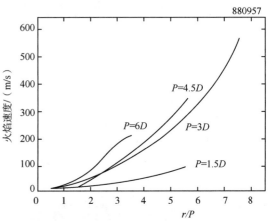

图 6.21　障碍物间距对火焰速度的影响(无量纲距离)(Van Wingerden，1989 年)

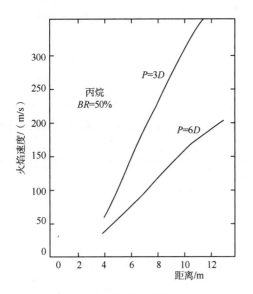

图 6.22　不同间距下火焰速度与距离的关系(Mercx，1992 年)

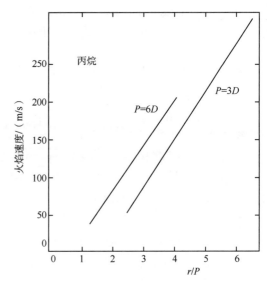

图 6.23　火焰速度与无量纲距离 r/P 的关系(Mercx，1992 年)

6.2.5.2　障碍阻塞比的影响

Van Wingerden(1989 年)报道了障碍物阵列阻塞比(ABR)对火焰速度的影响，如图 6.24

所示。乙烯-空气混合物限制在尺寸 4m×4m 平行板之间，8cm 垂直圆柱体被安装在靠近点火源的同心圆中。结果表明，较大的 ABR 能产生较高的火焰传播速度；当阻塞比最大，即 $ABR=0.7$ 时，火焰速度最大。

Mercx（1992 年）在大规模 TNO 实验中也报道了阻塞比的影响。该实验装置中两平行板的尺寸是 25.4m×12.7m，以立体垂直板作为对称平面。与中试结果相似，较大的面积阻塞比可获得较高的火焰速度和超压。面积阻塞比越大，体积阻塞比越大。表 6.8 中 4 号和 5 号实验都使用相同的 6.85%乙烯-空气混合物，间距 $P=3D$；唯一的区别是阻塞比不同。$ABR=30\%$ 的超压大约是 $ABR=20\%$ 超压的 2 倍。

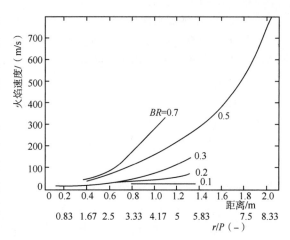

图 6.24 *ABR* 对火焰速度的影响
（Van Wingerden 和 Hjertager，1991 年）

表 6.8 阻塞比影响（Mercx，1992 年）

测试条件			最大超压值（bar，传感器不同位置）				
编号	ABR/%	VBR/%	T1	T2	T5	T6	T12
4	30	8.7	1.04	0.43	0.90	1.15	20.53
5	20	5.8	0.59	0.28	0.48	0.54	11.44

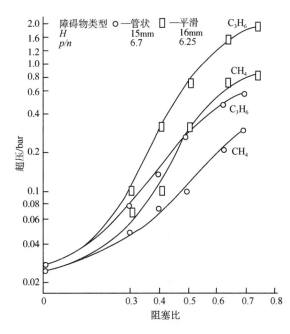

图 6.25 障碍物形状对压力的影响
（Hjertager 1984 年）

6.2.5.3 障碍物形状和排列的影响

Hjertager（1984 年）在二维结构实验室测试中，研究了障碍物形状对火焰传播和压力的影响。该实验测试了锐边障碍物和圆柱形障碍物两种形状类型的障碍物。

图 6.25 给出了超压峰值随阻塞比变化的结果。锐边障碍物产生的压力大约是圆柱形障碍物的 2 倍，这是因为锋利的障碍物会产生更强的湍流。结果与图 6.7 所示的锐边障碍物产生的湍流相一致。

Chan 等人（1983 年）在他们的通道实验中发现，当阻塞比和间距保持不变时，由于通道中障碍物的布置不同，火焰的速度不同。很明显，通道中的障碍物位置（靠墙或通道中心）会引起火焰速度的差异。这可能是与每个障碍产生的剪切层数不同有关。

6.2.6 其他因素的影响

除了三个重要的因素：限制、阻塞和燃料反应活性，还有其他几个因素也会影响火焰的传播，在一定程度上影响压力的变化。

6.2.6.1 未燃混合气位移效果

多能法改进指导间隔距离的研究（RIGOS）报告（Van den Berg 和 Mos，2005 年），表明实际爆炸能量小于标准能量（假定起初储存在阻塞区域内化学计量的可燃气云完全燃烧的能量）。这是因为当燃烧气体膨胀时，未燃烧的燃料-空气混合物会被推挤出阻塞区域。基于 MERGE 实验数据，Van den Berg 表示当超压很高时，模型爆炸所需的能量是 100% 的标准能量。如果超压很低，在阻塞区域，模型爆炸所需的能量不超过标准能量的 10%～20%。《多元能量法应用指南》（GAMES）报告（Mercx，1998 年）指出，对于低超压采用 100% 的能量是保守的；对于小于 0.5bar 的源超压，"效率"小于 20%；对于比阻塞区域更小的云团，GAMES 建议效率系数采用 100%。

DDT 发生的 EMERGE 测试发现，多能法预测的能量大于与观测到的超压匹配的标准能量（Eggen，1998 年）。Eggen 将 DDT 从能效分析中去除，认为上述规则不适用于 DDT。

6.2.6.2 规模效应

实验和事故表明，蒸气云爆炸的燃烧速率随着阻塞区域的增大而增大。一些放大技术也被用来调整规模效应对蒸气云爆炸爆破预测的影响。这些技术通过引入长量度来研究阻塞区域的总体尺寸。障碍物面积阻塞比、平均障碍物直径和障碍物行数等参数用来表示障碍物的结构。在几乎所有的模型中，燃料反应活性利用目标燃料的层流燃烧速度来表示。规模放大技术使用经验数据来确定相关系数。因此，不同的相关系数取决于所建立的方程和用于确定系数的数据集。Leeds、TNO 和 Shell 为此做了大量的工作。

6.2.7 利兹大学相关系数（University of Leeds）

利兹大学的 Phylaktou 和 Andrews（Phylaktou 和 Andrews，1993 年；Phylaktou，1993 年；Phylaktou 和 Andrews，1994 年；Phylaktou 和 Andrews，1995 年）分析了大量有障碍物的爆炸实验数据，得到了如下所示的湍流与层流燃烧速度比值的相关关系：

$$\frac{S_T}{S_l} - 1 = 0.67 \left(\frac{u'}{S_l}\right)^{0.47} R_l^{0.31} Le^{-0.46} \left(\frac{v}{v_a}\right)^{0.95} \qquad 式(6.4)$$

式中　u'——rms 湍流速度；

$\quad v$——可燃混合物的运动黏度；

$\quad v_a$——标准温度和压力下空气的黏度；

$\quad Le$——Lewis 系数，即反应混合物的热扩散系数与质量扩散系数之比；

$\quad R_l$——湍流雷诺数，公式为 $R_l = \dfrac{u'l}{v}$，其中 l 指的是湍流的积分长度。

研究人员还进行了一系列实验室规模的密闭管道中的实验，包括在含有不同阻塞比的孔口板的密闭管道中进行爆炸实验，以确定障碍物几何形状与诱导湍流和火焰加速之间的关系。

将他们的发现扩展到重复排列的障碍物上，得到了下列与超压相关的公式：

$$P \propto \left[e^{(6.24 \times ABR)} D^{0.62} \right] \left(E^2 S_l^{1.06} \right) \left[(aES_l)^{1.56} \right] \qquad 式(6.5)$$

式中　ABR——面积阻塞比；

$\quad D$——障碍物的特征比；

E——膨胀系数；

S——层流火焰速度；

α——火焰自加速因子，α 用于解释火焰传播初期阶段，由于火焰的不稳定性引起的火焰速度增加。

系数 α 值是必要的，该数值取决于实验装置几何形状和混合物性质。

6.2.8 TNO GAME 相关系数

TNO 作为 GAME 项目（Mercx，1998 年）的一部分，分析了欧盟资助的 MERGE 和 EMERGE 研究中收集的大量蒸气云爆炸的实验数据。研究者们得到了在充满障碍物的环境中湍流燃烧产生的超压的相关关系。该关系的建立基于完全均匀的障碍分布结构，长度 L_f 是火焰可传播的距离，$(VBR \times L_f/D)$ 中 VBR 是体积阻塞比，D 是障碍物尺寸。燃料反应活性用燃料的层流燃烧速度 S_1 表示。曲线拟合 MERGE 数据，得到三维环境下的相关系数：

$$\Delta P_0 = 0.84 \left(\frac{VBR \cdot L_f}{D} \right)^{2.75} S_l^{2.7} D^{0.7} \qquad 式(6.6)$$

对于二维环境，使用 CECFLOW（Visser，1991 年）和 DISCOE（Van Wingerden，1989 年）的实验结果拟合获得。实验是在一个楔形的几何结构中进行，而 DISCOE 的几何结构是由放置在点火点周围的圆柱形障碍物的同心环组成，并由两个平行的水平板限制。二维环境下的相关系数为

$$\Delta P_0 = 3.38 \left(\frac{VBR \cdot L_f}{D} \right)^{2.25} S_l^{2.7} D^{0.2} \qquad 式(6.7)$$

6.2.9 Shell CAM 相关系数

阻塞评估法（CAM）使用"严重程度指数"的概念，即 S，作为把实验数据外推到工厂结构形状时的一种评估源超压的方法（这里的"严重程度指数"与多能法相关的 TNO 严重程度无关）。该指标与源超压之间的关系是通过使用 SCOPE 3 现象学模型 Puttock（2000 年）在大量数据拟合下确定的。由如下公式确定：

$$S = p_{max} \cdot \exp\left(0.4 \frac{p_{max}}{E^{1.08} - 1 - p_{max}} \right) \qquad 式(6.8)$$

式中 S——严重程度指数，bar；

p_{max}——源超压，bar；

E——膨胀率。

严重程度指数是根据下面公式计算的：

$$S = a_0 \left[U_0(E-1) \right]^{2.71} (n \cdot r_{pd} \cdot d)^{0.55} n^{a'_1} \exp(a_2 b) \qquad 式(6.9)$$

其中根据经验确定的系数如表 6.9 所示（层流燃烧速度单位是 m/s、长度的单位是 m、压力的单位是 bar）。

表 6.9　阻塞评估法相关参数

相关系数	无顶板	有顶板
a_0	3.9×10^{-5}	4.8×10^{-5}
a'_1	1.99	1.66
a_2	6.44	7.24

6.2.9.1 长宽比的影响

Van Wingerden（1989 年）在尺寸为 4m×4m×1.6cm 的二维结构中进行实验。中心点火，当长宽比 $L/W=1$（即 4m×4m 平台），且侧面不能释放压力。也就是说，火焰无论沿任何方向，必须移动 2m 才能到边缘处。对于长宽比小于 2 时，长宽比因素不太重要。在长宽比为 2 的实验中（即 4m×2m 平台），当火焰到达障碍物阵列最近的边缘或者是距离点火源 1m 的距离处时，侧面可以释放压力。在高长宽比 $L/W=3.25$ 和 $L/W=4$ 实验中，侧面压力释放对火焰传播有显著影响，火焰传播速度相对较低，最大火焰传播速度只有 122m/s 或更低。GAMES 报告（Mercx，1998 年）中，针对这一方面的后续研究表明，在第一次排气时，爆炸超压可能受限于长宽比；然而，他们认为该发现不适用于所有情况，并且认为在多能法中，不会根据长宽比限制 VCE 能量。

6.2.9.2 边缘点火的影响

大部分实验多使用中心点火方式。Van Wingerden（1989 年）采用与第 6.2.9.1 节中描述的相同测试装置来进行了边缘点火实验，以验证点火位置的影响。边缘点火爆炸的初始阶段是通过向后释放压力来确定的，即压力朝点火源的开口处释放。然而，边缘点燃的情况下的火焰速度超过了在中心用紧密平行板点燃的速度。这是因为在边缘点燃的情况下，火焰会越过更多的障碍物。因此，尽管开始阶段有向后的压力释放，但火焰速度仍旧很高。对于 7.5% 的乙烯/空气混合物，在 $L/W=1$ 和 $L/W=2$ 的实验中，火焰传播速度最终稳定在 635～685m/s 之间。火焰传播结束时产生的压力约为 10bar。

Van Wingerden 和 Zeeuwen（1985 年）也报道了在相同的结构中，也就是水平圆柱形障碍物的双板结构中（大规模测试中的障碍物直径 $d=0.1m$，$h=0.2d$，两板之间的高度 $H=3d$，$P=2.25d$，7%～8% 乙烯-空气混合物），边缘点火产生的最终火焰速度为 420m/s，超过了中心点火产生的 175m/s。

6.2.9.3 喷射点火的影响

为了研究燃料排放产生的湍流对燃烧的影响，研究者们利用实验确定了容器和管道破裂产生的压力波强度。Giesbrecht 等人（1981 年）进行了一系列小规模实验，发现容器破裂的释放力从 0.226～10000kg 不等，丙烯的压力介于 40～60bar 范围内。经过一段预先设定的时间后，蒸气云被引爆线点燃，随后的火焰传播和压力效均被记录下来。火焰速度几乎是恒定的，但随着实验规模的增大而增大。观测到的最大压力与测试规模有关，结果见图 6.26。

Battelle（Seifert 和 Giesbrecht，1986 年）和 BASF（Stock，1987 年）分别研究了爆炸燃料喷射流，前者针对天然气和氢气喷射流，后者针对丙烷气喷射流。甲烷和氢气喷射研究包括 140m/s、190m/s 和 250m/s 的亚临界流出速度，孔板直径为 10mm、20mm、50mm 和 100mm。在丙烷喷射研究中，出口条件是超临界的，其中孔口直径为 10mm、20mm、40mm、60mm 和 80mm。在达到稳定状态后，喷气机启动并点火。在甲烷和氢气喷射实验中，测量了距离云团不同距离处的爆炸超压，而丙烷喷射实验只测量了云团内的超压。研究发现：

- 云团中超压与出口速度、孔板直径和燃料的层流燃烧速度有关。孔板直径的影响如图 6.27 所示。
- 当射流被部分限制在 2m 高的平行壁面之间，并被一些直径为 0.5m 的障碍物阻挡时，最大超压明显增大。

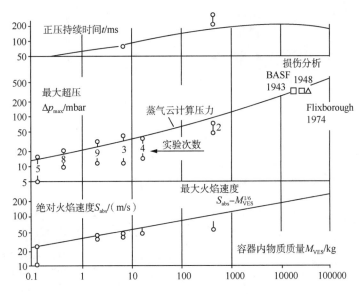

图 6.26 容器爆炸后气体云爆炸的火焰速度、超压峰值和
超压持续时间（Giesbrecht 等，1981 年）

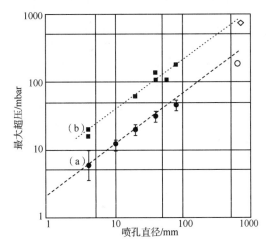

图 6.27 丙烷临界速度喷射后，蒸气云爆炸最大超压与喷孔直径的关系
注：(a)为不被干扰的喷射流；(b)为有障碍和限制的喷射流

利用乙烯和氢气进行实验，考察喷射点火对开放云团中火焰传播的影响，或者对两壁或两壁以上的云团中火焰传播的影响（图 6.28）。Schildknecht 和 Geiger(1982 年)；Schildknecht 等(1984 年)；Stock 和 Geiger(1984 年)；Schildknecht(1984 年)均报道了相关研究。喷射流在 0.5m×0.5m×1m 容器里产生，该容器内有湍流发电机，用来提高内部火焰速度。在一个塑料袋的三面，乙烯云团喷射点火引起的最大超压为 1.3bar。在三面封闭的通道中，乙烯-空气混合物的最大压力达到 3.8bar。氢气-空气混合物则发生了向爆轰的转变。

Moen 等人的实验(1985 年)表明，在一个长 4m、直径 2m 的袋子中，稀薄的乙炔-空气混合物(体积浓度是 5.2%)的喷射流点火可以产生向爆轰过渡的爆炸。

McKay 等人(1989 年)详细研究并揭示了湍流射流直接引发爆轰的必要条件。这些实验在第 6.3.1 节中有更详细的介绍。

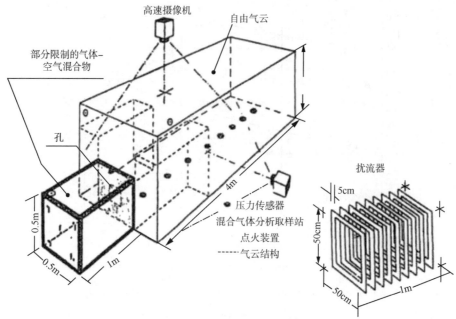

图 6.28　乙烯–空气和氢气–空气混合物射流点火的实验装置
（Schildknecht 等，1984 年）

Pförtner（1985 年）用氢气在一个长 10m、横截面 3m×3m 的车道上，用风扇产生紊流进行实验。在这些实验中，在高风扇速度下，会发生向爆轰转变的爆炸。

没有附加湍流的实验，其火焰速度不高于 54m/s。

6.2.9.4　阻塞空间的影响

Van Wingerden（1989 年）研究了如果两个阻塞区和中间的开放区都被可燃云团覆盖，一个阻塞区的爆炸对另一个阻塞区爆炸的影响程度。其中将第一个阻塞区域称为"供体"，第二个称为"受体"。两个阻塞区的面积为 4m×2m×0.16m，供体阵列是对称的墙壁。在所有的测试中，障碍物是放置在 $ABR=0.5$ 的同心圆内的垂直圆柱体。供体阵列高度 $H=2d$，间距 $P=6d$，中心点火。受体阵列高度 $H=2d$，间距 $P=3d$。供体和受体以及中间区域充满着 7%~8%乙烯–空气可燃混合物。

供体和受体之间的距离 S 是不同的。如图 6.29 所示，当火焰离开供体阵列时，由于没有限制和阻碍，火焰速度下降。当火焰进入受体时，火焰又开始加速。

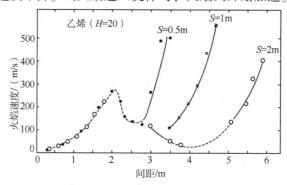

图 6.29　两个阻塞区域之间的间隙对火焰速度的影响（Van Wingerden，1989 年）

当 $S = 0.5m$ 时，受体阵列中初始火焰速度约为 125m/s，导致了非常高的火焰加速度和最终火焰速度。$S = 1m$ 和 $S = 2m$ 时的初始火焰传播速度分别为 75~100m/s 和 25m/s，这使得在达到高火焰传播速度之前，火焰在受体中传播距离更长。

阵列内和阻塞区域外测得的压力–时间曲线都呈现出两个峰值；第一个峰是由于供体内的爆炸，第二个峰是由于受体内的爆炸。

Mercx 等人（1992 年）利用 TNO 中大规模的实验装置研究间隙的影响。中型规模的装置与 Van Wingerden（1989 年）使用的装置相似，而大规模装置的尺寸与中型规模装置的比例系数为 6.35，也就是说两个平行板的尺寸为 25.4m×12.7m，并以一个实心板为对称平面。

结果如图 6.30 所示。中型规模的实验数据以虚线表示，实验采用乙烯蒸气云和 $P = 6D$ 供体阵列，两阵列间距为 $S = 0.5m$ 和 2m。大规模实验数据以实线表示，实验采用丙烷蒸气云和 $P = 6D$ 供体阵列。为了比较中、大型规模的实验数据，用间隙距离除以障碍物直径 D，使得距离无量纲化。

Harris 和 Wickens（1989 年）在围墙内前 22.5m 放置重复的障碍物（40% 的面积堵塞率），后半部分同样是 22.5m 长，且完全不受阻碍。在障碍物的末端点火，火焰通过实验装置内重复排列的障碍物得以加速，在阻塞区域的边缘处达到最大火焰速度。火焰从阻塞区域喷射到云团无阻碍的区域后，速度会立即降低。环己烷–空气实验结果如图 6.31 所示，天然气–空气实验结果如图 6.32 所示。火焰从阻塞区域喷射出的几米范围内，火焰速度迅速降低，降低到超压低于 10bar 的水平。

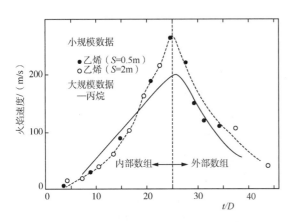

图 6.30　中、大型规模实验中相邻两排阵列的火焰传播特性比较（Mercx，1992 年）

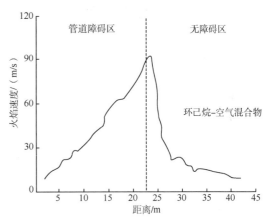

图 6.31　环己烷–空气实验中，火焰速度/距离在重复障碍物区域加速，在无障碍区域减速的数据图（Harris 和 Wickens，1989 年）

Van den Berg 和 Mos（2005 年）采用化学计量的乙烯–空气混合物进行了测试，以评估两个阻塞区域（供体和受体）产生两个独立冲击波所需的间隔距离，将这个间隔距离称之为临界距离。较小的间隔距离产生单一的冲击波。使用了与 MERGE 测试相同配置的半立方体形状的阻塞体块，长约 1.4m，宽约 0.7m。该方案在临界距离方面得出了具体数值有限。所有实验均在低超压范围内进行，外推至高压范围。他们认为简单的爆炸建模方法往往高估了受体爆炸的爆炸效应，高估程度超过一个数量级，特别是在低超压范围时。方向效应导致从受体后排气是造成差异的原因。间隔距离略大于临界距离时，受体爆炸效应遭到抑制。

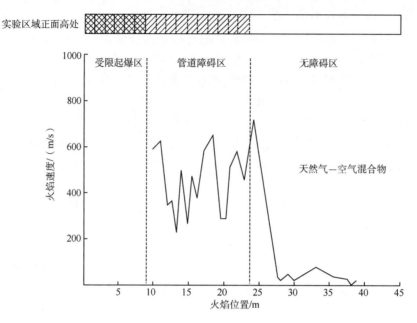

图 6.32 天然气-空气实验中，火焰速度/距离由有重复排列障碍物区域
喷射到无阻挡区域时的快速降速数据图(Harris 和 Wickens，1989 年)

6.3 蒸气云爆轰理论与研究

6.3.1 蒸气云爆炸的直接诱因

蒸气云爆轰可以通过直接引发或爆燃到爆轰转变(DDT)来实现。对于直接引发，需要在一段时间内保持冲击波后的温度高于混合物的自燃温度(Lee 和 Ramamurthi，1976 年；Sichel，1977 年)。引燃源必须有足够的能量，即临界起爆能量(定义为开放的易爆混合物直接起爆所需的最小能量)。临界起爆能也用来描述给定混合物爆轰的灵敏度。由于实验限制，直接测量临界起爆能的数据是有限的。图 6.33 是 Bull 等人编制的临界起爆能数据(Bull，1978 年)。

图 6.33 中所有混合物都是化学计量组成，起爆能以三硝基苯甲硝胺(一种类似于 TNT 的高能炸药)消耗量表示。结果表明，甲烷由于独特的分子结构，在所有碳氢化合物中具有最高的临界起爆能。

6.3.2 常用燃料的爆轰性

6.3.2.1 动态爆轰参数

Lee 等人(1981 年)将爆轰室的尺寸、临界管直径、临界起爆能和爆轰能力极限称为

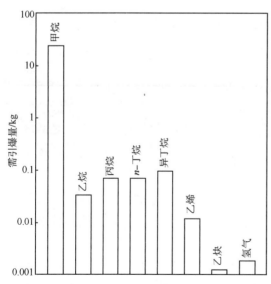

图 6.33 部分燃料-空气混合物的临界起爆能
(Bull，1978 年)

"动态爆轰参数"，该参数取决于爆轰波中化学反应的速率。这些参数不能仅从化学上确定，而且与爆轰波本身的流体动力特征有关。

　　大量实验证明，爆轰波是由一系列交叉的横波组成的三维胞孔结构组成(图4.8)。爆轰单元尺寸 e，即横波间距，可以测量获得。爆轰单元尺寸随燃料、氧化剂和燃料–氧化剂比的不同而不同。临界管直径，d_C 被定义为爆轰传播引发管外成分相同的无限制蒸气云爆轰并转化为自持球形爆轰波的最小管道直径。Mitrofanov 和 Soloukhin(1965 年)和 Edwards 等人(1979 年)发现对于所有的燃料，圆管的临界直径是 $d_C = 13e$，矩形通道的临界直径是 $d_C = 10e$。

　　Matsui 和 Lee(1978 年)利用直线管诱发平面起爆，测量了 8 种气体燃料(乙炔、乙烯、环氧乙烷、丙烯、甲烷、丙烷和氢气)的直接起爆能。爆轰危险指数(D_H)，无量纲，是燃料的最小起爆能与乙炔–氧气混合物的最低起爆能之比(乙炔 $D_H = 1$)。D_H 的大小用于比较燃料的相对爆轰灵敏度。研究发现，乙烯–氧气混合物所需的直接起爆能是乙炔–氧气混合物的 11 倍。烯烃(乙烯、环氧乙烷和丙烯)在氧气中的 D_H 值为 10^2，直接起爆能是乙炔的 100 倍左右。烷烃(甲烷和丙烷)在氧气中的 D_H 值为 10^3，但甲烷除外，它需要特别高的直接起爆能，D_H 值为 10^5。氢气–氧气与正常烷烃具有相似的 D_H 数值，$D_H = 10^3$。一般来说，燃料–空气混合物的 D_H 值是相同燃料在纯氧气中对应数值的 10^7 倍。

　　只有当燃料–空气混合物的组成在爆轰极限之间时，它才可被引爆。燃料–空气混合物的爆轰极限实际上比它们的可燃性范围窄(Benedick 等，1970 年)。

　　部分碳氢化合物的临界起爆能 E_C、爆轰危险指数 D_H 和爆轰极限见表 6.10。

表 6.10　部分碳氢燃料的临界起爆能和爆轰性(Matsui 和 Lee，1978 年)

混合气	燃料/%(体积)	E_C/J	D_H	爆轰极限/%(体积)燃料
C_2H_2/O_2	40	3.83×10^{-4}	1	18~59
C_2H_4O/O_2	40	1.2×10^{-2}	3.1×10^1	13.5~60.5
C_2H_4/O_2	33.3	7.2×10^{-2}	1.9×10^2	15~48
C_3H_6/O_2	25	2.03×10^{-1}	5.3×10^2	9~35
C_3H_8/O_2	22.2	5.77×10^{-1}	1.5×10^3	8~30.5
C_2H_6/O_2	28.6	1.07	2.8×10^3	12~38
CH_4/O_2	40	50.7	1.3×10^5	N/A
H_2/O_2	60	1.58	4.1×10^3	39~81
$C_2H_2/空气$	12.5	1.29×10^2	3.4×10^5	6.7~21.4
$C_2H_4O/空气$	12.3	7.62×10^3	2.0×10^7	5.3~18
$C_2H_4/空气$	9.5	1.2×10^5	3.1×10^8	N/A
$C_3H_6/空气$	6.6	7.55×10^5	2.0×10^9	N/A
$C_3H_8/空气$	5.7	2.52×10^6	6.6×10^9	2.2~9.2

混合气	燃料/%(体积)	E_C/J	D_H	爆轰极限/%(体积)燃料
C_2H_6/空气	7.7	5.09×10^6	1.3×10^{10}	N/A
CH_4/空气	12.3	2.28×10^8	5.9×10^{11}	N/A
H_2/空气	29.6	4.16×10^6	1.1×10^{10}	N/A

注：N/A 为不适用。

6.3.2.2 非均匀混合物的爆轰

与均匀混合物相比，非均匀混合物是否承受爆轰波与蒸气云爆轰更有关系。因为在大气中分散的可燃蒸气云的组成通常不是均匀的。对非均质混合物爆轰性的研究较少。文献中有两篇相关的报道。Bull 等人(1981 年)研究了碳氢化合物-空气混合物在开放条件下在惰性区间内的爆轰传播。Bjerketvedt、Sonju(1984 年)和 Bjerketvedt、Sonju、Moen(1986 年)等人研究了碳氢化合物-空气在管道内惰性区间的爆轰传播。虽然这些实验的装置差异很大，但结果却惊人的一致。实验表明，在化学计量的碳氢-空气混合物中，爆轰无法穿过约 0.2m 厚的纯空气间隙。如果没有连续的燃料-空气混合物，爆轰很难维持。目前还缺乏关于爆轰在连续非均相混合物中传播的资料。在得到这些数据之前，保守地认为只要混合物在可爆性极限之间，爆轰就会传播。

6.3.3 爆燃向爆轰的转化(DDT)

在蒸气云中，爆轰可以通过火焰加速和从爆燃过渡转化产生。很少事故被认定为蒸气云爆轰。1972 年，Port Hudson 爆炸，是关于山谷中丙烷-空气混合物爆炸，是唯一一次被广泛报道为爆轰的爆炸事件。初始诱因被认为是在某堵塞的大楼内。在 VCE 燃烧区内的几起高风险局部区域事件被调查。这些事件是在一相对较小的爆炸区域内被引燃，但是没有被认定为或者可能调查人员没有意识到发生了局部爆轰。

McKay 等人(1988 年)和 Moen 等人(1989 年)的调查结果表明，只要射流足够大，通过在燃料-空气混合物中爆轰的引燃可能是由燃烧的紊流气体射流导致的。射流的直径必须超过临界管径的 5 倍，即约为单元空间尺寸大小的 65 倍。

总结实验结果并提出与不同堵塞状态对应的三维(3-D)、二维(2-D)和一维(1-D)火焰膨胀几何结构。此外，展示来自不同研究者的实验结果来说明几种因素对火焰加速的影响。

6.3.3.1 一维结构中的 DDT

一维实验配置中已经报道了大量的 DDT 事件。在一维火焰膨胀条件下(管道、隧道等)，甚至对于低反应性混合物和没有障碍的存在时，火焰传播最终会导致爆轰。在管道中引入障碍物大大缩短爆燃过渡时间。

据 Moen 等人(1982 年)报道，在直径为 2.5m、长度为 10m 的带孔管道中，甲烷与空气混合物的火焰速度和压力分别高达到 500m/s 和 4.0bar，而丙烷与空气混合物的火焰速度和压力分别达到 650m/s 和 13.9bar。据 Lee 等人(1984 年)和 Sherman 等人(1985 年)的报告证实，氢气与空气混合物在氢浓度低至 13%(当量比为 0.36)时会发生 DDT 事故。

当量比是指实验使用的燃料空气比除以化学计量比。一维实验结果揭示了障碍物对火焰加速度的影响，但是定量的火焰加速结果仅适用于一维领域。Grossel(2002 年)在描述阻火器的书中详述了管道中燃爆、爆轰及燃爆至爆轰的转变过程。

6.3.3.2 二维范围内爆燃至爆轰的转变

Mercx(1992年)报道了在总计三次大规模 TNO 实验中均出现乙烯与空气混合物的 DDT 事故，其中混合物中乙烯含量 6.85%。实验台是二维平台，尺寸是 25.4m×25.4m×1m，障碍物是由直径 0.5m 的垂直管路提供。

DDT 事故也出现在大规模二维平台实验中。例如，Mercx(1992年)记录了在 25.4m×25.4m×1m 的大型二维平台实验中，在空气中丙烷体积含量 4.22%时发生了 DDT 事故。若干垂直管组成阻塞物，垂直管直径(d)为 0.5m，管间距(即节距 P)$P=3d$，面积阻塞率 $ABR=50\%$，体积阻塞 $VBR=14.5\%$，实测最大火焰速度为 575m/s，最大超压为 55bar。

6.3.3.3 三维空间的 DDT 事故

在 MERGE(Modeling and experimental Research into Gas Explosions)项目(Mercx，1995年)中，乙烯和空气混合物在三维范围内实验中显示发生了 DDT 事故，压力大约 3bar，在多次实验中发现 4m×4m×2m 实验台边缘的最高压力峰值为 18bar。然而 MERGE 实验环境高度拥挤，在三个方向上均有 4.1cm 的管道障碍物，这种情况在工业实际情景中极少出现。

而且，Thomas 等(2003年)报道了乙烯与空气混合物中乙烯浓度在 5.9%~9.3%范围内发生的 DDT 事故。实验台也是三维结构，其尺寸为 14.64m(长)×3.66m(宽)×1.83m(高)(即 48ft×12ft×6ft)，除去地面以外无任何障碍阻挡。障碍物由一排垂直的圆管构成，节间距是管直径的 4.5 倍，面积阻塞率和体积阻塞率分别是 23%和 4.2%。这些实验清楚地证明了高反应活性的物料在相对阻塞率低的情况下甚至是无任何阻挡的情形下也会发生 DDT 事故，这符合工厂的实际情况。

上述的实验结果归纳如表 6.11 所示。

表 6.11　乙烯空气混合物中的 DDT 事故

文献	燃料/%（体积）	障碍物参数			火焰速度 V_f（最大）/（m/s）	超压值 Δp（最大）/bar
		P*	ABR/%	VBR/%		
Mercx，1992年，TNO 2D 25.4m×25.4m×1m，垂直管组 $d=0.5$m	6.85	$6d$	50	8	1323	—
	6.85	$3d$	30	8.7	—	20.5
	6.85	$3d$	20	5.8	342	11.4
Mercx，1995年，MERGE 3D 4m×4m×2m，管组布置在 3 个方向，$d=4$cm	6.8	$4.65d$	35	10	—	10.8
	6.8	$3.25d$	45	20	—	13.3
Thomas，2003年，ERC 14.6m×3.7m×1.8m，垂直管组，$d=5.08$cm	7.3	$4.5d$	23	4.2	1768	>6.9
	5.9	$4.5d$	23	4.2	>340	>6.9
	9.3	$4.5d$	23	4.2	>340	>6.9

注：P 为节间距；ABR 为面积阻塞率；VBR 为体积阻塞率；* 为节间距 P 以障碍物管直径 d 的倍数表示。

上述测试结果表明在燃料与空气的易燃混合物中，DDT 事故可以在中度到高度阻塞率的敞开环境中发生。

6.3.4 蒸气云爆炸引发的爆炸效应

尽管爆轰模型不太可能发生蒸气云爆炸，但对爆炸云引起的爆炸效应评估仍然具有现实意义。首先，在非常罕见的情形下，爆轰可以由爆燃发展而来或高能起爆引起；其次，爆轰数据可用于验证爆炸云模型；第三，爆轰给出的是最极端情况下的爆炸效应，且对上限结果分析有用。历史上偶然发生的蒸气云爆炸是典型的爆燃，而不是爆轰。

6.3.4.1 爆轰参数测定

一旦确定了蒸气云初始热力学参数，则爆轰参数(压力、温度、密度和波前传播速度)是唯一的。这是因为爆轰波是以超音速传播至未反应的混合物中，而此时混合物尚未收到爆轰波的干扰。

标准计算机编码，例如 Gordon-McBride(1976 年，1996 年)程序和 Cowperthwaite-Zwister(1973 年，1996 年)程序，对于用户给定条件下任何燃料氧化剂混合物爆轰参数计算都是适用的。经验证，计算结果能够与实验测量结果较好地吻合。部分燃料空气混合物的爆轰性质如表 6.12 所示。

表 6.12　符合化学计量比的部分燃料空气混合物爆轰特性(McBride，1996 年)

燃料	化学式	燃料体积浓度/%(体积)	爆轰峰值压力/bar	爆轰峰值温度/K	爆轰速度/(m/s)
甲烷	CH_4	9.5	17.19	2781	1804
乙烷	C_2H_6	5.66	17.98	2815	1803
丙烷	C_3H_8	4.03	18.06	2822	1800
丁烷	C_4H_{10}	3.13	18.11	2825	1798
庚烷	C_7H_{16}	1.87	17.77	2796	1784
葵烷	$C_{10}H_{22}$	0.91	17.76	2794	1782
乙烯	C_2H_4	6.54	18.36	2926	1825
丙烯	C_3H_6	4.46	18.30	2889	1811
丁烯	C_4H_8	3.38	18.30	2877	1806
乙炔	C_2H_2	7.75	19.12	3112	1867
丙炔	C_3H_4	4.99	18.78	2999	1834
丁炔	C_4H_6	3.68	18.76	2967	1828
丁二烯	C_4H_6	3.68	18.44	2928	1812
氢气	H_2	29.59	15.84	2951	1968
苯	C_6H_6	2.72	17.41	2840	1766
乙醇	C_2H_5OH	6.54	17.68	2735	1773
丁醇	$C_4H_{10}O$	3.38	18.26	2819	1796
环氧丙烷	C_3H_6O	4.99	18.43	2886	1810

6.3.4.2 蒸气云爆炸爆轰效应的实验测定

大量爆炸数据由在球形自由空气或半球形地面结构中引爆的预混气体混合物进行测量获得。Brossard 等人（1984 年）收集之前数据，并开展了更多的类似实验，气体体积变化范围由 $5\times10^{-4}\sim1.45\times10^{4}\mathrm{m^3}$。图 6.34 和图 6.35 分别表示正相特性和正负相拟合曲线。

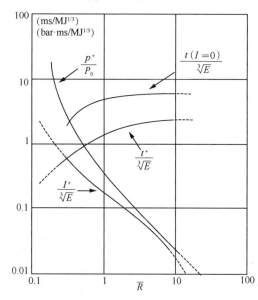

图 6.34　蒸气云爆轰的正相特性曲线
（Brossard 等，1983 年）

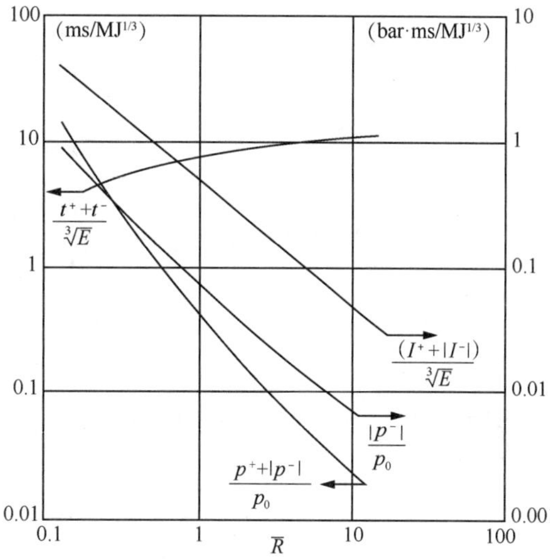

图 6.35　蒸气云爆轰特性的总振幅

由于地面反射（半球形地面作为一个完美的反射器，起到有效的能量加倍作用），位于地面上的半径为 r_0 的半球形电荷与自由空气中半径为 r_0 的球形具有的能量相同。能量来源如下所示：

$$E=\frac{4\pi r_0^3}{3}\rho_f E_f \qquad \text{式}(6.10)$$

式中　ρ_f——密度；

E_f——燃烧热。

对于特定的气体混合物，无量纲距离定义为

$$\bar{R}=\frac{R}{(E/p_0)^{1/3}} \qquad \text{式}(6.11)$$

注意在这些图中，脉冲和持续参数并不是无量纲出现的，尽管这些参数是以量纲距离绘制的。有量纲参数的单位如图中所示。

Brossard（1983 年）给出了正相爆轰特性的最小二乘法拟合公式如下：

正相超压 $\Delta p+/p_0 i$

$$\ln(\Delta p+/p_0)=-0.9126-1.5058(\ln\bar{R})^2-0.0320(\ln\bar{R})^3 \qquad \text{式}(6.12)$$

正相时间 $t+/E^{1/3}$

$$\ln(t'/E^{1/3})=+0.2500+0.5038(\ln\bar{R})-0.1118(\ln\bar{R})^2 \qquad \text{式}(6.13)$$

正脉冲 $i^+/E^{1/3}$

$$\ln(i^+/E^{1/3}) = -1.5666 - 0.8978(\ln \bar{R}) - 0.0096(\ln \bar{R})^2 - 0.0323(\ln \bar{R})^3 \qquad 式(6.14)$$

上述公式的有效范围是 $0.3 \leqslant \bar{R} \leqslant 12$。

基于俄罗斯和其他国家数十年的实验和分析研究，Dorofeev（1995年）总结了球形体积爆炸引起的爆炸效应和经验公式如下：

对于气态爆炸：

$$\bar{p}^+ = 0.34/\bar{R}^{4/3} + 0.062/\bar{R}^2 + 0.033/\bar{R}^3 \qquad 式(6.15)$$

$$\bar{I}^+ = 0.353/\bar{R}^{0.968} \qquad 式(6.16)$$

此处
$$\bar{R} = \frac{R}{(E/p_0)^{1/3}}, \quad 0.21 \leqslant \bar{R} \leqslant 3.77$$

$$\bar{p}^+ = \Delta p^+/p_0$$

$$\bar{I}^+ = I^+ a_0/p_0^{2/3}/E^{1/3}$$

Dorofeev 经验公式与其他研究者的结果对比分别如图6.36和图6.37所示。图6.36为气体爆炸正超压与距离的关系，图6.37揭示了正脉冲与距离的关系。

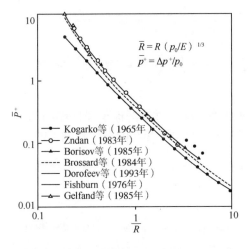

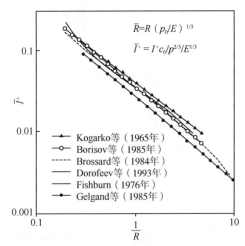

图6.36　气体爆炸正超压与距离的关系　　　图6.37　正脉冲与距离的关系（c_0 与 a_0 相同）

（Dorofeev，1995年）　　　　　　　　　（Dorofeev，1995年）

总之，非均相混合的水蒸气和液滴由于其不充分燃烧，其爆炸效应的严重程度要小于充分混合的混合物。爆炸波参数取决于燃料种类、液滴大小、体积含量等。Dorofeev 等（1995年）根据大量汽车燃油空气喷射实验研究给出爆炸波参数的近似值。图6.38和图6.39显示了近化学计量比混合物的超压和脉冲数值。非均匀雾爆轰公式如下：

$$\bar{p}^+ = 0.125/\bar{R} + 0.137/\bar{R}^2 + 0.023/\bar{R}^3 \qquad 式(6.17)$$

$$\bar{I}^+ = 0.022/\bar{R} \qquad 式(6.18)$$

$$0.3 < \bar{R} < 2.0$$

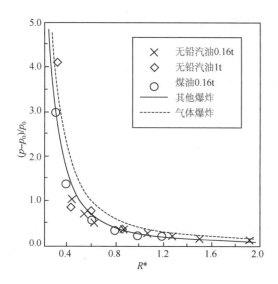

图 6.38 非均匀爆炸时正超压与距离关系
（Dorofeev，1995 年）（R^* 等同于 $\bar{R}$）

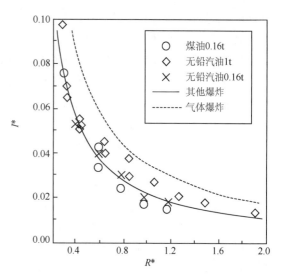

图 6.39 非均匀起爆下正脉冲与距离的关系
（Dorofeev，1995 年）（R^* 等同于 $\bar{R}$，I^* 等同于 $\bar{I}$）

6.4 蒸气云爆炸预测方法

蒸气云爆炸的爆炸预测方法划归为三种：TNT 当量法、数值模拟法及爆炸曲线法。TNT 当量法认为蒸气云爆炸作为同等能量爆炸的 TNT 爆炸研究。TNT 当量法简单是因为蒸气云爆炸能量是唯一所需的参数，并通过所需能量计算 TNT 炸药的装填量。TNT 爆炸曲线用于预测爆炸载荷。TNT 当量法较蒸气云爆炸曲线法和其他方法运用更早。由于该方法简单，可更好的证实 TNT 爆炸曲线的有效性。然而实例研究和实验数据证明运用 TNT 当量法预测蒸气云爆炸的爆炸载荷体填装量缺乏代表性，其高估了爆炸源附近的爆炸压力，同时低估了远离爆炸源的爆炸压力。爆炸效应不仅取决于爆炸能量，更重要的来自燃烧速率，现在该方法被认为是没有充分认识到这点。因此，不建议推荐使用 TNT 当量法。然而由于其历史重要性以及继续在保险行业使用，该章节在此简单讨论。

分析方法运用基本气体动力学方程（质量守恒、动能守恒和能量守恒）解决。这些偏微分方程只能通过简化解析解决：基于守恒方程的线性化声学方法和基于相似原理的自相似方法。

自相似概念来自量纲分析，这是解决物理问题的第一步。运用量纲分析方法，非稳态爆炸波可看作是一个自变量函数（一维偏微分方程通常有两个自变量，即时间自变量和空间自变量）。由此，偏微分方程转化为常微分方程，并通过求解常微分方程得到精确解。由于假设条件的局限性，解析求解方法仅适用于低火焰速度的蒸气云爆炸模型（例如，低于 0.4Ma）。

尽管近年来快速发展的计算机数值计算技术使求解偏微分方程已十分容易，但解析方法仍然有效，是因为其直接通过常规方程求解，并为数值计算提供校准基准。解析求解很少用于化工厂危险评估，在后面章节中不予讨论。

数值模拟法求解蒸气云爆炸气体动力学。数值模拟法发展更大程度上取决于计算流体动力学和计算技术的先进性。因此，已公布的方法包括相对简单的包括一维数值、无反应、零黏度流体能力到相对复杂的包括计算模拟多维度预混燃烧过程的细节。在该章节中，这些方法将按由易至难的顺序予以阐述。

爆炸曲线法是基于一维数值计算发展而来的蒸气云爆炸特定爆炸曲线。爆炸曲线是为一系列火焰速度绘制的，火焰速度包括低速的爆燃至爆轰。根据几何结构的相似性和燃料的反应特性选择合适的爆炸曲线。爆炸曲线法被广泛应用在工业中，并在许多软件包中实现了自动化。

6.4.1　TNT 当量法

多年来，军方一直研究烈性炸药的潜在破坏性（Robinson，1944 年；Schardin，1954 年；Glasstone 和 Dolan，1977 年以及 Jarrett，1968 年）。因此，在蒸气云爆炸特定爆炸曲线出现之前将偶然的蒸气云爆炸与等量填装的 TNT 爆炸联系起来是可以理解的。历史上许多蒸气云爆炸事故中将观察的损害模式与 TNT 当量联系起来。

在充分了解蒸气云爆炸产生机理之前，燃料爆炸的潜在严重性一直未得到合理解释。运用 TNT 当量法预测爆炸的目的相对简单。蒸气云可用的爆炸能量转化为等量的 TNT 爆炸装载量的公式如下：

$$W_{TNT} = \alpha_e \frac{W_f H_f}{H_{TNT}} = \alpha_f W_f \qquad 式(6.19)$$

式中　　W_f——所涉及燃料的质量，kg；

W_{TNT}——TNT 的当量质量或当量，kg；

H_f——燃料的燃烧热，J/kg；

H_{TNT}——TNT 爆轰热，J/kg；

α_e——基于能量的 TNT4；

α_f——基于质量的 TNT 当量值。

公式中 α_e 与 α_f 的单位为任何自一致的单位集合。

TNT 当量又被称为当量因子、场因子、效率或者效率因子。

如果知道 TNT 的当量质量，可以在离爆炸不同距离的情况下推导出爆炸波的峰值侧超压方面的特性。可通过包含实验数据的缩放图表完成。

图 6.40 显示了来自 Kingery 和 Bulmash（1984 年）的 TNT 半球表面燃烧的侧边参数，并由 Lees 改变成国际单位制。表面燃爆曲线已考虑了地面反射。自由空气 TNT 爆炸曲线也适应于 Lees（1996 年）和其他不考虑地面反射的源。第 4.5.3 节讨论了自由空气 TNT 爆炸曲线相对于表面燃爆曲线的使用方法。

TNT 当量法是最简单的爆炸云模型方法。TNT 当量被看作是有效燃烧热转化为爆炸能的转化系数。从某种意义上，TNT 当量表达了化学能（燃烧热）转化为机械能（爆炸）效率。

燃烧热转化为爆炸热的最大理论效率为 40%。如果 TNT 的爆炸能量等于 TNT 爆轰带给空气的能量，TNT 当量 40% 是气体在大气条件下爆炸过程中理论上限。然而，在 TNT 爆炸附近区域的冲击波初始传播阶段具有能量耗散率高的特点。如果考虑能量损失，在较低爆炸超压水平下，气体爆炸的 TNT 当量预计将大大高于 40%。

偶然的蒸气云爆炸不包括全部可用燃料，因此实际的 TNT 当量值远小于理论上限值。

根据在许多蒸气云爆炸事故中所观察的破坏情况推算出 TNT 当量报告值范围为 1%~10%（Gugan，1978 年和 Pritchard，1989 年）。对于大多主要的蒸气云爆炸事故，根据所释放的全部燃料的燃烧热，已推断出 TNT 当量推断范围为 1%~10%。显然只有一少部分燃烧能被利用。

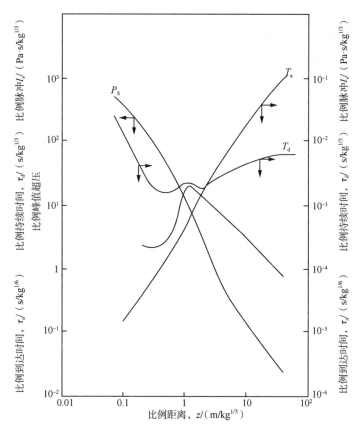

图 6.40　TNT 半球表面爆炸侧边爆炸参数（Lees，
1996 年，在 Kingery 和 Bulmash，1984 年之后）

多年来，许多研究人员、公司和权威机构提出了关于 TNT 当量法应用的程序和建议。程序上的一些不同主要如下：

- **计算中应包括燃料部分**：总量、闪蒸量、总闪蒸量乘以雾化系数，或在计算时间内扩散的可燃云部分。
- **TNT 当量值**：基于重大事故观测结果推导得出的平均值；或者是一个安全和保守值（是否取决于部分限制或障碍物的存在以及燃料的本性）。
- **TNT 爆炸数据使用**：由于实验装置的不同，在高爆轰实验数据中可以观察到大量的散射现象。尽管使用方法不同，大部分建议可以追溯到由 Kingery 和 Pannill（1964 年）得出的地面燃爆数据。
- **TNT 爆炸能量**：变化范围为 1800~2000Btu/lb，即 4.19~4.65MJ/kg。Baker（1983 年）提供的 TNT 爆炸燃烧热为 4.52MJ/kg，Crowl（2003 年）使用的数据为 4.6MJ/kg。

下面是众多不同使用方法中的部分实例。以下确定的来源给出的 TNT 当量是根据在有限数量的主要蒸气云爆炸事故中观察到的损伤推断出的平均值得出的。

- *Brasie 和 Simpson（1968 年）和 Brasie（1976 年）*：燃料泄漏量燃烧热的 2%~5%。
- *英国健康与安全管理局（1979 年和 1986 年）*：在爆炸云中燃料量燃烧热的 1%~3%。
- *工业风险保险公司（1990 年）*：泄漏燃油量燃烧热的 2%。
- *共同研究工厂（1990 年）*：存在 I 类（相对反应活性低的材料，如丙烷、丁烷和普通易燃液体)、Ⅱ类(相对适中反应活性的材料,如乙烯、二乙醚和丙烯醛)、Ⅲ类(高活性材料,如乙炔)气体爆炸云中燃料量燃烧热的 5%、10% 和 15%。

- **英国天然气公司(Harris 和 Wickens,1989 年):** 整个可燃蒸气云中可用能量的 20% 为 TNT 当量,这只是限制区域中部分爆炸云爆炸潜能。如果是高活性反应燃料,则有可能转化为爆轰,那么这种方法可能是不合适的,因为部分蒸气云在限制区域之外。

这些数字可用于预测目的,将"平均重大事故情况"外推至正在研究的情况,前提是研究的实际条件需要与"平均重大事故情况"相吻合。这种情况可以被广泛地描述为大约几十吨碳氢化合物在局部有障碍物和/或部分限制的环境中泄漏。例如,拥有密集设备的普通炼油厂、化工厂或者是有大量密集停放的有轨车辆铁路列车院子里。必须强调的是,上述所列 TNT 当量不能用于"平均重大事故情况"所不适应的场合。

为了在这项工作应用 TNT 当量方法(众多方法之一,并有英国健康和安全执委会推荐,及 HSE 1979;HSE 1986),一般程序如下:

6.4.1.1 确定填充量

在 HSE 方法里,TNT 等效装载量与蒸气云中燃料总质量有关。根据如下程序予以确定。

根据实际的热力学数据确定燃料的闪蒸分数。式(6.20)提供一种方法估算闪蒸分数。

$$F = 1 = \exp\left(C_p \frac{-C_p \Delta T}{L}\right) \qquad 式(6.20)$$

式中 F——闪蒸分数;

C_p——平均比热容,kJ/(kg·K);

ΔT——环境压力下容器温度与沸点温度之差,K;

L——汽化热,kJ/kg;

exp——自然对数,exp=2.7183。

蒸气云中的燃料质量 W_f 等于闪蒸分数乘以释放的燃料量。考虑到喷雾和气溶胶的形成,云量应该乘以 2(蒸气云中燃料的总质量不超过燃料释放的总质量)。

TNT 的当量质量计算如下:

$$W_{TNT} = \alpha_e \frac{W_f H_f}{H_{TNT}} \qquad 式(6.21)$$

式中 W_{TNT}——TNT 的当量质量或当量,kg;

W_f——云中燃料的质量,kg;

H_f——燃料的燃烧热,MJ/kg;

H_{TNT}——TNT 爆炸能量,H_{TNT}=4.68MJ/kg;

α_e——TNT 当量因子,α_e=0.03。

6.4.1.2 确定爆炸效应

在图 6.40 中,通过图表看出,TNT 爆炸产生的爆炸冲击波超值峰压值取决于霍普金森比例距离。侧边爆炸冲击波差压峰值在某一给定装载量下的实际距离通过以下公式计算:

$$\bar{R} = \frac{R}{W_{TNT}^{1/3}} \qquad 式(6.22)$$

式中 $\bar{R}$——霍普金森比例距离,m/kg$^{1/3}$;

W_{TNT}——TNT 填充质量,kg;

R——距离填充源真实距离。

如果霍普金森比例距离 $\bar{R}$ 是已知的，相应的侧边峰值超压值、侧边冲量、正相持续时间、到达时间能够通过图 6.40 的表中读取。

6.4.2 蒸气云爆炸曲线方法

爆炸曲线法有三个基本要素，即爆炸曲线、测定爆炸强度或严重性、能量定义。首先必须有一系列的爆炸曲线作为基本工具用于预测爆炸参数（超压、冲量、持续时间等）。对于一个理想的爆炸源，例如烈性炸药，在能量标度坐标里爆炸参数与距离关系表现为一条简单的曲线。因为理想爆炸源呈现单一参数的特征，即爆炸能量。然而蒸气云爆炸不是一个理想化的爆炸源，不能仅通过爆炸能量定义。它需要爆炸能量和爆炸释放率共同定义爆炸源。因此，蒸气云爆炸中爆炸参数与距离之间的关系需要在能量标度坐标里以一系列曲线代替一条曲线。

各种蒸气云爆炸曲线集的共同特征是它们都是基于气体爆炸且都是一维数值计算的结果。通过气体爆炸代替 TNT 爆炸的做法是已经考虑蒸气云的非理想型特点作为爆炸源。因此，这提升了蒸气云爆炸预测的准确性。一维假设表明爆炸效应是对称的（球形或半球形）。因此，在真实情景中，方向效应、非均匀限制和障碍阻塞、非均匀混合物、点燃位置和其他非理想情形未曾考虑在爆炸曲线中简单应用。

蒸气云爆炸曲线法在 20 世纪 70 年代末首次出版，已发展至今。Baker-Strehlow-Tang（BST）法与 TNO 多能法是两种占据主导的爆炸曲线集。Baker 和 Strehlow 于 1983 年首次提出他们的爆炸曲线。TNO 发展了一种活塞驱动冲击模型，并被 Pasman（1976 年）和 Wiekema（1980 年）在 TNO 黄皮书中提及。TNO 用多能法取代了活塞冲击模型。

Sheel 发展了限制评估方法（CAM）（Cates，1991 年；Puttock，1995 年；Puttock，2001年）。CAM 法不使用爆炸曲线本身，而是在爆炸容积的边缘处确定初始爆炸压力。压力随距离衰减，衰减规律与爆炸曲线预测的衰减规律非常相似。

爆炸曲线法第二个要素是确定初始爆炸强度。自从利用爆炸曲线簇确定蒸气云爆炸效应以来，曲线簇中单个曲线是通过给定的情景选择的。因此，每条曲线都有一个标签。BST 曲线通过火焰速度标记，TNO 曲线通过爆炸强度标记。一旦火焰速度或爆炸强度确定了，初始爆炸就确定了且对应一条独特的曲线。爆炸参数和距离之间的关系通过爆炸延迟曲线就可以确定。CAM 方法利用燃料反应性质、封闭评估和几何参数代替爆炸曲线确定初始爆炸压力。

爆炸曲线法第三个要素是爆炸能量的定义。必须定义能量项 e，以计算能量标度的间距 r 和其他能量标度的爆炸参数。能量项表示对应于产生爆炸波的那部分蒸气云的燃烧热。在 BST 曲线、多能法和 CAM 方法里，能量项的定义是部分受限和/或堵塞区域中蒸气云的体积乘以单位体积混合燃料的燃烧热。对于小型工艺装置中的大泄漏，蒸气云可能大于工艺装置。只有限制区域的燃烧云体积被认定为燃爆。相反，在大型工艺装置的小泄漏可能导致整个燃烧云均存在于装置中。无论在什么情况下，蒸气云爆炸所消耗的燃料总和必定小于下面三者质量之和，这三者分别是在爆炸时处于燃烧极限范围之外的燃料质量、受限区域内的氧气质量、受限区域之外的燃料与空气的混合物质量。

6.4.3 TNO 多能法

多能法理论（Van den Berg，1985 年；Van den Berg 等，1987 年）认为，只有部分蒸气云

会影响爆炸，而不是全部蒸气云。从重大意外事故的蒸气云爆炸中观察到的破坏模式和实验测量结果表明，可燃蒸气云中的燃烧能总量与蒸气云爆炸（VCE）效应之间没有关系。

Van den Berg认为爆炸的规模和强度均与蒸气云中总燃料量无关，与蒸气云中部分受限和受阻区域的大小和性质有关系。另一影响因素是燃料-空气混合物的反应活性。多能法中蒸气云爆炸建模需要考虑的基本考虑因素有：

- 开敞空间的燃料-空气蒸气云爆炸释放产生超压的可能性很小。
- 在部分受限和/或受阻的环境中，只有部分蒸气云会产生破坏性的冲击波，含有易燃蒸气-空气混合物蒸气云的剩余部分会缓慢燃烧，不会对爆炸产生显著影响。
- 多能法认为蒸气云爆炸是由蒸气云中各种爆炸源相对应的众多子爆炸组成。

多能法中使用的基本工具是与距离有关的爆炸曲线，如图6.41所示。多能法的爆炸曲线描绘了爆炸波形，实线表示高强度冲击波，虚线表示低强度压力波，当距离增加到一定程度时，爆炸曲线可能变陡，成为冲击波。1980年，Van den Berg应用数值仿真方法很好地模拟了具有稳定火焰速度的气体爆炸。

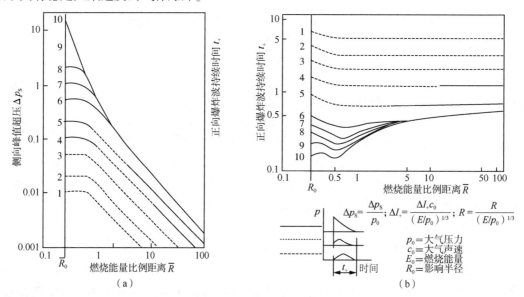

图6.41　多能法正相位侧向爆炸超压和持续时间曲线

图6.41显示了地面上半径为R_0的半球形燃料-空气炸药的爆炸特性，该爆炸特性是由燃烧热为$3.5 \times 10^6 J/m^3$的燃料-空气混合物得出的。该图分别显示了侧向峰值超压（Δp_s）、正相爆炸波持续时间（$\bar{t}_+$）与距爆炸中心距离（$\bar{R}$）的关系。根据萨克斯比例定律，爆炸参数应是无量纲的，涉及的物理量有比例距离（$\bar{R}$）[包含点火燃烧能（E）、环境压力（p_0）和环境声速（c_0）]、比例超压（Δp_s）和比例持续时间（$\bar{t}_+$）。萨克斯比例定律不但考虑了诸如海拔等大气条件的影响，而且允许以任何一致量纲计算爆炸参数。

图6.41用数字1~10表示初始爆炸的不同强度，1代表非常低强度，10代表爆轰强度，并且该图粗略给出了与气体爆炸的特征行为相对应的有关爆炸波形状的信息。低强度的燃料-空气电荷（fuel-air charges）产生的压力波会导致声学超压衰减行为和恒定的正相持续时间，另一方面，在高初始强度爆炸载荷附近的激波表现出更快的超压衰减且正相持续时间

随距离的增加而显著增加。最终,高强度爆炸衰减到接近远场声学的行为。另一个重要特征是,当距离中心大约10个载荷半径时,对于初始强度为6(强爆燃)及以上时,燃料-空气爆炸或多或少与初始强度无关。如图6.41所示,初始强度为6~9的爆炸曲线与初始强度为10(爆轰)的爆炸曲线重合。

在多能量概念的应用中,对于某一蒸气云爆炸产生的危害主要由可燃云分散的平面几何形状决定。爆炸危险评估需要评估可燃云中平面几何形状爆炸的可能性。

根据TNO指导手册(Van den Bosch,2005年),按照以下步骤应用多能法模拟蒸气云爆炸过程。

步骤1 应用约束条件

假设爆炸是爆燃(这是因为开敞空间的蒸气云极难发生爆轰)。多能法简化了现实条件,不考虑实际中不均匀性或点对称性偏差导致的方向性影响。

步骤2 计算云大小

计算蒸气云在意外释放后,可能形成的可燃蒸气质量。化学当量浓度 c_s 的可燃蒸气云体积 $V_c = Q_{ex}/(\rho \cdot c_s)$,其中 Q_{ex} 是可燃物质质量,ρ 是气体密度。

步骤3 识别潜在爆炸源

可能形成强爆炸的来源有:
- 化工厂或炼油厂的工艺设备以及堆叠的板条箱或托盘的扩展空间;
- 延伸平行平面之间的空间(例如,停车场中紧密停放的汽车下方的空间)以及开放式建筑物(例如,多层停车场);
- 管状结构内的空间(例如,隧道、桥梁、走廊、污水系统、涵洞);
- 高压释放导致的喷射中强烈湍流的燃料-空气混合物。

假设蒸气云中的剩余燃料-空气混合物产生较小强度的爆炸,对于爆炸强度为10(爆轰)的爆炸,能量由受阻/受限区域内的体积决定。

步骤4 定义受阻区域

受阻区域的定义是一个多步过程。具体如下:

步骤4a 将结构分解为基本的几何形状:
- 圆柱体:长度为 l_c 且直径为 d_c;
- 长方体:长、宽、高度分别为 b_1、b_2 和 b_3;
- 球体:直径为 d_s。

步骤4b 假设点火源。可燃气云在受限区域点燃后,火焰将向外移动,相对于每个障碍物的火焰传播方向是已知的。

步骤4c 确定障碍物方向。将垂直于火焰传播方向平面的最小尺寸设为 D_1。然后:
- 对于圆柱体 $D_1 = l_e$ 或 d_e;
- 对于长方体 $D_1 = b_1+b_2$、b_2+b_3、b_1+b_3 中最小的值;
- 对于球体 $D_1 = d_s$。

将与火焰传播方向平行的障碍物尺寸设为 D_2。

步骤 4d 构建受阻区域。当从障碍物 A 的中心到已确定在受阻区域中的另一障碍物 B 的中心距离，小于障碍物 B 的 D_1 长度 10 倍或 D_2 长度 1.5 倍，则障碍物 A 属于受阻区域。当受阻区域的外边界与障碍物 A 的外边界之间的距离大于 25m，则障碍物 A 不属于受阻区域。

步骤 4e 定义包含受阻区域的长方体空间。受阻区域应包含受阻区域中的所有障碍物以及这些障碍物之间小于该障碍物 D_1 的 10 倍或 D_2 的 1.5 倍范围以内的所有空间。边界应该排除明显不属于障碍区域的圆柱体或长方体部分，例如，烟囱上部、蒸馏塔（垂直方向的柱体）或连接化工单元的管道（水平方向的柱体），每个处理单元可能分属单独的受阻区域。这些被排除的部分本身可能形成另一受阻区域。

步骤 4f 若需要可以再细分多个长方体空间。若按步骤 4e 划分的长方体空间未包含步骤 4d 中划分的受阻区域内自由空间，则可以再细分为多个直接相邻的长方体空间以减小受阻区域的体积。

步骤 4g 若需要可以增加其他受阻区域。如果所有障碍物都不在先前定义的受阻区域内，则可以增加蒸气云内其他受阻区域。如果存在多个受阻区域，则发生点火的区域称为"供体"区域，而其他区域称为"受体"区域。受体区域中障碍物的火焰传播方向取决于受体区域相对于供体区域的方向。

如果单独的受阻区域相互靠近，则它们几乎可以同时引发，它们在远场的爆炸效应也可能同时发生并且是各自爆炸效果的叠加。根据 2005 年 Van den Bosch 所著的黄皮书，没有明确给出判定是单独爆炸的供体和受体区域之间的最小距离。对于拥挤区域的构建，黄皮书认为可以使用如步骤 4d 描述的 10 倍障碍物大小或 25m 的临界间隔距离；然而，Van den Berg 和 Mos 在 RIGOS 测试中指出，尤其在高强度爆炸超压下，这一临界间隔距离不是保守的。GAMES 项目（Mercx，1998 年）提供指导意见如下：

潜在爆炸源周围的临界间隔距离是每个方向上线性长度的一半。如果潜在爆炸源之间的距离较大，则应设定为单独爆炸。如果距离较小，则应将两个潜在源设定为一个叠加爆炸，如下面介绍的步骤 10 所示。

RIGOS 报告的初级指南（Van den Berg 和 Mos，2005 年）认为：

- 当供体爆炸超压大于 100kPa 时，受阻区域之间的临界间隔距离应为供体区域维度的 $1/2$；
- 当供体爆炸超压小于 10kPa 时，受阻区域之间的临界间隔距离应为供体区域维度的 $1/4$；
- 以上这两个值之间进行线性插值也是可以的；
- 连接两个受阻区域之间如果存在一个足够大的横截面积的障碍物，临界间隔距离则会大大增加。

步骤 4h 确定受阻区域内蒸气云体积 V_{gr} 的最大值。该值是每个受阻区域内自由空间的总和。受阻区域的自由体积 V_r 等于长方体体积减去障碍物占用的体积。如果无法确定障碍物体积，则假定 V_r 等于长方体总体积。

步骤 4i 根据以下公式计算蒸气云的无阻碍部分的体积 V_0：$V_0 = V_c - V_{gr}$。

步骤 4j 无论是受阻区域还是非受阻区，每个区域的能量 $E[J]$ 均可通过 V_{gr} 和 V_0 乘以相对应的单位燃烧能量获得。比如，当量烃类–空气混合物的平均燃烧热为 $3.5 \times 10^6 \ \text{J/m}^3$（Harris，1983 年）。值得注意的是，易燃混合物一般不会充满整个区域。在这种情况下，可以适当地减小 V_{gr} 和 V_0。

Mercx（1998 年）认为常用于爆炸能量和爆源强度选择使用的 TNO 指导是非常保守的（其推荐的安全和保守方法不令人满意）。TNO 简化指南建议在蒸气云湍流产生的条件下使用全部燃烧能量，并且最大限度地增强辐射源的强度。如果无法接受应用这种方法导致的爆炸超压高估，用户则可以通过实验数据来修正。这类方法存在高估和关联测试配置困难的问题，这促使制定了其他额外的指南。Eggen 等人 1998 年开展了 GAME 项目，以相关性的形式制定了具体的指导意见，获得了一系列用于蒸气云爆炸超压估算的障碍物和燃料的参数。超压值可用于爆炸强度的确定（1~10）。

后续 GAMES 项目研究了 GAME 指南在实际案例中的适用性（Mercx，1998 年）。GAMES 项目的重点是确定体积阻塞率和平均障碍物直径参数。其中最主要的贡献是在大多数情况下都可以用的方法是根据黄皮书程序，考虑到液压平均障碍物直径和等于半径的火焰路径长度，确定受阻区域的体积即为受阻区域体积的半球体积。假设在低的超压下，受阻区内完全燃烧能按化学式计量法取 100% 也是保守的。当源超压低于 0.5bar，其"效率"小于 20%。对于小于受阻区域的蒸气云，GAMES 建议将效率系数设为 100%。

步骤 5 估测每个区域的源强度或等级

如果假定最大强度为 10，那么对强爆炸源的强度估计是安全且最保守的。然而，根据实际经验，源强度定为 7 似乎更准确。此外，当标定距离大于 0.9（侧向超压低于 0.5bar）时，爆炸曲线均收敛至 10 曲线，因此 7~10 的源强度，预测的超压相差不大。

蒸气云中其他不受约束和不受阻碍部分产生的爆炸，可以设定较低的初始强度。对于扩展出来的和静态部分，可以设定为最小强度 1。对于更多非静态部分（例如，燃料释放动量导致处于低强度湍流运动的），可以设定强度为 3。

如果通过以上方法估算得到令人难以接受的高超压，则可以根据不断增长的瓦斯爆炸实验数据或通过进行针对特定情况的实验来确定更准确的初始爆炸强度估算值。

另一种可能的方法是通过使用先进的流体动力学方法，例如 FLACS（Van Wingerden 等，1993 年）或 AutoReaGas（Van den Berg，1989 年）来进行数值模拟，如第 6.4.6 节所述。

关于初始爆炸强度的定义如下所示：

步骤 6 组合受阻区域

如果必须考虑多个受阻区域，需要将单独爆炸源的所有能量加和来定义一个额外的爆炸源（受阻区域）。将每个单独的爆炸源中心及其能量（例如，通过能量加权平均确定位置）来确定新爆炸源的中心。

步骤 7 蒸气云的非受阻部分位置

确定蒸气云非受阻部分的中心。与步骤 6 一样，可以通过无受阻区域的能量加权平均计算出位置。

步骤8   计算等效半径

有源的爆炸可模拟为来自等效体积$[(E/E_v)m^3]$为半球形的燃料-空气爆炸(注意,$E_v =$ $3.5MJ/m^3$ 是个平均值,适用于大多数化学当量浓度下的烃类)。爆炸源的半径 r_0 的计算公式为

$$r_0 = \left(\frac{3E}{2\pi E_v}\right)^{1/3}$$ 式(6.23)

步骤9   计算爆炸参数

一旦爆炸源能量 E 和初始爆炸强度确定,就可以从图6.41爆炸曲线图中读取到距爆炸源一定距离 R 的萨克斯比例的爆炸侧向超压和正相持续时间。计算萨克斯比例距离:

$$\bar{R} = \frac{R}{(E/p_0)^{1/3}}$$ 式(6.24)

式中 $\bar{R}$——点火的萨克斯比例距离;

R——点火距离,m;

E——点火燃烧能,J;

p_0——环境压力,Pa。

爆炸的侧向超压和正相持续时间可以根据萨克斯比例距离计算:

$$p_s = \Delta \bar{p}_s \cdot p_0$$

和

$$t_+ = \bar{t}_+ \left[\frac{(E/p_0)^{\frac{1}{3}}}{c_0}\right]$$ 式(6.25)

式中 p_s——侧面爆炸超压,Pa;

$\Delta \bar{p}_s$——Sachs-scaled 侧面爆炸超压;

p_0——环境压力,Pa;

t_+——正相持续时间,s;

$\bar{t}_+$——Sachs-scaled 正相持续时间;

E——爆炸源的燃烧能,J;

c_0——声速,m/s。

注意:使用单位量纲保持一致。

步骤10   处理多个受阻区域

当多个几乎同时引发的独立爆炸源靠近时,它们在远场中的影响会累积,因此不同爆炸源产生的燃烧能量都应该相加。按照步骤6所述,确定爆炸参数。如果两个障碍物之间的距离超过了临界间隔距离(请参见步骤4g),则应将它们视为独立的爆炸源。

步骤11   构建特定位置爆炸记录历史

对于某一位置的爆炸记录包括非受阻区域的爆炸参数和爆炸形状,叠加上受阻区域的爆

炸参数和形状。

对于低点火能量和开放(3-D)环境，GAME 关系为

$$p_{\max} = 0.84\left(\frac{VBR \times L_{\mathrm{p}}}{D}\right)^{2.75} S_{\mathrm{L}}^{2.7} D^{0.7} \qquad \text{式}(6.26)$$

而低点火能量与平行平面(2-D)之间的约束关系为

$$p_{\max} = 3.38\left(\frac{VBR \times L_{\mathrm{p}}}{D}\right)^{2.25} S_{\mathrm{L}}^{2.7} D^{0.7} \qquad \text{式}(6.27)$$

式中　$p_{\max}$——蒸气云爆炸的超压值，bar；

　　　VBR——蒸气云的体积阻塞比，比如障碍物占据的体积比；

　　　L_{p}——火焰轨迹长度，着火点到障碍物外缘的最长距离，m；

　　　D——蒸气云里障碍物的平均直径，m；

　　　S_{L}——燃料的理论火焰速度，m/s。

上述 $p_{\max}$ 通过环境压力进行归一化，以得出 r_0 处的压力和爆炸源强度，正如图 6.41 多能法爆炸曲线中所描绘。值得注意的是，障碍物平均直径可以通过多种方法计算。Mercx（1998 年）发现，在大多数情况下，液压平均直径与火焰路径长度等于半球半径，该半球体积等于安全上限的受阻区域体积。

对于待考察的受阻区域长宽比，Mercx 提供了相关指导。受阻区域的长度为 L，宽度为 W 和高度为 H。如果存在受限平面（除了地面），那么在下列情况下也是可以的：

- $L>5H$；
- $W>5H$；
- 受限平面的尺寸大约与 L 和 W 相等。

式(6.26)的使用可以参照 MERGE 数据库。MERGE 数据库采用实验数据的上限值，采用三维管状障碍物的平均配置获得的。障碍物分布中均匀性缺乏可以证明存在一个更低的爆炸超压（Mercx，1998 年）。Hjertager（1993 年）和 Harrison and Eyre（1986 年，1987 年）的实验数据库可分别用来预估管状障碍物在双向和单向下的超压值。如图 6.42 所示，与 MERGE 数据相比，在可比的受阻程度和受阻水平下，Hjertager 和 Harrison/Eyer 数据通常比 MERGE 低一个数量级。

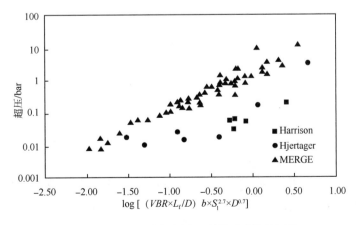

图 6.42　三个数据库中同一参数对应的超压值

6.4.4 BST 法

Strehlow 等人(1979 年)对由恒定速度和加速火焰在球形几何体中传播产生的爆炸波进行了一维数值研究。这项研究生成了无量纲超压和距云中心能量尺度距离的函数正脉冲图。Baker 等(1983 年)将实验数据与 Strehlow 的数据进行比较,并开发了可用于研究和事故调查的爆炸预测新方法。

由于当时计算能力有限,原始 Strehlow 曲线的数值计算仅在比例缩放的 Sach 距离上进行,尺度范围从 2 外推至 10。Tang 等人(1996 年,1998 年)将 Strehlow 曲线与其他数值计算和实验结果进行了比较,发现 Strehlow 超音速曲线在远场中衰减太慢,并且明显偏离其他曲线。

Tang 和 Baker(1996 年)用更先进数值模型修正了爆炸曲线,被称为"Baker-Strehlow-Tang"(BST)爆炸曲线,以区别于原始的 Strehlow 曲线。与原始 Strehlow 曲线相似,BST 曲线基于拉格朗日坐标系中的一维数值计算。但采用了多种方法以改进数值结果。一种方法是采用冲击恢复技术,其中使用基本冲击关系校正单位时间步长的峰值压力,以防止在单位时间步长爆炸压力的消耗。另一种方法是通过最大限度地减小人工黏度项对压力峰值的影响来优化数值计算,同时仍保持数值稳定性。通过优化数值参数和改进模拟技术,BST 曲线接近于经验结果,但在数值模型中保持最慢爆炸波衰减方面仍然很保守。

BST 曲线用表观火焰速度 M_f 表示,与实验测量中的观察结果一致。开发了一套完整的爆炸曲线,包括正负峰值超压、正负脉冲、正负相位持续时间、波前到达时间以及最大粒子速度与分离距离。

正相 BST 冲击波曲线如图 6.43 和图 6.44 所示,负相参数如图 6.45 和图 6.46 所示。根据 Sach 的缩放定律对爆炸参数和距离进行无量纲化,如下所示:

$$\bar{p} = \frac{p-p_0}{p_0} \qquad \bar{p}^- = \frac{|p-p_0|}{p_0}$$

$$\bar{i} = \frac{ia_0}{E^{1/3}p_0^{2/3}} \qquad \bar{i}^- = \frac{i^- a_0}{E^{1/3}p_0^{2/3}}$$

式中　p_0——环境压力;

　　　a_0——常温常压下声速;

　　　p——绝对峰值压力;

　　　R——间隔距离;

　　　E——爆炸能量;

　　　i——某个正向脉冲;

　　　i^-——某个负向脉冲。

注意:使用单位量纲保持一致。

BakerRisk 根据经验数据发展了确定最大火焰速度的指导规则,利用 M_f 选择合适的爆炸曲线。Baker(1994 年)发表早期指南,随后进行了更新(Baker,1997 年;Pierorazio,2004 年)。为了更准确预测火焰速度,目前正在开展实验。

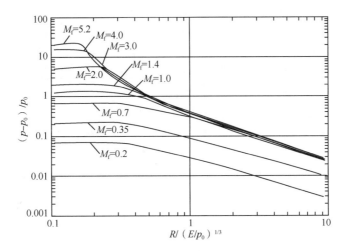

图 6.43 不同火焰速度下 BST 正向超压与距离的关系

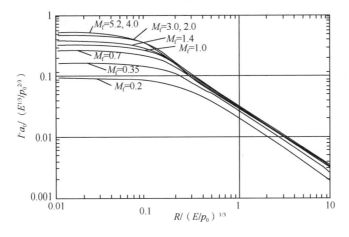

图 6.44 不同火焰速度下 BST 正向脉冲与距离的关系

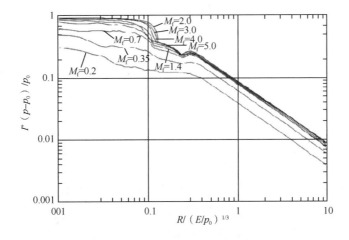

图 6.45 不同火焰速度下 BST 负向超压与距离的关系

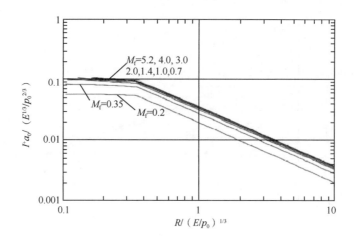

图 6.46　不同火焰速度下 BST 负向脉冲与距离的关系

　　Pierorazio 等(2004 年)综述了 1995 年以来进行的一系列中等规模的蒸气云爆炸测试，文中首次报道了空旷但拥挤体系的 BST 火焰查询表，该表内估值不保守。在最初制定 BST 指南之后，即可获得有关无约束但拥挤体系的中型和大型蒸气云爆炸测试数据。Pierorazio 等人(2004 年)提出的 BST 火焰相关性，如表 6.13 所示。在表 6.13 中指定了 DDT 可能存在的约束性，拥挤性和反应活性的组合情况。在使用 BST 方法时，DDT 情况选择的是 Mach 5.2(爆轰)爆炸曲线。

表 6.13　BST 火焰速度相关表(无 M_f 的 Mach 火焰速度)(2004 年 Pierorazio 等提出)

约束性	反应活性	拥挤程度		
		高	中	低
2-D	高	DDT	DDT	0.59
	中	1.6	0.66	0.47
	低	0.66	0.47	0.079
2.5-D	高	DDT	DDT	0.47
	中	1.0	0.55	0.29
	低	0.50	0.35	0.053
3-D	高	DDT	DDT	0.36
	中	0.50	0.44	0.11
	低	0.34	0.23	0.026

　　BST 火焰表中 2.5-D 的数值由 Baker 等人(1997 年)引入，由 Pierorazio 等人(2004 年)继续更新得到的，以用于火焰前缘被拥堵部分在一个维度上阻止继续扩展的情况(图 6.47)。例如，紧密堆积管道的管廊，部分覆盖的固体平台以及轻型屋顶或者以相对较低的超压移动的易碎面板等。正如以上所描述的，当具有相同阻塞性和燃料反应活性

时，可以通过在 2-D 和 3-D 值的简单平均值
来获得 2.5-D 值。

BST 火焰速度相关性的早期版本（Baker，
1994 年，1997 年）包含 1-D 约束。管状约束
情况下不再包含 1-D 数据，这是因为在管状
约束中最大火焰速度是不仅与管子几何形状
（弯头、三通等），燃料反应活性和内部阻塞
程度有关，还取决于长径比。值得注意的是，
1-D 约束对火焰加速的反馈机制有很强的影
响。即使在低阻塞情况下，许多燃料也能在长
管中实现 DDT。因此，建议将 1-D 几何形状
作为特殊情况处理，并考虑管子的长径比。即
评估 DDT 的可能性时要同时考虑几何尺寸、
拥挤性和燃料反应活性。

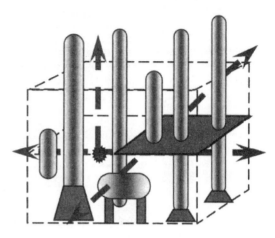

图 6.47　2.5-D 火焰扩展几何结构

BST 法中应当考虑能量项 E，即表示蒸气云的部分爆炸波所释放的热量。对蒸气云的
排放/扩散建模，以估算可燃蒸气云的整体大小和拥挤区域中的蒸气云大小。在易燃蒸气
云未充满拥挤体积的情况下，可能需要采用多个排放方向来确定可作用于接收物（建筑
物、处理设备等）的最高爆炸载荷。当拥挤部分充满了化学当量的燃料-空气混合物时，
可以简单假设将爆燃作为上限情况。DDT 可能涉及拥堵之外的燃料，但尚未发表 DDT 有
关确定能量的报道。

获得能量值之后，还将其乘以地面反射系数（即半球膨胀系数），这是因为 BST 曲线基
于球形爆炸模型。对于与地面接触的蒸气云，地面反射系数通常为 2。如果蒸气释放升高并
且没有扩散到地面，则必须选择介于 1 和 2 之间的因数，因为大多数蒸气云爆炸相对靠近地
面，因此因数为 2.0 是合适的。

BST 法是针对外部体系的蒸气云爆炸发展的。目前 BST 法尚未解决内部体系蒸气云爆
炸的情况，包括通风爆燃。在所有其他因素相同的情况下，与没有外部包裹外壳的同一过程
相比，封闭过程将产生更高的源爆炸压力。若将外部蒸气云爆炸模型应用于内部蒸气云爆炸
体系可能会低估爆炸源压力。因此需要进行调整以解决强度增加的实际情况。

BST 法要求根据约束性，阻塞性和燃料反应活性的综合影响来选择最大火焰速度。约束
等级为 3-D、2.5-D 或 2-D。

阻塞性

阻塞是指阻碍火焰前缘通过的障碍，这些障碍足够使形成湍流，提高火焰速度，而又不
会阻止膨胀。如表 6.14 所示，障碍物密度分为低、中和高三个类别，这些类别基于面积阻
塞率（ABR），间距和障碍物的"层数"。事实上，阻塞性是最难评估的参数。一般对于实际
车间的几何结构，较高的面积阻塞率会导致较高的湍流强度，因此会导致较高的火焰速度和
超压。

表 6.14　BST 方法中阻塞程度的描述

类型	平面内的阻塞率 ABR	障碍层间距	几何结构
低	$ABR \leqslant 10\%$	1 或 2 层障碍物	
中	$10\% < ABR < 40\%$	2 或 3 层障碍物	
高	$ABR > 40\%$	3 层以上紧密堆积障碍物	

定义车间内的阻塞程度需要对车间进行观察，需要穿越阻塞的区域，到达中心时，请观察：

- 所有方向上中心到阻塞区边缘的最短路径；
- 最接近阻塞边缘的障碍物数量；
- 阻塞的"层数"；
- 近似的面积阻塞率。

低阻塞程度可以定义为 $ABR \leqslant 10\%$ 且间距 $\geqslant 8D$，其中 D 是障碍物的直径。作为一个简单的规则，如果很容易穿过相对畅通的区域，并且只有一层或两层"障碍"，则可以认为阻塞程度很低。

中等阻塞可以定义为 $ABR\ 0 \sim 40\%$ 且 $4D \sim 8D$ 间距之间。当穿过中等阻塞的区域时，很难直接通过，通常需要采用间接路径。

高度阻塞可以定义为 40% 以上的 ABR 和间距 $<4D$。由于障碍物之间没有足够的空间可以直接通过，并且连续的层阻止了通过该区域的穿越，因此不可能通过该阻塞区域。此外，紧密障碍物的重复层阻挡了从阻塞区域的一侧边缘到相对侧的视线。

低和高阻塞情形的评估是最容易的，中等程度阻塞的评估最难。如果很难确定某个区域的阻塞等级，最周全的做法是选择两个等级中较高的等级(低至中，或中至高)。

燃料反应活性

燃料反应活性用于描述在给定燃料蒸气云爆炸中火焰加速的趋势。最初的 BST 法采用了 TNO(Zeeuwen，1978 年)发展的低、中和高三个反应活性等级。之后 Taylor(1988 年)对此进行了修订。认为决定燃料反应活性的因素是层流(基本)燃烧速度和燃料膨胀。一般来说，中等反应活性的单组分燃料的燃烧速度在 45~75cm/s 之间。低反应活性和高反应活性燃料通常分别小于 45cm/s 和大于 75cm/s(Baker，1997 年；Pierorazio，2004 年)。

Baker(1994 年)发表 BST 方法之后，人们认识到混合物的火焰速度与燃料组成成正比，比较保守地将含有 3% 高反应活性燃料的混合物视为高反应活性。Puttock(1995 年)认为，氢气-丙烷混合物含 40% 的氢气可达到 80cm/s 的燃烧速度，具有很高的反应活性。Baker

(1997 年)提出，可以使用 Le Chatelier 的原理来计算涉及不同反应活性类别的燃料混合物的燃烧速度，如式(6.28)所示。

$$V_B = \cfrac{100}{\cfrac{x_1}{V_{B_1}} + \cfrac{x_2}{V_{B_2}} + \cfrac{x_3}{V_{B_3}} + \cdots}$$

式(6.28)

式中　　V_B——燃料混合物的层流燃烧速度，cm/s；

x_1，x_2，x_3——混合物中每一组分的摩尔比例；

V_{B_1}，V_{B_2}，V_{B_3}——混合物中每一组分的燃烧速度，cm/s。

对于包含氢气(高反应活性)和丙烷(中反应活性)的混合物，可以通过上述方程式求解氢气最小摩尔分数。若燃烧速度达到 75cm/s，氢气浓度(x_1)为 45%(mol)，与 Puttock 的实验合理吻合。

Puttock 的实验显示含 10%氢气的甲烷(燃烧速度为 40cm/s，低反应活性)的行为类似于丙烷(燃烧速度为 46cm/s，中反应活性)。使用上述方程式计算该混合物的最终燃烧速度，得出 $V_B = 44$cm/s。这接近丙烷的燃烧速度，根据指导规则可以视为中反应活性。

正如上文提到，除了燃烧速度以外，还有其他因素可以影响燃料的反应活性，这会导致某些中低反应活性燃料的燃烧速度在 45cm/s 附近重叠。例如，一氧化碳是低反应活性燃料，燃烧速度为 46cm/s，而正丁烷是中反应活性燃料，燃烧速度为 45cm/s。保守的方法是，如果燃烧速度低于 40cm/s，或者如果混合物中的所有组分均为低反应活性(与燃烧速度无关)，则将混合物认为低反应活性；对于大于 75cm/s 的燃烧速度，则认为高反应活性。所有其他情况则认为中等。低反应活性燃料的例子包括甲烷，一氧化碳和氨气。高反应活性燃料包括乙烯、环氧乙烷、环氧丙烷、乙炔和氢气。

潜在爆炸点(PES)

潜在爆炸点(PES)定义为将易燃蒸气云引入并点燃的阻塞和/或约束区域(Baker，1997 年)。每个潜在爆炸点都是根据其约束和拥挤情况进行评估。当一个潜在爆炸点可能包含几个具有不同阻塞和约束类别的区域时，多个不同区域会平均为一个阻塞和约束的区域。

当几个阻塞/约束区域相邻或非常接近时，对于给定的爆炸场景，它们被评估为一个复合潜在爆炸点。这是因为火焰前缘不会在区域之间减速，产生单个爆炸波。不同的是，在阻塞/约束区域被未阻塞/未约束的区域(即空的)充分分隔开的情况下，可以看作是几个独立的潜在爆炸点。空的空间可以使火焰充分减速，从而产生两个独立的爆炸波(每个拥挤区域一个)。空旷区域小于 15ft(4.6m)时，BST 方法中将其视为单个潜在爆炸点。如果各个区域的边缘充满重复的障碍物时，通常区域之间至少 30ft(9.1m)的距离以上才形成单独的潜在爆炸点。或者区域边界上没有密集障碍物或区域边界大部分高于 15ft 分隔空间，或者密集障碍物占据了大部分区域边界，大部分高于 30ft 分隔空间。

来自多个潜在爆炸点和点火源的爆炸荷载

Baker(1997 年)提出了两种用来估测来自多源爆炸脉冲形成等效三角脉冲的方法。第一种方法(方法 1)是使用两个峰值压力中的较大者，求和，并计算等效三角荷载的持续时间。

第二种方法(方法2)是使用最高有效脉冲的持续时间,求和,并为等效三角形求解有效峰值压力。

方法1通常是保守的。然而,对于有弹性或稍有塑性的体系,当爆炸持续时间(t_a,不是t'_d)约等于或小于自然频率时,方法1是合适的。如果爆炸持续时间大于自然频率(通常对于较大蒸气云爆炸),或者发生明显塑性变形的任何情况下,则方法1趋于保守。考虑到政府和工业界的公认做法是允许易碎建筑构件遭受意外爆炸的明显塑性变形,方法1提供了保守的结果,但与方法2相联合避免了过于保守的估测。如果使用方法1产生的弹性或略有塑性响应,那么在爆炸过程中的实际响应稍大,通常这对于延性系统是可以接受的。

方法2一直是保守的,并且在压力敏感状态下过于保守(负载持续时间远大于建筑物或组件的固有频率)。对于具有弹性或仅具有少量塑性(最大偏差是弹性极限偏差的1.5倍或更小)的系统尤其如此。

建议将方法1用于选址分析(单个预测峰值压力的最大值,通过减少脉冲来延长持续时间);建议将方法2用于详细选址分析或建筑物升级设计过程。如果有足够的信息可用来准确预测荷载历史,则可以分析建筑物的多脉冲荷载。

BST 分析步骤

步骤1 输入定义

BST方法根据以下输入参数来估算距蒸气云爆炸源一定距离处的爆炸压力负荷:

阻塞高度,L_h;

阻塞宽度,L_w;

阻塞长度,L_a;

约束等级(3-D, 2.5-D, 2-D);

阻塞等级(低、中、高)。

材料性质

燃料反应活性(低、中、高);

燃烧热能,H_e;

燃料摩尔质量,MW;

声速,α_o;

大气压力,p_0;

气相常数,R_g。

步骤2 估算蒸气云爆炸能量

步骤2a 通过化学完全燃烧反应来确定燃料的当量浓度。

比如,对于丙烷:

$$C_3H_8 + 5(O_2 + 3.76N_2) \longrightarrow 3CO_2 + 4H_2O + 18.8N_2$$

当量浓度:

$$\eta = \frac{燃料(mol)}{燃料-空气(mol)} \qquad 式(6.29)$$

步骤 2b 确定燃烧体积中气体摩尔数

$$n = \frac{p \cdot V}{R \cdot T}$$

式（6.30）

式中 　p——大气压力，Pa；

　　　V——易燃的燃料–空气混合物的阻塞体积，m^3；

　　　R——通用气体常数，kJ/mol·K；

　　　T——温度，K。

以上用于爆燃过程中阻塞易燃云是适合的，但不适合 DDT 体系。

步骤 2c 定义燃烧能量 E

$$E = 2n\eta(\text{分子质量})(\text{燃烧热})$$

式（6.31）

因数 2 说明存在地面加倍反射能量。

步骤 3 定义火焰速度

对于预设阻塞/约束等级和燃料反应活性，可在表 6.13 中找到对应的火焰速度。

步骤 4 计算按比例缩小的间隔距离

以下公式用于计算按比例缩放距离：

$$\bar{R} = R \cdot \left(\frac{p_0}{E}\right)^{1/3}$$

式（6.32）

式中 　$\bar{R}$——按比例缩放的间隔距离；

　　　R——要求的距离。

在 BST 爆炸曲线里，缩放压力 $\bar{p}_{so}$ 和缩放冲量 $\bar{i}_{so}$ 都可以根据 $\bar{R}$ 计算获得。

步骤 5 计算实际的侧面压力

$$p_{so} = \bar{p}_{so} \cdot p_0$$

式（6.33）

步骤 6 计算实际的侧面脉冲

$$i_{so} = \frac{\bar{i}_{so}(E)^{1/3} \cdot (p_0)^{2/3}}{a_o}$$

式（6.34）

6.4.5 阻塞评估法（CAM）

6.4.5.1 阻塞评估法概述

阻塞评估法（The Congestion Assessment Method，CAM）最初由 Cates 于 1991 年开发，并由 Puttock（1995 年，2001 年）更新，是用一种简化方法估算蒸气云的源超压 p_{max} 和与距离相关的爆炸压力脉冲。目前，最常用的版本称为 CAM2。在本章的其他部分里，CAM2 方法将简称为阻塞评估法。

从 Shell、TNO 和 BG Technology 的实验数据中可以通过经验关系预测蒸气云爆炸超压（Snowden，1999 年；Mercx，1993 年）。实验考察了在三个坐标方向上定向且相交的圆柱体网格组成 2~9m 的半立方体空间里，一半填充的甲烷、丙烷和乙烷的蒸气云爆炸。实验中考察了不同的气缸直径和间距情形。还有一些实验结果（Snowden，1999 年；Van Wingerden，1988 年；Visser，1991 年）被用于有顶阻塞空间里预测模型的构建。

阻塞评估法根据燃料和阻塞特性来估算源超压（该超压产生于地面上阻塞的车间区域）。区域的阻塞情况需分别考察三维方向（包括两个水平方向和一个垂直方向）上的阻塞情况。

根据源超压、阻塞量和距离阻塞的长度来预测阻塞区域外的超压。

6.4.5.2　CAM 输入

CAM 使用两种燃料特性来表征燃料的反应活性对爆炸荷载的影响：层流燃烧速度 U_0（单位为 m/s）和膨胀比 E（未燃燃料与已燃燃料的密度比值）。以上两参数的关系方程定义为燃料系数 F。表 6.15 中列出了几种常用燃料的燃料系数。对于未在表里列出的燃料可以通过 U_0 和 E 计算获得。公式如下：

$$F = \frac{\left[U_0(E-1) \right]^{2.71} \big|_{\text{燃料}}}{\left[U_0(E-1) \right]^{2.71} \big|_{\text{丙烷}}} \qquad \text{式（6.35）}$$

表 6.15　阻塞评估法中常用燃料的燃烧系数 F 和膨胀比 E

燃料	燃料系数 F	膨胀比 E	层流燃烧速度 $U_0/(\text{m/s})$
甲烷	0.6	7.75	0.448
丙烷	1.0	8.23	0.464
丁烷	1.0	8.34	
甲醇	1.0	8.22	
乙烯	3	8.33	0.735

第二类有关的参数与阻塞特性有关，根据车间的长度（x 方向）、宽度（y 方向）和高度（z 方向）计算获得：

- 障碍物行数，$2n_x$、$2n_y$、$2n_z$；
- 障碍物行在三个方向上的平均面积阻塞：b_x、b_y、b_z［需要注意的是边缘锋利的障碍物（例如，梁）的影响会比管道大，并且应将障碍物系数增加到 1.6］；
- 阻塞的长度、宽度和高度：$2L_x$、$2L_y$、L_z。

注意，长度定义为 $2L_x$ 时，水平和垂直方向均可以使用相同的计算。

真正的车间具有许多不同尺度范围的障碍，会产生更多复杂的火焰表面而不是成排的均匀圆柱，会导致更快的加速火焰，从而产生更高的超压。因此，典型工厂的"复杂度系数"f_e 定为 4.0。

此外，必须定义阻塞体积 $V_0(\text{m}^3)$。CAM 模型中使用源体积由宽度、长度和阻塞体积的高度，再加上 2m 得到。比如：$(2L_x+4)(2L_y+4)(L_z+2)$。

6.4.5.3　严重程度指数

CAM 使用"严重性指数"（Severity Index）S 的概念作为在将实验数据外推到实际条件时获得源超压的一种手段。需要指出的是，"严重性指数"与多能法相关的 TNO 严重性级别无关。通过使用 SCOPE 3 现象学模型（Puttock，2000 年）可以得到该指数与源超压之间的关系，适用范围广泛。该方程为

$$S = p_{\max} \cdot \exp\left(0.4 \frac{p_{\max}}{E^{1.08} - 1 - p_{\max}} \right) \qquad \text{式（6.36）}$$

式中　S——严重性指数，bar；

　　　E——膨胀比；

$p_{\max}$——源超压，bar。

指定严重性指标后，将使用图 6.48 计算源超压。

6.4.5.4 CAM 解决方法

以上参数输入确定之后，通过以下五个步骤进行 CAM 估测：

步骤 1 确定严重性指数与阻塞参数的关系

当没有顶时，首先需要确定 x 和 y 方向以及 z 方向。在以下等式中，i 依次表示 x、y 或 z。S_x、S_y 和 S_z 的计算公式为

$$S_i = 0.8 \times 10^{-3} f_c F L_i^{0.55} n_i^{1.99} \exp(6.44b) \quad 没有顶 \qquad 式(6.37)$$

$$S_i = 1.1 \times 10^{-3} f_c F L_i^{0.55} n_i^{1.66} \exp(7.24b_i) \quad 有顶 \qquad 式(6.38)$$

式中　　L_i——长度，m；

　　　　S_i——压力，bar。

步骤 2 各个方向的平均严重性指数

$$S = (S_x + S_y + S_z)/3 \quad 没有顶 \qquad 式(6.39)$$

$$S = (S_x + S_y)/2 \quad 有顶 \qquad 式(6.40)$$

步骤 3 根据严重性指数确定源超压 p_{max}

通过严重性指数和式(6.36)迭代可以得到峰值或源超压 p_{max}。或者本书笔者建议先通过假设：

$$X = E^{1.08} - 1 \qquad 式(6.41)$$

然后将严重性指数除以该值即可得到 S/X。接着，通过图 6.48 获取 p/X 的值。最后，将 p/X 乘以 X，以获得估算的气源压力 p_{max}。

步骤 4 计算有效云半径

利用总阻塞体积，CAM 方法通过以下方程计算有效半径 R_0：

$$R_0 = \left(\frac{3V_0}{2\pi}\right)^{1/3} \qquad 式(6.42)$$

步骤 5 计算一定距离的自由场压力

从图 6.49 可以看出距拥堵区域边缘一定距离 $r(\text{m})$ 处的超压 $p(\text{bar})$。

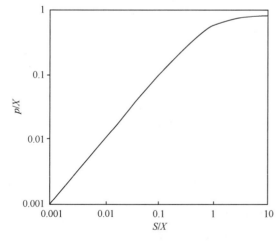

图 6.48　比例缩放的源超压值与比例缩放的
严重性指数之间的关系

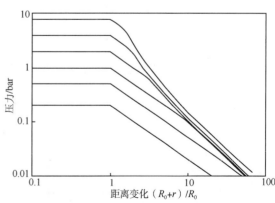

图 6.49　CAMS 随距离变化的压力衰减关系
$(R_0+r)/R_0$，p_{max} 从下到上分别为
0.2bar、0.5bar、1bar、2bar、4bar 和 8bar

步骤6　估算脉冲持续时间和形状

通过无量纲距离参数 d_f 可以确定在一定距离的脉冲持续时间：

$$d_f = \left(\frac{r}{R_o}\right)\left(\frac{p_{max}}{p_0}\right)^2 \qquad 式(6.43)$$

式中　p_0——环境压力，bars。

正相持续时间 t_d（单位为 s）由下式估算：

$$t_d = C - \frac{R_0}{\sqrt{p_0'/\rho_{air}}} \qquad 式(6.44)$$

式中　p_0'——源超压，Pa；

ρ_{air}——空气密度，约为 1.2 kg/m³。

当 $d_f < 5$ 时，$C = 0.65$

当 $5 < d_f < 20$ 时，$C = 0.65(d_f + 10)/15$ 　　　式(6.45)

当 $d_f > 20$ 时，$C = 1.3$

6.4.5.5　CAM 的其他注意事项

Puttock（2001 年）对 CAM 方法进行了调整，认为应该考虑到以下因素：

- 墙——当存在墙时，应该考虑反射系数。
- 狭长区域——尺寸较小的工厂中横向通风可能会限制火焰加速，因此需要定义有效的工厂长度。
- 部分填充——定义一种计算要填充的拥挤体积的方法。

6.4.6　数值仿真法

6.4.6.1　计算流体动力学（Computational Fluid Dynamics，CFD）模型

如第 6.2 节所述，在引燃后，未燃烧的膨胀气流将与障碍物约束相互作用，在火焰之前产生湍流场。湍流燃烧提高了能量释放速率和流速，导致火焰前的湍流进一步增加。这种强大的正反馈机制会导致火焰加速，并转而增加蒸气云爆炸荷载。蒸气云爆炸的计算流体动力学（CFD）模型已将重点放在这种湍流燃烧火焰加速机制上。计算机更快更强大的计算能力，再加上计算瞬态湍流的数值改进技术，使得可以更详细地模拟气体爆炸中的湍流状态和预混燃烧过程。许多 CFD 代码均可用于气体爆炸建模。相关的气体爆炸模型可以在文献中找到（Hjertager 等人，1996 年；Lea&Ledin，2002 年）。

然而截至目前，CFD 模型无法对 DDT 进行建模。应使用爆炸曲线法处理高反应活性燃料可能会出现 DDT 的情况。

下面章节将简要介绍 CFD 方法和目前 CFD VCE 代码中的几何细节，并讨论此类代码中使用的湍流和燃烧子模型。接着讨论基于实验数据的 CFD 代码验证，最后是 CFD VCE 代码的总结和一个陆上设施气体爆炸的 CFD 建模示例。

6.4.6.2　CFD 方法概述

CFD 模型是基于控制湍流和反应流（例如，爆炸过程）基本方程建立的。这些模型首先

建立一个计算域，该计算域覆盖待考察的物理空间。计算域通过结构化或非结构化网格进行离散化，从而产生足够小的单个控制单元，以捕获与湍流燃烧和由此产生的爆炸波相关的瞬态流场的性质，然后使用适当的数值方案将每个控制单元的控制方程式离散化。CFD 模型通过对所有控制单元的数值迭代方法求解离散方程，从而获得流场特性。相对于经验和现象学爆炸模型，CFD 模型能够在更广泛的条件和几何条件下提供更详细的爆炸描述。除了爆炸载荷(超压和脉冲/正向持续时间)以外，CFD 代码还可以提供气体速度、温度、密度、阻力载荷、湍流参数、物质浓度和其他可以通过计算得到的参数。

值得一提的是，前面章节中介绍的爆炸曲线法(BST 和多能法)是基于 CFD 模型方法建立的。两种方法都是从一维无黏性流体方程发展而来的。BST 爆炸曲线的发展使用的是预设的能量增加速率(即预设火焰速度)的模型。多能量方法使用恒定的体积膨胀率来模拟燃烧区。湍流燃烧过程中与障碍物和约束表面相互作用的基本反馈机制并未直接建模。

CFD 模型中需要有效地实现三方面的数值处理。分别是：

- 质量、动量和能量的守恒方程式(由控制瞬变流的 Navier-Stokes 方程式表示)；
- 几何表示法；
- 处理湍流和燃烧的物理子模型。

由 Navier-Stokes 方程控制的三维可压缩瞬时流体已经进行了半个多世纪的数值研究，得到了众多优秀的数值方法，并且被广泛成功地应用。其中，Godunov(1959 年)发展的方案，Boris(1976 年)和 Book(1976 年)应用的 FCT 方法以及 Harten(1983 年)采用的 TVD 方案是众所周知的数值方法。目前最先进的可压缩瞬态流最新数值方法采用二阶或更高空间和时间精度，足以用于气体爆炸模拟。以下部分将讨论现有所用的几何表示和子模型。

6.4.6.3 几何表示法

典型的陆上处理单元由众多对象(即管道、工艺设备、结构元件、建筑物等)组成，覆盖范围广。为了能准确地模拟蒸气云爆炸，特征尺寸大约为 1ft(2~3cm)的对象必须在几何模型中表示。虽然对待考察的对象几何建模并不是特别困难的问题，但在计算域内用 CFD 如此大量独立单元的表示来模拟实际过程 VCE 模拟而言是一个重要问题。

可以使用已分辨和未分辨的几何对象来近似几何图形。已分辨的对象可以被明确地处理，并对所有对象表面进行网格划分。未分辨的物体可以用孔隙度和分布阻力(porosities and distributed resistances，PDRs)来表示，1974 年 Patankar 和 Spalding 首次提出该方法。Sha 等人(1982 年)继续发展了 PDR 方法，涉及了更先进的湍流模型。结构元件和管道用控制体(CV)面上的区域孔隙度(与堵塞度相反)和控制体(CV)内部的体积孔隙率表示。CV 表面和体内部要么完全打开，要么完全封闭或部分封闭。部分封闭的表面或体内部的孔隙率定义为可用于流体流动的面积/体积分数，所得的孔隙率模型用于计算流动阻力项，小的亚网格物体的湍流源项以及子网格尾流中火焰折叠引起的火焰速度增强。在数值模拟上和实践上，如果对象大于特征尺寸，则将计算域中使用的 CV 进行解析，而小于 CV 特征尺寸将无法解析。

PDR 概念是在几何细节的表征需求与在合理时间内代码运行需求之间的平衡。在一个典型的过程单元中使用包含在一个计算域内的几何对象进行解析是不现实的。在该过程中，模型中必须包含众多不同维度的独立对象。PDR 方法可以模拟处理过程单元蒸气云爆炸。

使用结构化或非结构化网格划分方法，PDR 方法可用于未分辨的对象和复杂的几何形状。

已有为蒸气云爆炸仿真开发的一些专用的 CFD 模型，例如 EXSIM(Hjertager，1996 年)、FLACS(Van Wingerden，1993 年)和 AutoReaGas(Mercx，2000 年)。它们都是基于 PDR 方法的几何划分模型。这些是到目前都一直使用的代码，通常几小时到几天即可完成蒸气云爆炸评估。FLACS 和 AutoReaGas 可直接商购。下一小节将介绍这些 CFD VCE 仿真代码。

6.4.6.4 CFD VCE 代码总结

所有上述 CFD VCE 代码(EXSIM、FLACS 和 AutoReaGas)都是通过 PDR 方法(即未解析的几何对象)以某种形式实现的湍流和燃烧模型。这些模型包含通过与一套蒸气云爆炸实验测试数据比较而设置或调整的众多系数和参数。用于这些工作的测试数据套件相当广泛，涵盖了不同阻塞程度、危险程度、约束程度、燃料混合物成分和尺度范围。然而，我们应该认识到蒸气云爆炸是一个极其复杂的过程。因此，在验证范围之外使用这些代码存在很大的不确定性。即使对于验证范围内的条件，上面讨论的 CFD VCE 代码也会产生明显不同的结果。由于这些限制，建议 CFD VCE 代码的用户具有非常强的蒸气云爆炸实验研究背景。用户应在计算之前了解预期的行为(例如，预期的爆炸荷载范围)，并因此能够确定计算的结果是否合理，并与现有的 VCE 测试数据保持一致。另外，应该就特定的 CFD 代码对用户开展良好的培训。

另一类已用于预测蒸气云爆炸的爆炸载荷的 CFD VCE 代码是 BWTI(Blast Wave Target Interaction，爆炸波目标相互作用)(Geng 和 Thomas，2007a，2007b)和 CEBAM 计算爆炸与爆炸评估模型(Clutter，2001 年)。表 6.16 列出这些代码与 AutoReaGas 和 FLACS 比较的异同。与 AutoReaGas 和 FLACS 可以解决 Navier-Stokes(N-S)方程并模拟详细的湍流燃烧不同，BWTI 和 CEBAM 均使用简化的燃烧模型。在该模型中，用户指定了火焰速度，并将其建模为能量波(Luckritz，1977 年)。阻塞区域内的火焰速度是根据 BST 火焰速度表确定的(Baker，1998 年)。火焰速度表中的火焰马赫数取决于火焰膨胀的尺寸(有限制)、燃料反应活性和阻塞程度。

表 6.16 预测蒸气云爆炸荷载的集中 CFD 代码比较

CFD 代码	基本方程	几何构建	物理亚模型	待考察的爆炸场
BWTI	Euler(N-S)	已解析，非结构网格	设定火焰速度能量波	近场到远场(与目标结构相互作用)
CEBAM	Euler(N-S)	已解析，结构网格	设定火焰速度能量波	近场到远场(与目标结构相互作用)
AutoReaGas	N-S	未解析，非结构网格	湍流燃烧	云内，近场
FLACS	N-S	未解析，非结构网格	湍流燃烧	云内，近场

此类 CFD VCE 代码(BWTI、CEBAM)的优点在于，使用火焰速度表可以消除湍流燃烧建模的困难。代码中采用的解析网格公式允许不规则几何形状。这些代码的主要应用领域是工程级别的分析，其中涉及与爆炸波屏蔽和聚焦相关的场景。然而忽略这些效应的简化模型将会导致预测结果的不准确性。

6.4.6.5 处理湍流和燃烧的物理子模型

CFD 代码中使用的物理子模型(湍流和燃烧模型)总结如下：所有代码都对控制方程使用有限域近似，包括湍流和燃烧速率。Launder 和 Spalding(1974 年)的 kε 模型考虑了湍流效应。Arntzen(1998 年)的 FLACS 代码使用燃烧速度控制火焰模式，其中燃烧速度经验值是根据 Abdel-Gayed 等人(1987 年)提供的经验性的实验数据和 Bray(1990 年)提出的 Bray 火焰速度相关性数据得到。Magnussen 和 Hjertager(1976 年)使用 EXSIM 代码提出的涡流耗散燃烧模型。AutoReaGas 中的湍流燃烧速率用涡流分解模型(Spalding，1977 年)，涡流消散模型(Magnussen 和 Hjertager，1976 年)和 Bray 火焰速度相关性(Bray，1990 年)建模。

6.4.6.6 CFD 模型验证

CFD VCE 模拟代码已越来越多地用于安全分析，尤其是在石油和天然气行业。CFD 模拟越来越受欢迎的原因有以下几个：首先，现在广泛使用的计算资源，使在有限的时间内模拟大规模 VCE 成为可能。这使 CFO VCE 仿真在工程项目中的应用变得易于处理。其次，与 CFD 分析相比，大中型蒸气云爆炸实验测试尽管很有价值，但非常昂贵。CFD 分析还可以提供详细的参数研究(例如，燃料-空气云尺寸、组分、点火位置、防治措施等的影响)。然而，CFD 仿真还需要进行广泛的代表性实验测试验证，以增加其用于工程设计和安全分析的可信度。下文将讨论与两个商用 CFD VCE 仿真相关的验证工作。

FLACS(Flame Acceleration Simulator)软件最初是由挪威的克里斯蒂安·迈克尔森研究所(CMR)研究所开发的，用于模拟海上平台中的气体爆炸。在过去的一段时间中，CACS 和 GexCon 对 FLACS 代码进行了不断地改进，并通过一系列爆炸实验进行了验证，其中包括简单的理想化几何图形和具有代表性的工艺设备的实际几何图形。在 Berketvedt (1997 年)和 Arntzen(1998 年)的报道中可以找到对一系列几何图形的爆炸实验和结果的描述。

AutoReaGas 代码是由 TNO 和 Century Dynamics 共同开发的，并已针对多个关键项目的多次实验得到了广泛验证。这些项目包括 MERGE 和 Blast and Fire Joint Industry(JIP)涉及大规模测试的第二阶段项目(Selby 和 Burgan，1998 年)。

图 6.50～图 6.52 展示了 GexCon(Foisselon、Hansen 和 Van Wingerden，1998 年)开展的 FLACS 仿真计算，验证英国天然气公司(现为 Advantica)在 Spadeadam(英国)进行的 BFETS 测试实验。图 6.50 为测试模块的 FLACS 模型和外部目标分布。外部目标沿 0°、45°和 90°方向设置，以检查方向效应。图 6.51 显示了测量的内部压力历史记录与 FLACS 预测的中心和末端点火历史记录的比较，表明在正相上升时间，正超压以及正负相持续时间方面有很好的一致性。图 6.52 对比了 FLACS 预测和 BFETS 数据，显示了平台外部距离对超压衰减的影响。数值结果和实验数据吻合良好，均显示了爆炸超压在距离和方向影响下衰减趋势。

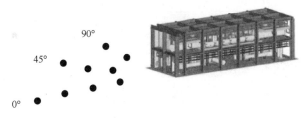

图 6.50 BFETS FLACS 模型与目标分布

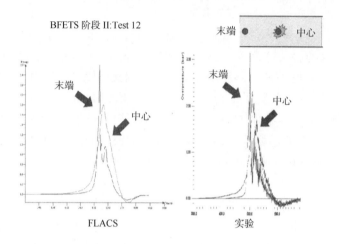

图 6.51　FLACS 仿真结果与实验结果对比(内部压力历史)

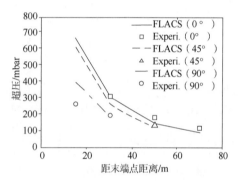

图 6.52　FLACS 仿真结果与实验
结果对比(外部)

所有这些 CFD VCE 代码都可以某种形式通过 PDR 方法实现湍流和燃烧模型。通过与一套蒸气云爆炸测试数据进行比较,这些模型包含一些已经设置或调整的系数和参数。这些整套测试数据相当广泛,涵盖了各种拥堵程度和模式、约束程度、燃料混合物成分和长度尺度。

6.4.6.7　陆上某工艺装置气体爆炸的 CFD 模拟示例

本节提供了利用 FLACS 代码 CFD 模拟陆上工艺装置气体爆炸的演示示例(Arntzen,1998 年)。图 6.53 显示了过程单元利用 FLACS 模型处理的几何形状。如图所示,模型中放置了四栋建筑物,分别位于两侧和两端。每个建筑物到单位中心的距离相同。点火位置在装置的东南角。图 6.54 显示了火焰轮廓的示例。

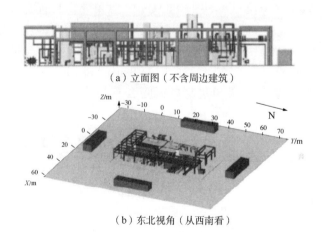

(a)立面图(不含周边建筑)

(b)东北视角(从西南看)

图 6.53　陆上装置的 FLACS 模拟

东视角（从西看）

图 6.54　火焰前轮廓

图 6.55 显示了所选时间的压力等值线。向北发展的火焰将爆炸波聚焦到位于处理单元北部的建筑物，冲击波在约 1.15s 时到达该建筑物。处理单元另一侧的建筑物承受相对较低的爆炸负荷。这种近场爆炸负荷的不对称性是不能用简化的爆炸曲线方法来预测的。

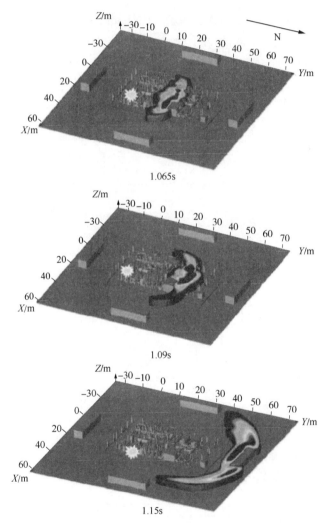

图 6.55　选定时间的气压等值线(东北视角)

6.5　计算案例

6.5.1　TNT 当量法计算案例

传统的 TNT 当量法规定了蒸气云中释放或存在的可燃物质总量(无论是否在可燃性范围

内混合)与表示云爆炸严重性的 TNT 等效质量之间的比例关系。比例系数(称为 TNT 当量、产率系数或效率系数)的值是直接从大量蒸气云爆炸的损害模式中推导出来的。多年来,许多权威机构和公司都制定了用来估计云中可燃物质数量的方法,以及规定当量或当量系数的值。文献综述也列出了多种方法。

6.5.1.1 储存地点的蒸气云爆炸危险评估

案例:如图 6.56 所示,一个开放的油库由三个丙烷球罐(表示为 F9110、F9120 和 F9130)和一个直径 50m 的丁烷储罐(表示为 F9210)组成。为了减少来自土壤的热量,将丁烷储罐放置在比高出地面 1m 处混凝土塔阵上,油库旁边设有一个可容纳 100 辆汽车的停车场。在这一环境下,意外释放了 20000kg 丙烷。丙烷从罐 F9120 直径为 0.1m 的卸载管线泄漏处泄漏出来。丙烷在约 8bar 的超压力下释放,并与空气在高速射流中混合。

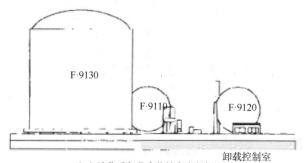

(a)液化碳氢化合物储存库的侧视图

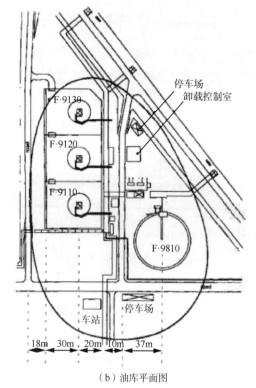

(b)油库平面图

图 6.56　油库布局

计算由假定的丙烷释放产生蒸气云的爆炸 TNT 当量，并计算潜在的爆炸效应。由于易燃的丙烷-空气云密度大，所以它以薄层的形式扩散，并且覆盖了罐区和停车场在内的大片区域。图 6.56(b) 中给出了油库平面图。

数据：

丙烷燃烧热 = 46.3MJ/kg；

液体丙烷的平均比热容 = 2.41kJ/(kg·K)；

丙烷的相变焓 = 410kJ/kg；

标准环境压力下丙烷的沸点 = 231K；

环境温度 = 293K；

TNT 燃烧热 = 4.18MJ/kg。

步骤1　确定装料质量

HSE TNT 当量法将蒸气云的潜在爆炸破坏性相当于位于蒸气云中心位置的一个等效质量 TNT 装药爆炸的威力。TNT 的等效质量与燃料云中的燃料量成正比，可以逐步根据以下过程确定：

- 使用式(6.46)通过实际热力学数据确定燃料的闪燃分数：

$$F = 1 - \exp\left(\frac{C_p \Delta T}{L}\right) = 1 - 2.718\left\{-\frac{[2.41\text{kJ}/(\text{kg}\cdot\text{K})](293\text{K}-231\text{K})}{410\text{kJ}/\text{kg}}\right\} = 0.31 \quad \text{式}(6.46)$$

- 云中燃料质量等于闪燃分数乘以释放燃料量。考虑到喷雾和气溶胶的形成，应将云存量乘以 2(云中的燃料质量不能超过释放燃料总量)。因此，云存量等于：

对于丙烷：　　　　　　　　　$W_f = 2 \times 0.31 \times 20000\text{kg} = 12400\text{kg}$

- TNT 的等效物料权重可以通过式(6.47)计算：

$$W_{\text{TNT}} = \alpha_e \frac{W_f H_f}{H_{\text{TNT}}} = 0.03 \times \frac{12400\text{kg} \times 46.3\text{MJ}/\text{kg}}{4.18\text{MJ}/\text{kg}} = 4130\text{kg} \quad \text{式}(6.47)$$

值得注意的是，α 是一个因子，仅表示一个分数。在这里，3% 表示用于定义"等效"TNT 炸药的蒸气云能量的 3%。

步骤2　定义爆炸效果

一旦确定了 TNT 的等效质量(kg)，就可以通过式(6.48)求得爆炸波在距装料 R 处的峰值超压。

$$\overline{R} = \frac{R}{W_{\text{TNT}}^{1/3}} = \frac{R}{(4130\text{kg}_{\text{TNT}})^{1/3}} = \frac{R}{16\text{kg}_{\text{TNT}}^{1/3}} \quad \text{式}(6.48)$$

一旦知道了距装料的霍普金斯标度距离，就可以从图 6.40 的图表中读取相应的侧向峰值超压。表 6.17 列出了不同距离下的情况。

表 6.17　不同距离下的侧向峰值超压

装料距离/m	按比例装料距离/(m/kg$^{1/3}$)	侧向峰值超压/bar
50	3.24	0.68
100	6.48	0.21
200	12.95	0.084
500	32.38	0.025
1000	64.77	0.013

6.5.1.2　化工厂的管道破裂导致蒸气云爆炸

案例：在石化工厂中大量可燃材料在高压和高温下存储和处理，形成蒸气云爆炸危险。例如，1974年6月1日在英国Flixborough的Nypro工厂发生的事件就证明了这一点，其布局如图6.57所示。

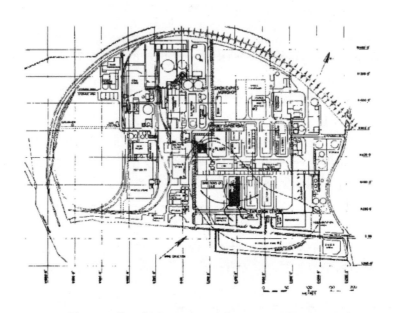

图6.57　位于英国Flixborough的Nypro工厂的平面图

Sadee(1976年/1977年)、Gugan(1978年)和Roberts and Pritchard(1982年)均以该案例为样本作为研究起点。由于氧化装置中两个反应器容器之间的管道破裂(如图)，大量环己烷在高压(10bar)和高温(423K)下在几十秒内释放出来。物料迅速与空气混合，从而形成一个巨大的蒸气云覆盖了工厂大部分区域。除了氧化工厂和己内酰胺工厂(图6.57所示，爆炸中心右侧的第7和27部分)之外，云层或多或少还覆盖了一个氢气车间的大面积开放区域。如果易燃蒸气云在制氢车间的某个地方出现了点火源，大火闪回到泄漏气体中，在氧化厂和己内酰胺厂的密集工艺设备之间，存在着发生剧烈爆炸燃烧的条件，造成的结果是毁灭性的。28人丧生，数十人受伤。工厂车间被完全摧毁。几英里内的窗户都损坏了。根据现有数据重建了蒸气云爆炸的严重程度和爆炸效果。

环己烷的确切释放量尚不清楚，但是它是从一个由5个反应容器组成的系统中逸出的，该容器的总容量为250000kg(Gugan，1978年)。然而，完全释放是不可能。如果假定破裂管道相邻的两个容器几乎完全排出，则将释放出总量为100000kg的环己烷。

数据：

环己烷燃烧热=46.7MJ/kg；

环己烷液体平均比热容=1.8kJ/(kg·K)；

环己烷相变焓=674kJ/kg；

反应堆容器中的温度=423K；

常压下的环己烷的沸点=353K。

步骤1 确定物料质量

如果使用传统的 TNT 当量方法，则蒸气云的潜在爆炸严重性表示为位于云中心的单个等效 TNT 物料。TNT 的等效质量与云中的燃料量成正比，可以逐步根据以下过程确定：

• 使用方程通过实际热力学数据确定燃料的闪燃分数。环己烷在 423K 时的闪燃分数可从方程式计算：

$$F = 1 - \exp\left(\frac{C_p \Delta T}{L}\right) = 1 - 2.718\left\{\frac{[1.8kJ/(kg \cdot K)](423K - 353K)}{674kJ/kg}\right\} = 0.17 \quad 式(6.49)$$

• 蒸气云中燃料质量等于闪燃分数乘以释放燃料量。考虑到喷雾和气溶胶的形成，应将蒸气云存量乘以 2(云中的燃料质量不能超过释放燃料总量)。

假设释放了 100000kg 环己烷，那么云中的燃料质量等于：

$$W_f = 2 \times 0.17 \times 100000kg = 34000kg$$

计算的数值与 Sadee 等人(1976 年/1977 年)的预测一致。

• TNT 的等效物料权重可以通过式(6.50)计算：

$$W_{TNT} = \alpha_e \frac{W_f H_f}{H_{TNT}} = 0.03 \times \frac{34000kg \times 46.7MJ/kg}{4.68MJ/kg} = 10178kg \qquad 式(6.50)$$

步骤2 定义爆炸效果

一旦确定了 TNT 的等效质量(kg)，就可以通过式(6.51)计算 Hopkinson 标定距离来找到爆炸波在距物料一定距离 R 处的侧向峰值超压。

$$\overline{R} = \frac{R}{W_{TNT}^{1/3}} = \frac{R}{(10178kg_{TNT})^{1/3}} = \frac{R}{21.7kg_{TNT}^{1/3}} \qquad 式(6.51)$$

一旦知道了距装料的 Hopkinson 标定距离，就可以从图 6.44 的图表中读取相应的侧向峰值超压。表 6.18 列出了不同距离下的情况。

表 6.18 Flixborough 蒸气云爆炸中不同距离下的侧面峰值超压

装料距离/m	按比例装料距离/(m/kg$^{1/3}$)	侧向峰值超压/bar
50	2.3	1.2
100	4.6	0.39
200	9.2	0.13
500	23	0.04
1000	46	0.018
2000	92	0.010

6.5.2 多能法计算案例

6.5.2.1 多能法——初始强度假设

多能法将蒸气云爆炸视为若干次亚爆炸，并认为蒸气云的爆炸潜力主要取决于蒸气释放和扩散环境的爆炸产生特性。因此，确定爆炸强度和影响的步骤如下：

步骤 1　确定潜在爆炸源

以文献报道的数据(Sadee 等人，1976 年/1977 年；Gugan，1978 年；Robert 和 Pritchard，1982 年)为例来确定潜在爆炸源。如图 6.57 所示的平面图显示蒸气云覆盖了氧化工厂和己内酰胺工厂在内一个相当大的区域以及部分朝向氢气工厂的开放区域。

工艺单元有局部约束的元素：密集间隔的工艺设备安装在由平行混凝土地板组成的开放式建筑物中。覆盖环己烷的氧化和己内酰胺工厂的区域应视为强爆炸源。由于不受约束的且不受阻碍，蒸气云的其他部分对爆炸的贡献不大。

步骤 2　确定等效燃料-空气物料的规模范围

分别考虑每个爆炸源。假定每个被确定为强烈爆炸源的蒸气云中存在全部体积贡献于爆炸的燃料-空气混合物。每个爆炸源都被模拟成半球形的燃料-空气炸药。按照化学当量组成并将每个源的体积乘以燃料的燃烧热($3.5MJ/m^3$)，可以计算得到每种物料贡献的燃烧能量。

单一强爆炸源的潜在爆炸严重性的物料规模可以通过计算可燃混合物在部分受限空间内的燃烧能量获得。在这种情况下，平行的混凝土楼板之间的空间，被己烷氧化工厂和己内酰胺工厂内密集间隔设备所阻碍。根据图 6.57 的尺度，可以对蒸气的部分封闭或阻塞体积 V 进行估算：

$$V = 100\text{m} \times 50\text{m} \times 10\text{m} = 5 \times 10^4 \text{m}^3$$

该体积对应的燃烧能量为

$$E = 50000\text{m}^3 \times 3.5\text{MJ/m}^3 = 175000\text{MJ}$$

因此，蒸气云的其余部分(或多或少覆盖了一个开放区域)的潜在爆炸严重程度可以用燃料-空气物料表示为

$$34000\text{m}^3 \times 46.7\text{MJ/m}^3 - 175000\text{MJ} = 1412800\text{MJ}$$

步骤 3　确定爆炸初始强度

快速简单地估算蒸气云潜在爆炸严重性的初始强度可以用以下安全保守的方法：

- 燃料-空气强爆炸源爆炸严重性的可以假定强度等级为 10。
- 燃料-空气爆炸的其余蒸气云强度等级为 2。

因此，蒸气云潜在爆炸严重性可以由两个等价的燃料-空气爆炸。其特征和位置在表 6.19 中列出。

一旦知道了蒸气云潜在爆炸的等效强度，那么无论是规模还是强度，都可以确定相应的爆炸效果。

表 6.19　Flixborough 蒸气云的潜在爆炸严重性用燃料-空气混合气表示的特性和位置

	燃烧能 E/MJ	强度(数字)	位置
装备(Charge I)	175000	10	装备中心
其余部分云(Charge II)	1412800	2	云中心

步骤 4　计算爆炸效果

对于任意选定距离 R，分别计算各个点火所产生爆炸波的侧向峰值超压和正相持续

时间：

$$\overline{R} = \frac{R}{(E/p_0)^{1/3}}$$

式中 $\overline{R}$——无量纲点火距离；

   R——点火距离，m；

   E——点火燃烧能，J；

   p_0——环境压力，$p_0 = 101325 \text{Pa}$。

计算两个点火点相距 1000m 时所产生的爆炸特性。无量纲距离等于：

Charge I：
$$\overline{R} = \frac{1000\text{m}}{(175000 \times 10^6 \text{J}/101325 \text{Pa})^{1/3}} = 8.3$$

Charge II：
$$\overline{R} = \frac{1000\text{m}}{(1412800 \times 10^6 \text{J}/101325 \text{Pa})^{1/3}} = 4.2$$

一旦知道了每个点火点的比例距离，就可以从图 6.41(a) 和图 6.41(b) 中的图表中读取相应的无量纲爆炸参数，见表 6.20。

表 6.20 图 6.40 中两个距离 1000m 的点火点的无量纲爆炸参数

位置	R/m	E/MJ	强度等级	$\overline{R}$	$\Delta\overline{p}_s$	$\overline{t}_+$
Charge I	1000	175000	10	8.3	0.028	0.45
Charge II	1000	1412800	2	4.2	0.0032	3.0

从表中读取的无量纲侧向峰值超压和正相持续时间可以转换为侧向峰值超压和正相持续时间的实际值，如下所示：

Charge I：
$$p_s = \Delta\overline{p}_s \cdot p_0 = 0.028 \times 101325 = 2837 \text{Pa} = 0.028 \text{bar}$$

$$t_+ = \overline{t}_+ \frac{(E/p_0)^{1/3}}{c_0} = 0.45 \text{s} \times \frac{(175000 \times 10^6 \text{J}/101325 \text{Pa})^{1/3}}{340 \text{m/s}} = 0.159 \text{s}$$

Charge II：
$$p_s = \Delta\overline{p}_s \cdot p_0 = 0.0032 \times 101325 = 324 \text{Pa} = 0.0003 \text{bar}$$

$$t_+ = \overline{t}_+ \frac{(E/p_0)^{1/3}}{c_0} = 3\text{s} \times \frac{(1412800 \times 10^6 \text{J}/101325 \text{Pa})^{1/3}}{340 \text{m/s}} = 2.1 \text{s}$$

式中 p_s——侧面爆炸超压，Pa；

   $\Delta\overline{p}_s$——无量纲侧面爆炸超压；

   p_0——环境压力，$p_0 = 101325 \text{Pa}$；

   t_+——正相持续时间，s；

   $\overline{t}_+$——无量纲正相持续时间；

   E——爆炸源的燃烧能，J；

   c_0——声速，$c_0 = 340 \text{m/s}$。

对于任何所需距离均可以用该方法。表 6.21 和表 6.22 给出了选定距离的结果。

表 6.21　Charge I 导致爆炸的侧向峰值超压和正向持续时间($E=175000MJ$，强度 10)

R/m	$\overline{R}$	$\Delta\overline{p}_s$	$\Delta p_s/bar$	$\overline{t}_+$	t_+/s
50	0.41	3.4	3.45	0.15	0.053
100	0.83	0.70	0.71	0.19	0.067
200	1.67	0.21	0.21	0.29	0.102
500	4.17	0.065	0.066	0.40	0.141
1000	8.34	0.028	0.028	0.45	0.159
2000	16.67	0.013	0.013	0.49	0.173
5000	41.68	0.0050	0.005	0.53	0.187

表 6.21　Charge II 导致爆炸的侧向峰值超压和正向持续时间($E=1412000MJ$，强度 2)

R/m	$\overline{R}$	$\Delta\overline{p}_s$	$\Delta p_s/bar$	$\overline{t}_+$	t_+/s
100	0.42	0.020	0.020	3.3	2.3
200	0.83	0.016	0.016	3.0	2.1
500	2.08	0.0065	0.007	3.0	2.1
1000	4.15	0.0032	0.003	3.0	2.1
2000	8.31	0.0016	0.002	3.0	2.1

6.5.2.2　TNO 多能法——每个 GAME 的初始强度

案例： 丙烷泄漏到大型液化石油气储罐下方。该储罐的直径为 20m，高为 10m。为了最大限度地减少来自地面的热量传递，储罐由 267 个圆柱形混凝土墩组成的统一阵列支撑。每个墩高 1m，直径 0.3m。假设储罐下方的整个空间充满了丙烷和空气的化学计量混合物。确定 50m 内混合物爆炸产生的超压和脉冲。采用 GAMES 方法确定爆炸源的强度。

- 情况 a：假设在云的中心着火。
- 情况 b：假设火焰传播距离等于半球半径，且体积与阻塞区域的体积相同，且符合 GAMES 建议的方法。

解：

步骤 1　计算 VBR。 阻塞区域直径 $D_{罐}$ 为 20m，高度 H 为 1m。储罐下方阻塞区域的体积为

$$V_{区域}=\frac{\pi}{4}D_{罐}^2H=\frac{\pi}{4}(20m)^2(1m)=314.2m^3$$

每个墩的直径 D 为 0.3m，高度 H 为 1m。储罐下共有 267 个混凝土墩，占用的体积为

$$V_{阻塞}=267\cdot\frac{\pi}{4}D^2H=(267)\frac{\pi}{4}(0.3m)^2(1m)=18.9m^3$$

体积阻塞率 VBR 定义为阻塞体积与总体积之比。因此，VBR 为

$$VBR=\frac{V_{阻塞}}{V_{区域}}=0.06$$

步骤 2　确定源压力和爆炸荷载。 该 VCE 的源压力是根据 2D GAMES 相关性估算的。

指定的燃料是丙烷，其层流燃烧速度为 $S_L = 0.46\text{m/s}$。特征障碍物直径是每个墩的直径 $D = 0.3\text{m}$。蒸气云被限制在 LPG 储罐的地面和底部之间，这是二维约束的一个示例。

情况 a：如果假设中心点火，从蒸气云的中心到蒸气云的边缘的距离等于储罐半径，$L_p = 10\text{m}$，源强度为

$$p_0 = 3.38\left(\frac{VBR \times L_p}{D}\right)^{2.25} S_L^{2.7} D^{0.7}$$
$$= 3.38\left[\frac{(0.06)(10\text{m})}{(0.3\text{m})}\right]^{2.25}(0.46\text{m/s})^{2.7}(0.3)^{0.7}$$
$$= 0.85\text{bar}$$

从图 6.41 可以看出，它对应的强度值为 6~7。根据保守原则，我们将强度定为 7。化学计量的丙烷-空气混合物的燃烧热为 3.5MJ/m^3，那么爆炸源能量为

$$E = H_c(V_{阻塞} - V_{区域}) = (3.5\text{MJ/m}^3)(314.2\text{m}^3 - 18.9\text{m}^3) = 1033.6\text{MJ}$$

这说明 50m 对应的比例距离：

$$\overline{R} = \frac{R}{(E/p_0)^{1/3}} = \frac{50\text{m}}{(1033.6 \times 10^6\text{J}/101325\text{Pa})^{1/3}} = 2.3$$

相对应的，50m 比例距离的侧向超压为 $p = 13.3\text{kPa}$

由图 6.41 可以得到持续时间 $t_p = 23.8\text{ms}$。通过侧向超压和持续时间，50m 距离的脉冲通过下式计算得到：

$$i = \frac{1}{2} \cdot p \cdot t_p = \frac{1}{2}(133000\text{Pa})(23.8\text{ms}) = 158.3\text{Pa}\cdot\text{s}$$

情况 b：与阻塞区域体积相同的半球半径为

$$R = \left(\frac{3V_{区域}}{2\pi}\right)^{1/3} = \left[\frac{3(314.2\text{m}^3)}{18.9\text{m}^3}\right]^{1/3} = 5.3\text{m}$$

在 2D GAMES 相关中将此值用于 L_p 时，源强度为

$$p_0 = 3.38\left(\frac{VBR \times L_p}{D}\right)^{2.25} S_L^{2.7} D^{0.7} = 3.38\left[\frac{(0.06)(5.3\text{m})}{(0.3\text{m})}\right]^{2.25}(0.46\text{m/s})^{2.7}(0.3\text{m})^{0.7} = 0.2\text{bar}$$

根据图 6.41，对应的强度等级为 5。由于 p_0 低于 0.5bar，因此用了 20% 的能量效率系数。那么，爆炸源的能量为

$$E = 0.2(1033.6\text{MJ}) = 206.7\text{MJ}$$

这就意味着 50m 对应的比例距离为

$$\overline{R} = \frac{R}{(E/p_0)^{1/3}} = \frac{50\text{m}}{(206.7 \times 10^6\text{J}/101325\text{Pa})^{1/3}} = 3.9$$

在此比例距离上产生的侧向过压为 $p = 3.0\text{kPa}$。

根据图 6.41 持续时间 $t_p = 24.3\text{ms}$。通过侧向超压和持续时间，50m 距离的脉冲通过下式计算得到：

$$i = \frac{1}{2} \cdot p \cdot t_p = \frac{1}{2}(3000\text{Pa})(24.3\text{ms}) = 37\text{Pa}\cdot\text{s}$$

6.5.3 BST 法计算案例

丙烷泄漏到一个拥挤的工艺装置中，该装置长 15m、宽 13m、高 7m。工艺装置区域没

有封闭面，装置的阻塞级别为中等。假设整个阻塞空间充满了丙烷和空气的化学计量混合物。根据距蒸气云爆炸的距离确定爆炸的超压和冲击。

步骤 1　定义输入

阻塞体积为 $V = 2m \times 15m \times 13m = 1365m^3$。

由于没有封闭面，所以约束水平为 3-D。阻塞级别为中等。丙烷的燃料反应活性为中等。计算所需的其他常数如表 6.23 所示。

表 6.23　BST 法计算案例中的常用常数

燃烧热(丙烷)	$4.6 \times 10^7 J$	声速(a_0)	330m/s
气相常数(R_g)	8.3kJ/(kmol·K)	大气压力	101325Pa
分子质量(丙烷)	44kg/kmole		

步骤 2　估算蒸气云爆炸能量

步骤 2a　通过完全燃烧的化学反应来确定燃料的化学计量浓度：

对于丙烷　　　$C_3H_8 + 5(O_2 + 3.76N_2) \longrightarrow 3CO_2 + 4H_2O + 18.8N_2$

当量浓度为　　　$$\eta = \frac{燃料(mol)}{燃料-空气(mol)}$$

$$\eta = \frac{1}{(1 + 5 \times 4.76)} = 0.04$$

步骤 2b　确定燃烧体积中的气体摩尔数(假设该体积完全充满了化学计量的丙烷/空气混合物)：

$$n = \frac{p \cdot V}{R_r \cdot T} = \frac{(101325Pa)(1365m^3)}{(8.3 \times 10^3 J/kmol \cdot K)(300K)} = 55.8kmole$$

步骤 2c　确定燃烧能量，E：

$$E = 2n\eta(分子质量)(燃烧热)$$

$$E = 2(55.8kmol)(0.04)(44kg/kmol)(4.6 \times 10^7 J)$$

$$E = 2.1 \times 10^{10} J$$

注意：由于地面反射，能量加倍。

步骤 3　定义火焰速度

根据表 6.13，$M_f = 0.28$。

步骤 4　计算缩放的间隔距离

所需间隔距离为 10m。

$$\overline{R} = R \cdot \left(\frac{p_0}{E}\right)^{\frac{1}{3}} = (10m) \cdot \left(\frac{101325N/m^2}{2.1 \times 10^{10}J}\right)^{\frac{1}{3}} = 0.17$$

步骤 5　计算实际侧向压力

从 BST 爆破曲线取 $\overline{R} = 0.17$。

$$\overline{p}_{so} = 0.14$$

$$p_{so} = \overline{p}_{so} \cdot p_0 = (0.14) \cdot (101325Pa) = 1.5 \times 10^4 Pa(gauge)$$

步骤6 计算实际侧向冲量

从 BST 爆破曲线取$\bar{R}=0.17$。

$$\bar{i}_{so}=0.10$$

$$i_{so}=\frac{\bar{i}_{so}\cdot(E)^{1/3}\cdot(p_0)^{2/3}}{a_0}=\frac{(0.10)\cdot(2.01\times10^{10}J)^{1/3}\cdot(101325N/m^2)^{2/3}}{330m/s}=1720Pa\cdot s$$

表6.24 提供不同间隔距离条件下侧向超压和脉冲结果。

表6.24 BST法下不同间隔距离的爆炸超压和脉冲

间隔距离 R/m	比例间隔距离$\bar{R}$	比例压力$\bar{p}_{so}$	超压 p/Pa	比例脉冲$\bar{i}_{so}$	脉冲 $i/(Pa\cdot s)$
10	0.17	0.14	15000	0.10	1720
25	0.43	0.12	12000	0.052	890
50	0.86	0.06	6500	0.027	470
100	1.7	0.03	3300	0.014	230

6.5.4 CAM法计算案例

在以下条件下，估算丙烷蒸气云爆炸的自由场压力和持续时间：

阻塞高度=6m；

阻塞宽度=12m；

阻塞长度=12m；

高度拥有障碍物的行数=3；

宽度拥有障碍物的行数=6；

长度拥有障碍物的行数=6；

面积阻塞率，$b_x=b_y=b_z=0.5$；

那么，$L_x=L_y=L_z=6m$ 并且 $n_x=n_y=n_z=3$；

阻塞体积为 $V_0=(2L_x+4)(2L_y+4)(L_z+2)=2048m^3$；

根据表格6.15，对于丙烷，燃油系数 $F=1$；$X=8.74$。

解：

步骤1 确定作为阻塞参数的严重性指数

根据式(6.15)，对于没有顶的阻塞情况：

$$S_x=0.89\times10^{-3}f_cFL_x^{0.55}n_x^{1.99}\exp(6.44b_x)$$

$$S_x=(0.89\times10^{-3})\cdot(4.0)\cdot(1)\cdot(6m)^{0.55}\cdot3^{1.99}\exp(6.44\times0.5)=2.13$$

在一些示例里，S_y 和 S_z 都等于 S_x，所以$S=2.13$。

对于有顶的阻塞情况，$S=2.73$。

步骤2 确定源超压，p_{max}是严重性指数的函数

$$\frac{S}{X}=\frac{2.13}{8.74}=0.243 \quad 没有顶的阻塞情况$$

$$\frac{S}{X}=\frac{2.73}{8.74}=0.312 \quad 有顶的阻塞情况$$

从图 6.48 得到：

$$\frac{p_{max}}{X} = 0.217 \quad 没有顶的阻塞情况$$

$$\frac{p_{max}}{X} = 0.269 \quad 有顶的阻塞情况$$

相对应的 $\quad p_{max} = \frac{p}{X} \cdot X = 0.217 \cdot 8.74 = 1.90 bar \quad 没有顶的阻塞情况$

$$p_{max} = \frac{p}{X} \cdot X = 0.269 \cdot 8.74 = 2.35 bar \quad 有顶的阻塞情况$$

步骤 3 计算初始蒸气云半径

$$R_0 = \left(\frac{3V_0}{2\pi}\right)^{1/3}$$

$$R_0 = \left(\frac{3.2048 m^3}{2\pi}\right)^{1/3} = 9.9 m$$

步骤 4 阻塞区域里，计算一定距离 r 下的压力

当 $r = 50 m$ 时 $\quad\quad\quad \frac{R_0 + r}{R_0} = 6$

根据图 6.48 中 $p_{max} = 2 bar$ 和 $p_{max} = 3 bar$ 曲线之间插补得到 $p = 0.21 bar$。

其他计算见表 6.25。

表 6.25 阻塞评估法下预测的爆炸荷载

r/m	p_{max}/bar		d_f		C		t_d/ms		$i_s/bar \cdot ms$	
	w/o roof	w/ roof	w/o roof	w/ roof	w/o roof	w/ roof	w/o roof	w/ roof	w/o roof	w/ roof
1	1.73	2.14	0.35	0.19	0.65	0.65	16	15	13.8	16.5
5	1.27	1.57	1.76	0.95	0.65	0.65	16	15	10.2	11.8
10	0.95	1.18	3.52	1.89	0.65	0.65	16	15	7.6	8.9
25	0.50	0.52	8.79	4.73	0.65	0.65	16	15	4.0	3.9
50	0.21	0.21	17.6	9.47	0.81	0.65	20	15	2.1	1.6
75	0.12	0.13	26.4	14.2	1.2	0.84	30	19	1.8	1.2
100	0.09	0.09	35.2	18.9	1.3	1.05	33	24	1.5	1.1

步骤 5 估算脉冲持续时间

当 $r = 50 m$ 时，距离参数 d_f 为

$$d_f = \left(\frac{r}{R_o}\right)\left(\frac{p_0}{p_\infty}\right)^2 = \left(\frac{50 m}{10.0 m}\right)\left(\frac{1.9 bar}{1.013 bar}\right)^2 = 17.6$$

根据式（6.45），$C = 1.2$。

$$p_0' = 10000 Pa/bar \times 1.9 bar = 190000 Pa$$

根据式(6.44)，正向持续时间为

$$t_d = C \cdot \frac{R_0}{\sqrt{p_0' / \rho_{空气}}}$$

$$t_d = 1.2 \cdot \frac{10.0\text{m}}{\sqrt{190000\text{Pa}/1.2\text{kg/m}^3}} = 0.030\text{s}$$

脉冲可以用三角波的形式(瞬时压力上升，线性衰减到环境)来计算：

$$i = \frac{1}{2} p_{max} t_d$$

$$i = \frac{1}{2}(0.21\text{bar})(0.020\text{s}) = 0.0021\text{bar} \cdot \text{s} = 2.1\text{bar} \cdot \text{ms}$$

7 压力容器爆裂

压力容器爆裂(Pressure vessel burst, PVB),是指装有气体的压力容器在超高压力下发生破裂和爆炸的行为。这里的压力容器爆裂,与ASME标准中的压力容器术语不尽相同,而是指任何能够蓄压的容器或密封件。爆裂后,压缩气体的突然膨胀产生爆炸冲击波,从爆破点放出。压力容器外壳以及外部附属部件被炸飞,易造成碎片伤害风险。即使承装的气体不具有可燃性或化学反应特性,也能发生爆裂。

本章内容主要围绕压力容器爆裂,与压力容器的能量释放相关。容器故障导致内部液体过热而喷溅,同样可能增加爆炸能量,属于爆炸的一种单独类型,称为沸腾液体膨胀蒸气爆炸(BLEVE)。沸腾液体膨胀蒸气爆炸将在第8章介绍。压力容器爆裂中也可能遇到含有液体的工况,在爆裂泄压过程中液相不发生相变。

在本章,首先介绍压力容器爆裂机制,介绍实验及分析研究结果,然后介绍气体爆炸过程参数的预测方法,最后阐述容器碎片炸飞速度和抛射距离。

大部分压力容器是金属材质,但材质采用复合材料的压力容器越来越普遍,尤其在对容器轻量化要求很高的地方。复合材料压力容器的广泛应用代表是便携式呼吸气瓶。燃料输运气瓶用来装载氢气、液化石油气、丙烷等。复合材料容器的失效方式可能与金属容器不同,甚至能够影响风险评估。针对复合材料压力容器的风险评估方法尚未成熟。本章的气体爆炸预测方法能够提供对各种类型容器结构的保守估算。容器破裂产生碎片的抛射速度和距离,与容器失效模式及碎片数量等有关,与金属容器可能不同。

7.1 压力容器爆裂机制

7.1.1 事故场景

追溯到20世纪,压力容器爆裂(PVB)事故频繁发生。高频率的爆裂事故迫使ASME制定了一系列关于锅炉和压力容器的制造和生产标准,以减小压力容器爆裂事故发生频率。如今,ASME的锅炉和压力容器标准在全世界范围广泛使用,甚至在很多行业被当作法律来用。

ASME标准下的容器有一个设计极限破坏压力(design ultimate failure pressure),超出额定工作压力并有一个明显的安全阈值(safety margin)。实际上,ASME标准下的容器在最大允许工作压力(maximum allowable working pressure, MAWP)下,不允许超过容器的屈服应力。所以,ASME标准下容器的极限破坏压力通常为3~4倍的设计最大允许工作压力(MAWP),与应用标准的版本或章节有关。容器的腐蚀和摩擦壁厚附加值能够进一步增加极限破坏压力值,有时能够达到5倍的MAWP。欧标中的设计安全阈值比美标低一些,如对碳钢压力容器的规定,设计极限破坏压力为2.4倍MAWP。

美国石油协会标准API 521(API, 2008年)要求火灾事故中,压力容器上的压力泄放安全阀(pressure relief valves，PRVs)在 1.21 倍 MAWP 时，达到额定泄放流量。如果容器的机械完整性(mechanical integrity)不足，压力升高而未超过安全阀的额定流量，安全阀工作正常，就能够保护压力容器避免失效。当容器的机械完整性缺失时，会导致容器在不超过安全阀泄放压力工况下发生失效。容器压力超过安全阀泄放容量或安全阀性能不达标，会导致容器在超过安全阀泄放压力(或接近极限破坏压力)时发生失效。

虽然有了容器设计安全系数和超压泄放装置，压力容器还是会因很多原因引发事故。事故场景涉及以下一个或多个失效因素：

- 完整性缺失——压力容器的接触性连接附件性能在某些方面不足，导致容器承压部件的应力可能超过屈服极限。由完整性缺失导致的失效可能会在正常工作压力工况下发生，典型案例如下：
  - 温度降低到金属转变(metal transition)温度值以下(低温脆化)；
  - 应力腐蚀开裂；
  - 腐蚀和/或侵蚀；
  - 疲劳。
- 加压超过极限破坏压力(ultimate failure pressure)——考虑到压力升高速率与安全附件泄压能力的关系，当压力升高超过极限承载能力(ultimate capacity)时，即使没有其他因素导致容器的极限破坏压力降低，也可能发生。典型案例如下：
  - 高压供应源与较低设计压力的容器连接；
  - 压缩机或泵加压切断过程失效；
  - 容器内发生化学反应；
  - 容器内发生快速相变(Rapid Phase Transition，RPT)，如水进入热油罐；
  - 容器内发生燃烧；
  - 安全阀开启失效、阻塞或堵塞；
  - 容器安置方向错误(如油罐车倾翻)，安全阀被淹没。
- 外部事故——外部因素导致容器完整性不足，典型案例如下：
  - 冲击，物体撞击容器的能量足够高导致壳体的完整性遭到破坏，例如容器坠落或移动式压力容器遭受冲击时；
  - 切割；
  - 焊接；
  - 外部器械施加给容器或附件应力，如起重机、千斤顶、撬棍、基础沉降、自然灾害事故等；
  - 火灾或其他外部因素导致容器过热，致使应力减弱。
- 生产制造、运输和安装——生产制造过程导致的瑕疵、弱点或缺陷，如焊接后热处理、运输过程造成的损伤等导致容器安装后达不到设计承压能力。

7.1.2 损坏因素

压力容器爆裂(PVB)对周围环境造成损坏的途径可能包括爆炸压力、碎片、热辐射等。压力容器爆裂首先引发破坏的是爆炸效应。碎片通常导致容器周围近距离范围内的损伤。与沸腾液体膨胀蒸气爆炸不同的是，压力容器爆裂中的热辐射效应通常小到可以忽略。本节内容主要围绕爆炸和碎片破坏阐述。

压力容器爆裂的能量存在于容器发生破裂之前的压缩气体中。非受限沸腾的液相和/或固相可能占据容器内的容积,减少了压缩气体的体积。受限沸腾中的液相能够增强沸腾液体膨胀蒸气爆炸,在第 8 章中有论述。压力容器内液相和固相的体积在操作过程中可能发生变化,在给定压力下当液相和固相最少的时候气体爆炸能量最高。

容器内压缩气体的能量与温度有关。压力容器经常会在较高的温度下运行,或者反应过程失控导致容器内部温度超过正常操作范围。对于给定的容器容积,爆炸能量随温度成反比例变化,与温度越高气体密度越低有关。

7.1.3 现象

简言之,压力容器爆裂(PVB)可以描述成一个无质量、球形容器的理想化爆裂场景。爆裂后,容器内部介质均匀释放出来,可以用一维模型来描述。在容器爆裂之前,无质量的容器壁将容器内外分成高压区域(内部压缩气体)和低压区域(外部大气环境)。

当发生容器爆裂时,产生的激波进入周围大气环境。进入激波前界面后,空气的压力和温度激增。同时,膨胀波产生进入到压力容器内部。在激波和膨胀波之间,有一道接触分离面(contact discontinuity),将初始容器内的气体和周围大气隔开。若忽略气体扩散,初始容器内外的气体不发生混合,且被接触分离面分开。接触面从容器出发不断传播前进,直到接触面内外的气体压力相等。

由于容器尺寸有限,向容器内部发生的膨胀波或稀疏波(rarefaction waves)在容器中心区域碰撞。碰撞导致稀疏波在中心区域反射,并向容器外部传播。向外传播的稀疏波追赶上接触面,并在接触面发生反射。从接触面和容器中心发出的激波和稀疏波,接连发生挤压和膨胀(implosion and expansion),产生二级或三级激波。

从容器发出的爆炸波的另一个显著特征是相当大的负相(negative phase),相比于正相(positive phase)而言。对于低能量密度的爆炸源而言,相当大的负相比较典型,通常还会呈现出低火焰速度的蒸气云爆炸。

7.1.4 减小爆炸能量的因素

在之前的章节中,假定压力容器内的能量都能够用于推动爆炸冲击波。实际上,能量需要用来冲破容器、推动碎片和加速气体。在某些案例中,容器在爆裂之前以韧性方式(ductile manner)膨胀,吸收了额外能量(additional energy)。如果容器内部装有液体或固体,其中一部分爆炸能量还将用于推动这些储存介质。

*容器破裂。*用于撕裂容器壳壁的能量只占总能量的一小部分,并且可在爆炸能量计算中忽略。对于钢制容器,破裂能量在 1~10kJ 量级,不到一个小规模爆炸能量的1%。

*碎片。*在第 7.5.2.1 章节将会论述到,约 20% 和 50% 的爆炸能量分别转化为碎片以及容器内液体或固体的动能(Baum,1984 年)。

*容器储存介质。*容器内储存的液体和固体在被压缩气体加速的过程中能够吸收一部分能量。一个案例是反应器中的储存物。对容器装载物推动的分析超出了本节的范围,需要对具体环境做考虑。可以忽略对容器储存物的推动,来得到对爆炸能量的保守估算。

7.2 压力容器爆裂分析中的比例缩放准则

压力容器爆裂(PVBs)中的气体爆炸数据用相似性分析(similitude analysis)中发展来的准

则数(scaled parameter)来呈现。在压力容器爆裂中用到的最普遍的缩放公式(form of scaling)是 Sach 缩放公式(Sach's scaling)，也被称为能量缩放公式(energy scaling)。

标度距离(比例缩放距离)：

$$\bar{R} = \frac{R p_0^{1/3}}{E^{1/3}} \qquad \text{式}(7.1)$$

比例缩放的超压：

$$\bar{p} = \frac{p_{so}}{p_o} \qquad \text{式}(7.2)$$

比例缩放的比冲：

$$\bar{i} = \frac{i a_o}{p_0^{2/3} E^{1/3}} \qquad \text{式}(7.3)$$

比例缩放的持续时间：

$$\bar{t} = \frac{t a_o p_0^{1/3}}{\gamma_o^{1/2} E^{1/3}} \qquad \text{式}(7.4)$$

式中　p_0——环境压力；

a_o——环境空气中的声速；

E——爆炸能量；

γ_1——容器内气体的比热容比(specific heat ratio)；

γ_o——环境空气的比热容比(specific heat ratio)；

p_o——环境大气压力；

p_{so}——超压的峰值(peak side-on overpressure)；

R——距离容器中心的间隔距离；

t——持续时间。

本章用到的其他参数：

爆破压力比：

$$\frac{p_1}{p_o} \qquad \text{式}(7.5)$$

温度比：

$$\frac{T}{T_o} \qquad \text{式}(7.6)$$

式中　p_1——容器内绝压；

T——容器绝对温度；

T_o——环境绝对温度。

7.3　压力容器爆裂爆炸效应

本节内容为压力容器爆裂(PVBs)的爆炸效应。爆炸冲击波的最重要参数是超压峰值(peak overpressure)p_{so}和正比冲 i_s，如图 7.1 所示，能够看到较深的负相和二次激波。

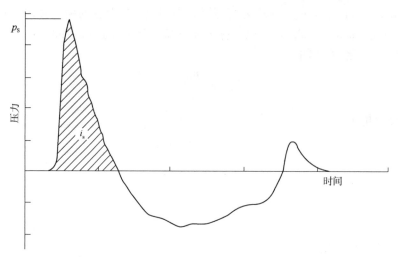

图 7.1　压力容器爆裂冲击波的压力-时间变化曲线（Esparza 和 Baker，1997a）

压力容器爆裂冲击波的强度和形状与很多因素有关，包括流体介质释放形式、爆炸中产生的能量、能量释放速率、压力容器的结构形式、破裂形式以及周围环境特性（如波反射界面的存在、大气压力等）。在后面章节，将选择性介绍 PVB 的理论和实验研究工作。首先重点介绍一个理想化场景：一个球形、无质量压力容器，里面填充理想气体，放置在地面以上。更多的理想将在后续章节介绍。

7.3.1　气体填充、无质量、球形压力容器自由空间爆裂

这里主要讲述的是球形的、远离能够反射激波的界面的压力容器。进一步的，假定容器破裂成一些无质量碎片，故容器破裂所需的能量可以忽略，容器内的气体当作理想气体处理。上述假定首先得到的结果是保证冲击波是严格的球形，从而可以用一维模型来计算。其次，容器内压缩气体中的所有能量都用来推动爆炸冲击。结合理想气体行为的假设，可以推演出一些特定公式。

7.3.1.1　实验研究

文献中关于储存气体的压力容器爆裂冲击波测量实验的研究较少。Boyer 等（1958 年）实验测量了一个填充气体的小玻璃球的爆裂超压。

Pittman（1972 年）实验研究了填充氮气钛合金压力容器的爆裂行为，共 5 次实验。两个圆柱形罐在接近 40bar 时爆裂，另外三个球形罐在接近 550bar 时爆裂。实验罐的容积范围在 0.0067~0.170m³。几年后，Pittman（1976 年）做了 7 个 0.028m³ 钢球的爆裂实验，往球内充入极高压的氩气，直到爆裂。正常爆裂压力在 1000~3450bar 范围。实验都是在地面上做的。

最后，Esparza 和 Baker（1977a）开展了 20 个跟 Boyer 等（1958 年）工作相似的小规模测试实验。他们采用了 51mm 和 102mm 直径的玻璃球，填充空气或氩气，压力达到 12.2~53.5bar。记录了多个地点的压力，并拍摄了碎片。通过这些实验发现，与同等能量高爆炸产生的激波相比，气体填充容器爆裂产生的激波在爆炸源附近具有较低的超压、较长的正相持续时间（positive-phase duration）、大得多的负相（negative phases）和较强的二次激波。

图 7.1 描述了这样一个激波。Pittman（1976 年）同样发现爆炸可以高度定向（highly directional），且在高压工况时需要考虑实际气体效应。

7.3.1.2 数值模拟

通过与数值模拟和理论分析得到的结果比较，可以更好地理解前述实验研究的结果。数值模拟能够提供激波形成过程的真实视角。Chushkin 和 Shurshalov（1982 年）、Adamczyk（1976 年）提供了关于这个领域研究的综述。大部分研究工作服务于军事目的，关于核爆炸、高能爆炸、燃料空气混合爆炸等（FAEs：无约束蒸气云的爆轰）。然而，很多学者研究了大量高压气体的爆炸（作为这些爆轰的限制案例）。这里综述的是最重要的贡献。

很多数值模拟方法被提出并用于研究爆炸问题，大部分采用的是有限差分法。采用有限差分技术，Brode（1955 年）分析了高压值为 2000bar 和 1210bar 的热空气球和冷空气球的膨胀。Brode 精细地描述了激波产生过程，并解释了二次激波的发生。

Baker 等（1975 年）丰富和扩展了 Strehlow 和 Ricker（1976 年）的研究工作，增加了更多的案例。他们用有限差分法结合自定义黏度，获得了球形压力容器爆裂的爆炸参数。他们计算了 21 个案例，采用理想气体状态方程，变换压力比（在容器压力和大气压力之间）、温度比、气体比热容比。他们的研究旨在寻找一种计算压力容器爆裂的爆炸参数的实用方法，故将结果整理成图表，将激波超压和脉冲作为能量标度距离（energy-scaled distance）的函数。

Adamczyk（1976 年）提出，对于高爆裂压力工况，与高能爆炸等量的超压通常只在较远的地方得到；当采用低爆裂压力时，超压曲线在较远地方不收敛，故与高爆裂等量的超压可能难以达到。

Guirao 和 Bach（1979 年）采用流量修正输运法（一种有限差分法）来计算燃料-空气爆炸的冲击波。三个计算模型中有一个是体积爆炸，即未燃烧的燃料-空气瞬间转化为燃烧气体。通过这种途径，他们获得了压力比（等效于温度比）为 8.03～17.2、比热容比为 1.136～1.26 的球体。对激波超压的计算结果与 Baker 等（1975 年）的结果吻合良好。另外，他们计算了燃烧产物与周围大气间的膨胀接触面产生的压力，发现只有 27%～37% 的燃烧能转化为压力。

Tang 等（1996 年）给出了容器爆裂产生冲击波效应的研究结果。采用总变量减少（total variation diminishing，TVD）的方法（Harten，1983 年），求解非稳态非线性一维方程，得到激波的物性和相应的流场。除了冲击波的正超压和冲击，负压力和冲击、激波前界面的到达时间、正负相的持续时间、流速等参数首次公开发表。采用高分辨率激波捕捉机制（high resolution shock capturing scheme），得到了更高的数值计算精度，避免了数值计算中的超压耗散，得到更多较远地方的真实超压预测。

Baker 等（2003 年）报告中指出，在近距离爆裂压力容器内较高温度气体产生的冲击波压力高于较低温度气体，而在远距离、较高温度气体产生的冲击波则变得较近且略微较低。先前实践中假设冲击波曲线是平行的，对高温工况中较远地方得到的冲击波载荷预测偏高。Baker 和 Tang（2003 年）分析讨论了不同压力等级下压力容器温度的影响。Baker（2003 年）工程方法进行了修正，得到了更多精确结果，从而避免了对高温度爆裂工况中冲击波载荷的偏高预测。

7.3.1.3 分析研究

通过分析研究来获得与压力容器爆裂相关的重要参数，包括爆炸能、初始基本强度等。

步骤 1　爆炸能评估

爆炸能是一个重要的参数。在所有参数中，爆炸能对冲击波压力和脉冲沿距离的衰减速率和脉冲强度具有最大的影响。因此，压力容器爆裂的破坏潜力受到爆炸能的显著影响。然而，对压力容器爆裂能的评估值可能随基于不同热动力学过程的定义而明显变化。

尽管有各种能量方程可用，在使用标定冲击波曲线的时候，用创建冲击波曲线的能量方程来预测冲击波是迫切需要的。不同能量方程替代能够得到预测误差。

a. 定常体积能量附加——Brode's 定义

Brode's(1959 年)定义给出了定容过程能量释放的上限。因此，爆炸能量被定义为 $E_{ex,Br}$，等于将容器内气体从大气压力压缩到爆裂压力所需的能量。爆炸能量是容器内能量在该两种状态之间的差别。$E_{ex,Br}$ 为

$$E_{ex,Br} = \frac{(p_1 - p_0)V_1}{\gamma_1 - 1}　　　　\text{式}(7.7)$$

其中，下标 1 代表容器爆破前的初始状态，下标 0 代表环境工况；

式中　γ_1——容器内气体在常压状态的比热容与常温状态的比热容之比；

　　　p_1——容器爆裂前的绝对压力；

　　　p_0——大气压力；

　　　V_1——容器容积。

b. 常压能量附加

另外一种极限工况是基于常压过程的定义，是爆炸能量的下限。该种工况下能量释放速率不足以形成冲击波。

$$E_{ConsP} = p_0(V_2 - V_1)　　　　\text{式}(7.8)$$

式中　V_2——容器内原有气体的最终体积。

c. 等熵膨胀

Strehlow 和 Adamczyk(1977 年)基于从最初爆裂压力到大气压力的等熵膨胀，得到了能量估算值。

对于理想气体：

$$E_{ex,isen} = \frac{p_1 V_1 - p_0 V_2}{\gamma_1 - 1}　　　　\text{式}(7.9)$$

对于低能量密度的爆炸源，爆裂过程可以近似为等熵膨胀过程，等熵膨胀系数 γ 为常数，即 $pV^\gamma =$ 常数。因此有

$$V_2 = V_1 \left(\frac{p_1}{p_0} \right)^{1/\gamma_1}　　　　\text{式}(7.10)$$

故

$$E_{ex,isen} = \frac{p_1 V_1}{\gamma_1 - 1} \left[1 - \left(\frac{p_0}{p_1} \right)^{(\gamma_1 - 1)/\gamma_1} \right]　　　　\text{式}(7.11)$$

d. 等温膨胀

Smith 和 Van Ness(1987 年)研究了等温模型，假定气体做等温膨胀。

$$E_{ex,isoth} = R_g T_o \ln\left(\frac{p_1}{p_0} \right) = p_1 V_1 \ln\left(\frac{p_1}{p_0} \right)$$

式中　R_g——理想气体常数；

　　　T_o——环境大气温度。

e. Aslanov's 模型

Aslanov 和 Golinskii(1989 年)研究了爆炸能量的另一种描述模型。把被膨胀气体挤走的气体内能考虑进来，得到如下爆炸能量公式：

$$E_{ex,AG} = \frac{p_1 V_1 - p_0 V_2}{\gamma_1 - 1} + \frac{p_0 (V_2 - V_1)}{\gamma_0 - 1} \qquad \text{式}(7.12)$$

式中 γ_0——大气的比热容，当 γ_1 接近于 γ_0 时，上式简化成式(7.7)。

f. 热力学可用性(availability)——Crowl's 模型

Crowl(1992 年)采用间歇热力学可用性(batch thermodynamic availability)来计算压力容器内气体的爆炸能量：

$$E_{ex,avail} = p_1 V_1 \left[\ln\left(\frac{p_1}{p_0}\right) - \left(1 - \frac{p_1}{p_0}\right) \right] \qquad \text{式}(7.13)$$

总而言之，常压模型只适用于没有冲击波效应的、非常慢的过程，并不适用于压力容器爆裂过程。对于等温膨胀模型，由于忽略了散热，得到的能量值偏高。Brode 模型、Crowl 可用性方法以及等熵膨胀模型能够得到真实性结果。Brode 模型是基于等体积过程，在大多数数值计算中被采用。Strehlow 和 Adamczyk(1977 年)发现冲击波能量必须在等熵膨胀模型结果以下。真实的物理过程需要结合常压和等熵膨胀过程。

如上所述，采用缩放爆炸曲线(scaled blast curves)计算冲击波十分重要，爆炸曲线是基于能量方程得到。采用不同的能量方程替代，将得到计算误差。

步骤2 初始激波强度计算

当理想化的球形压力容器爆裂时，产生空气激波，最大超压值正好在容器内气体和大气之间的接触面上。由于气体流动是一维的，可以用激波管内的关联公式来计算激波前界面上的压力跳跃，即容器内气体和大气间的压力比。激波管关联式是基于接触面上条件、激波和膨胀波的关系(Liepmann 和 Roshko，1967 年)等推导得出的。

激波管基础公式为

$$\frac{p_1}{p_0} = (\bar{p}_{so} + 1) \left\{ 1 - \frac{(\gamma_1 - 1)(a_0/a_1)\bar{p}_{so}}{\{2\gamma_0[2\gamma_0 + (\gamma_0 + 1)\bar{p}_{so}]\}^{1/2}} \right\}^{-2\gamma_1/(\gamma_1 - 1)} \qquad \text{式}(7.14)$$

$$\bar{p}_{so} = \frac{p_{so}}{p_0} - 1$$

式中 p_0——大气压力；

p_1——压力容器压力；

p_{so}——容器出口的初始激波绝对压力；

a_0——容器外大气中的声速；

a_1——容器内气体中的声速。

初始激波强度 p_{so}/p_0 是容器压力比 p_1/p_0 的隐函数。通常 p_{so}/p_0 是未知的，必须通过迭代求解上述方程才能得到。在激波管公式中，容器爆裂前的压力是决定初始激波强度的主要因素。然而，冲击波强度也受温度和容器内气体比热容比的影响。

7.3.2 表面爆裂的影响

在前面章节中，主要介绍了理想化模型。本节往后，将讨论其他因素的影响。当爆炸发生在地面或地面稍往上区域时，爆炸产生的激波会在地面发生反射。反射波与入射波相撞、合并，叠加波的强度比单独的任一波都大。最后的激波近似于自由空气中原始爆炸产生的激波与地面下该激波的虚拟镜像(imaginary mirror image)产生的波的叠加。

本节在压力容器爆裂的内容中占比较少。Pittman(1976年)采用二维模拟进行了研究，但结论不具有权威性，主要因为他计算的案例数量较少，且模型的网格较粗。基于高能爆炸的实验数据，在读取自由空气爆炸的冲击波曲线(blast curves for free-air)时，Baker等(1975年)推荐将爆炸能乘以，2以考虑地面对波的反射作用。

地面对冲击波的反射与其他壁面(如墙面)的反射不能混淆，但两种形式的反射都有发生，而且都需要在冲击波计算中予以考虑。

7.3.3　非球形爆裂的影响

如果压力容器不是球形，或者容器不是均匀的爆裂，则产生的冲击波不是球形的。在实际的压力容器爆裂事故中多如此。非球形结构意味着模型计算和实验测量都会更加复杂，因为计算模型和实验测量需要在二维或三维尺度下进行。Raju和Strehlow(1984年)、Chushkin和Shurshalov(1982年)进行了压力椭球(pressure-ellipsoid)气体云爆炸的数值计算。Raju和Strehlow(1984年)将气体云爆炸近似为等体积甲烷-空气混合物的燃烧($p_1/p_0 = 8.9$，$\gamma_1 = 1.2$)，发现在近容器壁面区域激波形状接近于椭圆形(elliptical)。由于激波强度越大传播速度越大，在较远区域激波的形状接近球形。Shurshalov(Chushkin和Shurshalov，1982年)进行了相似的计算，结果证实了Raju和Strehlow(1984年)结论。Shurshalov还发现较高压力下爆炸产生的冲击波形状接近于球形。

当压力容器非均匀破裂时，即使激波压力中有较多差别，也会发现容器破裂成两片或三片。在事故中，气流从爆裂处中喷出，激波变得高度定向。Pittman(1976年)发现实验中沿着射流线的超压值较沿着射流相反方向的值大一些，大约为4倍多。

管线和管式反应器是典型的非球形结构。大气中一段直管线爆裂后，会在附近区域产生圆柱形的冲击波。冲击波压力和脉冲的衰减速率相对于球形较低，原因是前者是二维膨胀，而后者是三维膨胀。类似的情况，较长的管式反应器也可能在附近区域产生圆柱形的冲击波。对于管线或管式反应器而言，没有冲击波曲线产生；尽管如此，通过准确对激波建模的二维CFD模型，可以解决这个问题。

Geng、Baker和Thomas(2009年)采用CFD模型，对圆柱形和高空球形事故中的定向冲击波作用进行了参数化研究，得到了一些了超压和脉冲的调整参数，将在第7.4.4.2节讨论。图7.2展示了圆柱形压力容器爆裂产生的冲击波区域在特定时刻的典型压力云图，高径比为$L/D = 5$，初始爆炸压力为$p_1/p_0 = 50$。L和D分别为圆柱的长度和直径。图7.2的纵轴是圆柱轴，代表了2-D模拟的对称轴。图7.2只展示了1/4的结构。为了获得不同计算时间和不同时间步长下的最大精度，压力和尺寸比例都进行了调整。通过调整L和D，使得和圆柱体等效体积的球体的特征尺寸$r_0 = 1$。X方向的比例长度为$x/r_0 = 1$，Y方向的比例长度同样由r_0缩放得到。特征时间定义为声信号从爆炸点发出到达距离r_0位置所需的时间。图7.2中的时间是由特征时间缩放得到的。所有比例参数均是无量纲化的。

图7.2(a)($t=0$)展示了爆炸前的初始圆柱形气体云。在$t=2$时，产生了一个椭圆形状的冲击波前界面，伴随着沿着长轴方向的稍弱的激波以及沿着短轴方向(垂直于圆柱轴的方

向)的更强激波[图7.2(b)]。随着冲击波向前推进，冲击波作用变得越来越均匀，且形状接近球形[图7.2(c)]。如图7.2(d)($t=14$)所示，压缩波和反射波沿着所有方向并不是完全均一的。

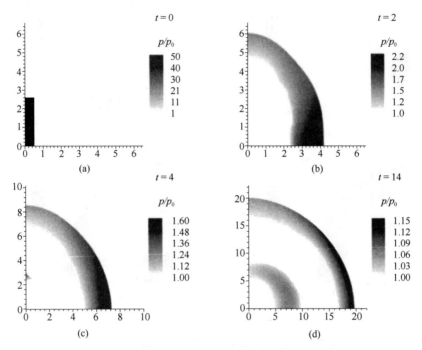

图7.2　圆柱形爆裂产生冲击波区域的压力云图
(X 和 Y 轴是基于特征尺寸 r_0 的缩放距离)(Geng, 2009 年)

图7.3中的时间是由特征时间缩放的。所有的参数都无量纲化。从球形产生的波在初始状态是均匀的；然而，在 $t=2$ 时[图7.2(b)]，朝向地面发出的波已经被反射远离地面。在 $t=4$ 时[图7.2(c)]，反射波的前驱界面与初始沿地平面方向的波相交。两波相交导致非均匀压缩波和稀疏波的产生。从此高空球形发出的定向性冲击波在 $t=14$ 时[图7.2(d)]依旧保持清晰。

图7.4和图7.5分别展示了圆柱形爆炸下的相似超压峰值和正相脉冲，都是相似距离的函数，长径比 $L/D=5$，初始爆炸压力为 $p_1/p_0=50$。两个表中采用了萨克(Sach)相似原理和布郎德(Brode)能量方程。为了进行比对，与圆柱体形等效体积(能量)的球体产生的冲击波曲线也放入了图中。对于圆柱形工况，压力容器爆裂产生的冲击波明显非均匀。在附近区域，沿着对称轴($0°$)上的高压值持续高于球形工况中的值。随着距离不断增长，高压值又下降到一个低于球形工况的值。相反的，高压值沿着圆柱形径向方向，一开始低于球形工况中的值，但在 $\bar{R}=0.1$ 后衰减幅度较慢，即使在 $\bar{R}=10$ 之外依旧保持相对球体工况较高的压力值。沿着 $45°$ 方向，圆柱形高压与球形值近似，尤其在较远区域($\bar{R}>1$)。比较两种工况中脉冲沿径向分布值，发现趋势相似。

基于给定圆柱形或高空球形中沿定向的冲击波峰值或脉冲值与等效球形中对应值的比值，得到圆柱形或高空球形的调整系数。关于调整系数的详细讨论见第7.4.4.2节。

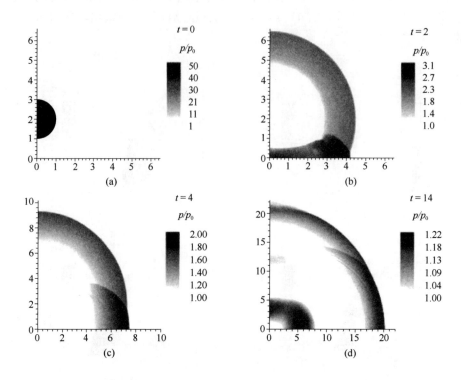

图7.3 高空球形爆裂产生冲击波区域的压力云图
（X 和 Y 轴是基于特征尺寸 r_0 的缩放距离）（Geng，2009 年）

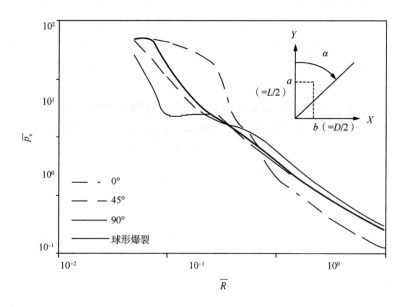

图7.4 不同角度圆柱形爆裂产生的表面爆炸侧向比例超压
（角度分别为 0°、45° 和 90°，与球形爆裂对比）（Geng，2009 年）

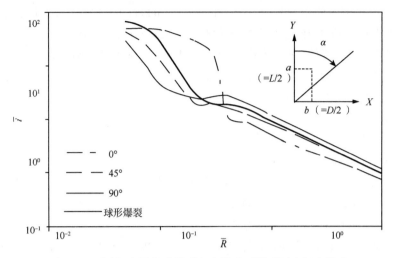

图 7.5 不同角度圆柱形爆裂产生的表面爆裂侧向标度脉冲
（角度分别为 0°、45°和 90°，与球形爆裂对比）（Geng，2009 年）

7.4 压力容器爆裂冲击波作用计算方法

鉴于压力容器爆裂的物理特性和复杂性，冲击波计算方法可以分成三类：TNT 等效法、冲击波曲线法和数值模拟法。冲击波曲线法是实际中广泛采用的工程技术方法，后面将着重讲述。

TNT 等效法不被推荐。对于大部分实际工况，类似 TNT 的爆炸不是压力容器爆裂好的等效方法。TNT 等效法在压力容器爆裂附近区域的计算值偏高，而在较远区域则偏低；对于脉冲的计算，则除了容器附近区域，所有方向上的计算值都偏低。

数值模拟法是基于计算流体动力学（CFD）开发的。关于压力容器爆裂的 CFD 模型是在网格域中求解守恒方程的基本方法。由于三维数值模拟能够更好呈现复杂真实的工况，在提供高精度结果、捕捉给定工况细节方面具有很大应用潜力。作为强化开发程序的结果，有几个 CFD 程序已开发出来。

实验评估对于数值模拟法是经验性的。因此，在用任何计算程序分析问题时，先要与实验结果进行有效性验证。同时，还有其他的参数如网格和时间精度等也对结果有明显的影响，对使用者的专业性具有较高的要求。因为数值模拟的复杂性，对数值模拟法的详细描述不在本书的讨论范围。

7.4.1 冲击波曲线的绘制

研究者采用不同的数值方法，对冲击波曲线进行了一维模拟研究，得到了几套冲击波曲线。数值模拟方法精确计算了爆炸源工况（压力、温度、气体物性等）和激波膨胀。模拟得到的压力容器爆裂冲击波曲线相对于 TNT 等效法有明显的改进。

7.4.1.1 Baker-Strehlow 冲击波曲线

Strehlow 和 Ricker（1976 年）制作了球形爆炸产生的高压和脉冲沿距离的变化曲线。这些曲线是通过拉格朗日坐标体系下一维数值计算得到，基于 Von Neumann-Richtmyer 有限差分法（Von Richtmyer，1950 年）。

Baker 等（1975 年）补充和扩展了 Strehlow 和 Ricker（1976 年）的工作，加入了更多球形压力容器爆裂的工况来研究依赖性，包括：压力范围 5～37000bar、温度范围 0.5～50 倍大气环境绝对温度、容器内气体比热容比是 1.2、1.4 和 1.667。Baker 和 Strehlow 合作对 Baker（1983 年）的压力容器爆裂冲击波曲线和方法进行了修订。Baker-Strehlow 曲线在国际上被认可，常被用作参考。TNO Yellow Book 中引用了 Baker-Strehlow 曲线（Yellow Book，1979 年，1997 年）。

7.4.1.2　Baker-Tang 冲击波曲线

Tang、Cao 和 Baker（1996 年）基于系统的一维球形计算（参考 Baker-Tang 曲线），提出了一套完整的冲击波曲线，其忽略了容器和容器爆裂碎片的影响，即认为所有能量都进入了流场，而没有转化为碎片的动能。同时，容器周围气体假定为大气，所有流体都假定为理想气体。Baker-Tang 冲击波曲线是球形的、自由空间的（free-air）且没有考虑地面波反射。在地面上或接近地面位置的压力容器模型中采用 2 倍的冲击波能量来考虑地面反射作用。

球形和自由空间结构是假定一个球形压力容器突然失效破裂，沿整体外表均匀地产生对称的激波。非均匀压力容器失效破裂，例如一个圆柱形压力容器的一端，会在容器附近产生非对称的冲击波。在容器附近区域的非对称冲击波压力相对于球形自由空间冲击波会偏高或偏低，且需要特殊的 CFD 模型来计算。第 7.3.3 节主要针对圆柱形压力容器爆裂中的结构影响和高空球形均匀压力容器爆裂。

在数值模型中采用自定义黏度，减少了高压损失，得到了 Baker 和 Tang 曲线。该模型在远距离区域的计算结果比 Baker-Strehlow 曲线高。同时，Baker 和 Tang 曲线发展用来简化计算，模型中增加了一些特殊破裂压力下的曲线，减少了对激波管方程迭代计算和在 Baker-Strehlow 方法中绘制冲击波曲线图表的需求。

图 7.6～图 7.9 展示了 Baker 和 Tang 的压力容器爆裂高压和脉冲冲击波曲线，含有正相和负相。高爆炸冲击波曲线用来作对比。图表中采用的相似参数和相似距离在第 7.2 节已介绍。采用 Brode 能量公式来缩放所有的冲击波参数。

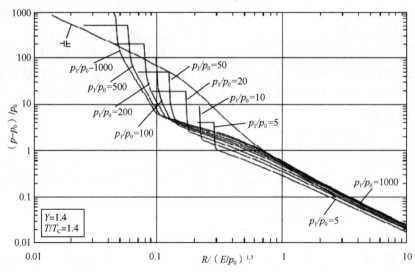

图 7.6　各种容器压力下压力容器爆裂产生的正超压曲线（Tang 等，1996 年）

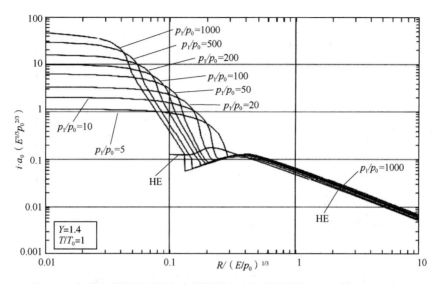

图 7.7 各种容器压力下压力容器爆裂产生的负压曲线(Tang 等，1996 年)

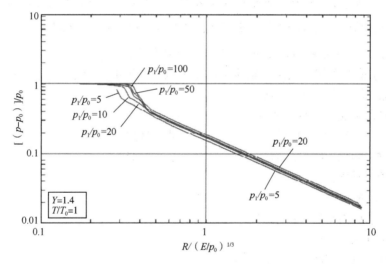

图 7.8 各种容器压力下压力容器爆裂产生的正脉冲曲线(Tang 等，1996 年)

7.4.2 压力容器爆裂冲击波作用的影响因素

Tang 和 Baker(1996 年，2004 年)采用参数研究法(parametric study)研究了压力和脉冲计算结果对初始条件的敏感性。研究结果总结如下：容器爆裂前的压力是决定冲击波参数的主要因素。固定容器容积下较高的压力意味着更高的总能量和较高的爆炸源能量密度，能够产生更强的冲击波。不像理想化的爆炸源，如高能爆炸，不同能量级别下压力容器爆裂产生的冲击波曲线不能合并形成一条曲线，即使采用了萨克(Sach)能量相似方法。这里与理想化爆炸源行为的偏离比较显著，因为较低能量密度的爆炸源中一小部分的能量也转化到冲击波中。

爆炸能量随着压力容器中气体体积直接变化，从第 7.3.1.3 节的每个能量公式中都能看出来。容器中被液体和固体所占的体积(非抑制沸腾)能够在爆炸能量计算时从容器总容积中推断得到。通过假定整个容器内填充了气体，可以得到爆炸能的保守估计。相连管线中的体积不予以考虑，因为对爆炸能的贡献很少。

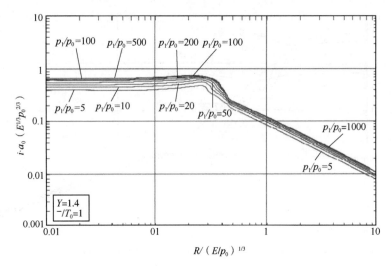

图 7.9　各种容器压力下压力容器爆裂产生的负脉冲曲线(Tang 等，1996 年)

高空容器温度的作用只有在近距离区域才需要考虑，如对于超压是 $\bar{R}<1.0$，对于脉冲是 $\bar{R}<0.5$。对于高温爆炸源，在较远区域的冲击波压力和脉冲略低。因此，可以合理保守的认为，在 $\bar{R}<$ 大于 1.0 的区域可以忽略爆炸源高于环境的温度。

拥有较高 γ 值的爆炸源气体，能够比较低 γ 值的产生更大的脉冲。γ 对冲击波高压的作用在能量相似的高压曲线中不大明显。

7.4.3　计算冲击波作用的步骤

本节对压力容器爆裂实用计算方法的讨论，从含理想气体的无质量球形开始，后面考虑碎片作用、实际气体行为等因素的影响，并对方法进行修正。

步骤 1　数据收集

收集以下数据：

- 压力容器的内部压力(绝压)，p_1；
- 环境大气压力，p_0；
- 装载气体有效容积，V_1；
- 气体比热容比，γ_1；
- 测量点到容器中心点的距离，r；
- 容器几何形状：球形或圆柱形；
- 容器内气体中的声速，a_1；
- 环境气体中的声速，a_0；
- 容器内气体的比热容比，γ_1；
- 环境气体的比热容比，γ_0。

步骤 2　容器内气体内能计算

容器内压缩气体的能量 E 通过适用于自由气体爆炸(free air explosion)的 Brode 公式计算。

$$E=\frac{(p_1-p_0)V_1}{\gamma_1-1}$$　　　　　式(7.15)

对于地面上容器爆裂爆炸，考虑到地面对冲击波的反射作用，能量计算需要翻倍：

$$E = \frac{2(p_1 - p_0)V_1}{\gamma_1 - 1} \qquad \text{式}(7.16)$$

步骤3 破裂曲线选择

计算容器爆裂压力比 $p_1 : p_0$；然后分别计算与容器爆裂压力比有关的局部位置的超压曲线(图7.6)和脉冲曲线(图7.7)。

步骤4 测量点的缩放间距(scaled standoff distance) $\bar{R}$ 计算

$$\bar{R} = R \frac{p_0^{1/3}}{E^{1/3}} \qquad \text{式}(7.17)$$

式中 R——冲击波参数的实际测量点。

步骤5 缩放正超压(scaled positive overpressure) $\bar{p}_s$ 计算

通过与压力容器爆裂压力比 $p_1 : p_0$ 相关的曲线，并从图7.6中读取 $\bar{p}_s$ 以得到近似的 $\bar{R}$，计算缩放侧面超压(scaled side-on overpressure) $\bar{p}_s$。

步骤6 缩放正脉冲(scaled positive impulse) $\bar{i}_+$ 计算

类似的，从图7.7中读取 $\bar{i}_+$，得到近似的 $\bar{R}$。

步骤7 调整 $\bar{p}_s$ 和 $\bar{i}_+$，以得到不同初始参数，如容器温度和容器几何参数等

详见第7.4.4节关于各方面调整的内容。

步骤8 计算 p_s 和 i_s

通过式(7.2)和式(7.3)，基于缩放侧面超压(scaled side-on peak overpressure) $\bar{p}_s$ 和缩放侧面脉冲(scaled positive impulse) $\bar{i}$，计算侧面高峰超压 p_s。

$$p_s = \bar{p}_s p_0 \qquad \text{式}(7.18)$$

$$i_s = \frac{\bar{i} p_0^{2/3} E^{1/3}}{a_0} \qquad \text{式}(7.19)$$

式中 a_0——大气中的声速，对于海平面平均工况，p_0 约为 101.3kPa，a_0 为 340m/s。

7.4.4 容器温度和几何形状的调整

7.4.4.1 容器温度调整

相较于环境温度下的工况，容器温度升高增加了容器附近的正相超压，但随着与容器的距离增加，影响作用逐步减小。当目标点离容器的距离足够远时，就不必对温度作用进行调整，可以通过环境温度下的冲击波曲线(图7.6~图7.9)来得到更高温度比。对于脉冲，采用环境温度冲击波曲线一般能够满足对较高温度工况的计算需求。

Baker 和 Tang(2004年)给出了高温和容器爆裂压力比为50工况下的超压和脉冲的冲击波曲线。也可以用CFD模拟来得到特殊压力和温度工况下的参数。

7.4.4.2 几何形状调整

基于第7.4.3节中介绍的程序步骤能够得到球形冲击波的参数，适用于球形压力容器爆裂成很多碎片的工况。在实际中，容器既不是球形也不是圆柱形，而且安装高度通常高于地面。这些都对冲击波参数有影响。为了考虑容器几何参数的影响，Baker(1975 年)从关于各种形状的高能爆炸实验[experiments with high-explosive(HE)charges of various shapes]中，推导出了一些调整系数。然而，Geng(Geng、Baker 和 Thomas，2009 年)发现这些基于高能爆炸实验的调整系数并不能直接应用于圆柱形或高空球形的压力容器爆裂工况，进一步的，Geng 提出了一组针对 PVB 的调整因子来代替。

图 7.10 中展示了适应于自由空间中圆柱形压力容器爆裂的调整曲线，图 7.11 展示了适用于高空球形压力容器爆裂的调整曲线。无论对于圆柱形还是高空球形，容器爆裂压力范围都是 $10\sim100$。对于圆柱形压力容器爆裂，测量点距离与直径比值范围是 $2\sim10$，对于高空球形压力容器爆裂，离地高度与半径比值范围是 $1\sim5$。$\bar{p}_s$ 和 $\bar{i}$ 可以通过与从这些曲线中推导出的调整系数相乘得到。

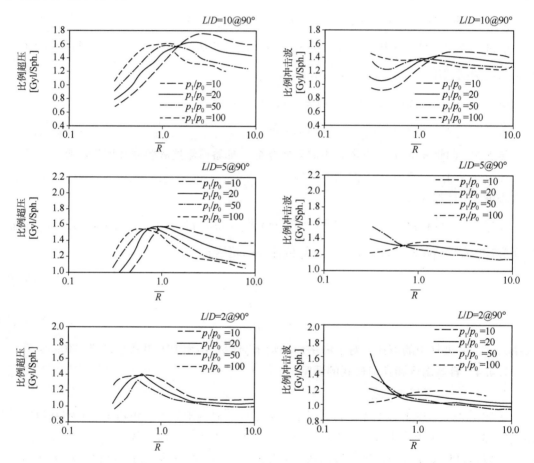

图 7.10　圆柱形自由空间压力容器爆裂的调整系数曲线(与球形自由空间爆裂比较)(Geng，2009 年)

对于自由空间的圆柱形压力容器爆裂，有两种等效形式：地面上的竖直和水平圆柱体，如图 7.12 所示。考虑到地面为反射平面，地面上竖直圆柱体的初始长度 L 可以乘以 $2(L'=2L)$，以得到没有地面影响的相同冲击波压力。镜像组合的圆柱体等效于自由空间中纵横比为 $L'/D(=2L/D)$ 的圆柱体。相似的，如果直径为 $d=D/\sqrt{2}$ 的水平圆柱形容器直接放在地面上，地面同样可以考虑成反射面得到镜像组合的冲击波流场。地面上水平圆柱体的等效自由空间中圆柱体的纵横比为 $L/D(=L/\sqrt{2}d)$。这样，自由空间中纵横比为 L'/D 的圆柱体，地面上纵横比为 L/D 的竖直圆柱体，地面上纵横比为 L/d 的水平圆柱体，是等效的。图 7.10 中的调整因子曲线适用于直接放大地面上的竖直和水平圆柱形。

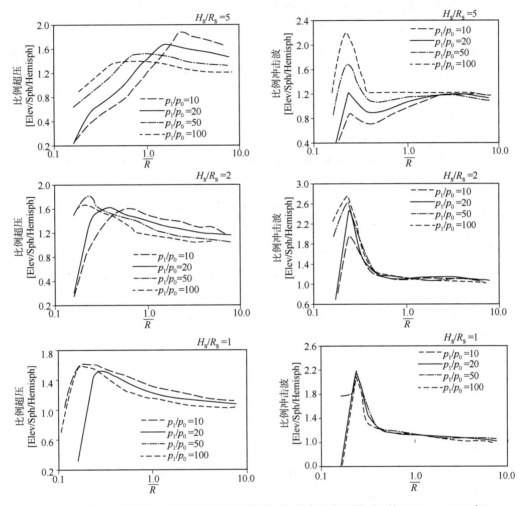

图 7.11　高空球形压力容器爆裂的调整系数曲线（与半球表面爆裂比较）（Geng，2009 年）

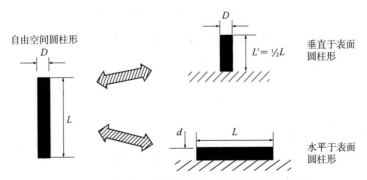

图 7.12　与自由空间爆裂等效的圆柱形表面爆裂

圆柱形容器的冲击波曲线沿着轴线方向最薄弱(见第7.3.3节)。因此,水平放置容器的冲击波流场是对称的。沿着90°方向(垂直于圆柱轴)的计算方法,只能得到水平放置储罐参数的最大值。

7.4.5 示例:球形压力容器的气体冲击波

一个地面球形压力容器的压力测试,是采用氮气在高于其最大允许工作压力(MAWP)25%的压力下进行的。如果容器在测试过程中发生爆裂,距离该容器15m的大型储罐或者距离100m的控制室,都可能受损。这些位置的侧向超压和脉冲会是多少呢?

计算步骤:

步骤1 数据收集

- 大气压力 p_0 为0.10MPa。
- 容器的最大允许工作压力(MAWP)是1.92MPa,测试压力高出25%。因此,容器内绝对压力 p_1 为

$$p_1 = 1.25 \times 1.92\text{MPa} + 0.1\text{MPa} = 2.5\text{MPa}(25\text{bar})$$

- 压力容器体积,V_1 为25m³。
- 氮气的比热容比,γ_1 为1.40。
- 测量点到容器中心点的距离 r,对于控制室为100m,对于大型储罐为15m。
- 容器为地面上球体。
- 容器内压缩氮气中的声速与大气中的声速之比 a_1/a_0 约为1。
- 大气的比热容比为1.40。

步骤2 爆炸点能量计算

压缩气体的能量计算:

$$E_{ex} = \frac{(p_1 - p_0)2V_1}{\gamma_1 - 1} \tag{式(7.20)}$$

代入数值计算:

$$E_{ex} = (2.5 \times 10^6\text{Pa} - 0.1 \times 10^6\text{Pa}) \times 2 \times 25\text{m}^3 / (1.4 - 1) = 300\text{MJ}$$

步骤3 冲击波曲线选型

为了在图7.6中选择合适的曲线,需要计算容器爆裂压力比 p_1/p_0:

$$p_1/p_0 = 2.5\text{MPa}/0.10\text{MPa} = 25$$

步骤4 测量点的缩放间距(scaled standoff distance)$\bar{R}$ 计算

缩放间距(scaled standoff distance)$\bar{R}$ 计算公式:

$$\bar{R} = R\left(\frac{p_0}{E_{ex}}\right)^{1/3} \tag{式(7.21)}$$

对于控制室,赋值计算:

$$\bar{R} = 100\text{m} \times (0.1 \times 10^6\text{Pa}/300 \times 10^6\text{J})^{1/3} = 6.9$$

对于大型储罐,赋值计算:

$$\bar{R} = 15\text{m} \times (0.1 \times 10^6\text{Pa}/300 \times 10^6\text{J})^{1/3} = 1.04$$

步骤 5　缩放正超压(scaled positive overpressure)$\overline{p}_s$ 计算

为了计算大型储罐位置的缩放侧向超压峰值 $\overline{p}_s$，从图 7.6 中在缩放距离 $\overline{R}=1.04$ 位置读取 $\overline{p}_s$。首先找到 $p_1/p_0=25$ 曲线，从开头位置起找到 $\overline{p}_s$ 为 0.4。

为了计算控制室位置的缩放侧向超压峰值 $\overline{p}_s$，从图 7.6 中在缩放距离 $\overline{R}=6.9$ 位置读取 $\overline{p}_s$。首先找到同一条曲线，从开头位置起找到 $\overline{p}_s$ 为 0.03。

步骤 6　缩放正脉冲(scaled positive impulse)$\overline{i}_+$ 计算

从图 7.7 中读取储罐位置的缩放侧向脉冲 $\overline{i}$，对于 $\overline{R}=1.04$，$\overline{i}=0.05$。

从图 7.7 中读取控制室位置的缩放侧向脉冲 $\overline{i}$，对于 $\overline{R}=6.9$，$\overline{i}=0.008$。

步骤 7　考虑到几何因素影响而调整 $\overline{p}_s$ 和 $\overline{i}_+$

压力容器为地面上的球体，故容器几何结构对 PVB 中储罐或控制室受到的冲击波载荷没有影响。

步骤 8　计算 P_s 和 i_s

基于缩放侧面超压峰值(scaled side-on peak overpressure)$\overline{p}_s$ 和缩放侧面脉冲(scaled positive impulse)$\overline{i}$，计算侧面超压峰值 p_s 和侧向脉冲 i_{so}:

$$p_s=\overline{p}_s p_0 \qquad i_s=\frac{\overline{i}p_0^{2/3}E_{ex}^{1/3}}{a_0}$$

大气中的声速 a_0 近似为 340m/s。

赋值计算，对于储罐有

$$p_s=0.4\times0.1\times10^6\text{Pa}=40\text{kPa}(0.40\text{bar})$$

$$i_s=[0.05\times(0.1\times10^6\text{Pa})^{2/3}\times(300\times10^6\text{Pa})^{1/3}]/340\text{m/s}=211\text{Pa}\cdot\text{s}$$

对于控制室有

$$p_s=0.03\times0.1\times10^6\text{Pa}=3.0\text{kPa}(0.03\text{bar})$$

$$i_s=[0.008\times(0.1\times10^6\text{Pa})^{2/3}\times(300\times10^6\text{Pa})^{1/3}]/340\text{m/s}=34\text{Pa}\cdot\text{s}$$

7.5　压力容器爆裂碎片

事故案例(见第 3 章)证明了压力容器的各种失效模式和碎片抛射距离。失效模式主要由容器壁初始裂纹方向决定。如果最初的裂纹沿周向传播，则容器可能会分裂成两个主要碎片，其中任何一个碎片都可以在喷出压缩气体推力作用下成为像火箭一样的抛射物，抛射距离可达数百米甚至更远。

初始的纵向裂纹会导致设备失效，从单一的纵向裂纹发展到多个裂纹，进而容器破裂成多个碎片。

碎片的大小受容器内压力上升速率和相对于设计压力的破坏压力的影响。在工作压力稳定或接近工作压力时，发生失效的容器往往只会产生少量碎片。相反，如果容器压力突然增加，并在大部分容器表面达到极限应力，那么容器就会破碎成许多块。

7.5.1 压力容器爆裂产生的碎片

除了冲击波之外，在压力容器爆裂过程中产生的碎片或对物体的撞击也会造成严重损伤。有两种类型的碎片：主碎片和二次碎片。主碎片是指来自压力容器本身的碎片，它可能是压力容器器壁的一部分，也可能是容器爆裂前压力容器内储存的颗粒或其他物质。二次碎片是指位于爆炸源附近的物体，爆炸冲击波将其加速运动，可加速到能造成冲击破坏的速度。

压力容器爆裂的主要碎片在许多方面与高爆弹或炮弹产生的碎片不同。另一方面，压力容器爆裂只产生少量碎片。在某些情况下，压力容器只分裂成两个或几个碎片。这种速度通常比烈性炸药的速度要低得多，速度只有每秒几百米。

烈性炸药释放的碎片通常很小（约1g），呈"块状"，其所有线性维数的数量级相同。压力容器爆裂的碎片通常比较大，碎片可以飞行很长距离，因为大的容器碎片可以像"火箭"一样飞行，盘状碎片可以像"飞盘"一样飞行。盘状碎片是扁平的圆盘状碎片，在飞行过程中会高速旋转，并达到可产生升力的稳定飞行状态，它们的飞行距离比翻滚的碎片更远。盘状碎片的发生概率很低。

在许多情况下，容器内压力气体不具有理想气体的特性。在极高压力下，范德瓦尔斯力（Vand Waals forces）变得非常重要，也就是说，分子间力和有限的分子大小影响气体的行为。另一种不理想的情况是，当同时含有气体和液体的容器爆裂后，液体会闪蒸。

关于这种非理想但非常现实的情况的报道很少。Wiederman（1986a，b）的两篇论文讨论了非理想气体。他使用在非理想气体的诺贝尔-阿贝尔状态方程中的协同体积参数（Co-volume parameter）来量化对碎片速度的影响。协同体积参数定义为气体的初始阶段比体积与对应的理想气体值之差。

对于比例压力 $p=0.1$ 的最大值，当将协同体积参数应用于半球体时，V_i 降低 10%。一般来说，碎片飞行速度比理想气体情况下的计算速度要低。Baum（1987 年）建议根据所讨论气体的热力学数据来确定能量 E。

Wiederman（1986b）研究了均质、两相流体状态和一些在减压过程中变为均质（单态）的初始单相状态。结果发现，在饱和液体状态下，碎片的危害要比容器充气状态的危害严重。如果假定热力学数据确定的可用能量的 20% 为动能，那么在某些有限的液体闪蒸实验中出现的最大碎片速度就可以计算出来（Baum，1987 年）。

对于含有过热液体的容器，用于初速度的能量可以通过计算气体中的能量加上闪蒸液体的能量来确定。这个值可以通过考虑原先压缩液体膨胀释放出的能量来修正。

下面给出的碎片初始速度计算是在假设理想气体状态下进行的。

7.5.2 充满理想气体容器碎片的初始速度

7.5.2.1 基于总动能的初速度

假设容器内物质的总内能 E 转化为碎片动能，可以计算出初始碎片速度的理论上限，得到两个简单关系式：

$$v_i = \left(\frac{2E_k}{M_C}\right)^{1/2} \qquad\qquad 式（7.22）$$

式中　v_i——初始碎片速度；

　　　E_k——动能；

　　　M_C——容器总质量。

动能(E_k)由内能 E 计算得到，内能可由布罗德方程[式(7.7)]计算得到：

式(7.22)和布罗德方程对初速度 v_i 估计过高，在测定能量 E 的方法上进行了改进。当充满理想气体的容器突然爆裂时，减压会发生得如此之快，以致其与周围环境的热交换可以忽略不计。假设绝热膨胀，可将碎片动能转化为动能的最高能量分式为

$$E_k = k \frac{p_1 v_1}{\gamma_1 - 1} \qquad \text{式(7.23)}$$

其中

$$k = 1 - \left(\frac{p_0}{p_1}\right)^{(\gamma-1)/\gamma} \qquad \text{式(7.24)}$$

Baum(1984 年)通过计算膨胀气体推开空气所做的功修正了这个方程：

$$k = 1 - \left(\frac{p_0}{p_1}\right)^{(\gamma-1)/\gamma} + (\gamma-1)\frac{p_0}{p_1}\left[1 - \left(\frac{p_0}{p_1}\right)^{-1/\gamma}\right] \qquad \text{式(7.25)}$$

根据 Baum(1984 年)提出的修正方程，对于压力比 p_1/p_0 从 10~100，y 从 1.4~1.6，因子 k 在 0.3~0.6 之间变化，这可以降低 v 的计算值约 45%。根据 Baum(1984 年)和 Baker 等(1978b)的研究，用上述方程计算出的动能仍然是一个上限。

在 Baum(1984 年)的研究中，总能量转换成动能的比例来自大量实验中测量的碎片速度数据[为此目的所应用的实验包括 Boyer 等人(1958 年)所描述的实验；Boyer，1959 年；Glass，1960 年；Esparza 和 Baker，1977a；Moore，1967 年；Collins，1960 年；Moskowitz，1965 年；Pittman，1972 年]。从这些实验中发现，转化为动能的比例是通过 Baum 简化得到的总能量的 0.2~0.5 之间。根据这些数字，在式(7.23)中使用 $k = 0.2$ 进行粗略的初始计算是合适的。

7.5.2.2　基于理论考虑的初速度

为提高碎片初速度的预测能力，开展了大量理论研究工作。在这些研究工作中，Grodzovskii 和 Kukanov(1965 年)提出的模型已经被许多研究人员修正。在这个模型中，碎片上的加速度是由考虑通过不断增加的碎片之间间隙的气流确定的。这种方法认识到，并非所有可用的能量都可转化为动能。因此，所计算的初始速度降低了。

Toylor 和 Price(1971 年)的工作分析测定了理想气体中从球形压力容器中分裂成两等份碎片的速度。该理论扩展到 Bessey(1974 年)的大量碎片、Bessey 和 Kulesz(1976 年)的圆柱形几何体。Baker 等人(1978b)对大小不均的碎片理论进行了修正。在计算初始速度时，忽略了破坏容器壁所需的能量。

Baker 等人(1975 年)将从球体爆裂成大量碎片的碎片速度预测数据和一些实验数据进行了比较。Boyer 等人(1958 年)和 Pittman(1972 年)分别测量了玻璃球和钛合金球爆裂时的碎片速度。鉴于速度测量的难度，计算和测量的速度基本一致。

参数研究的结果如图 7.13 所示，可以用来确定初始碎片速度(Baker 等 1978a 和 1983 年)。

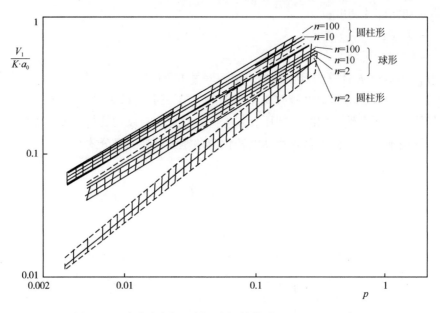

图 7.13　碎片速度与比例压力间的关系(Baker，1983 年)

图 7.13 中的比例项为

按比例缩小的压力：
$$\overline{p} = \frac{(p_1 - p_0)v_1}{M_C a_1^2}$$
　　　　式(7.26)

按比例缩小的初始速度：
$$\overline{v_i} = \frac{v_i}{Ka_i}$$
　　　　式(7.27)

对于相同的碎片，k 等于 1.0。对于充满理想气体的压力容器爆裂，图 7.15 可用于计算初速度 V_i。除已定义的量(a_1、p_1、p_0、V)外，还需替换的参数包括：

M_C——容器质量；

K——不均匀碎片因子；

$\overline{p}$——按比例缩小的压力；

$\overline{v_i}$——按比例缩小的初始速度。

图 7.13 中的三个独立区域已经确定，以解释圆柱体和球体分离成 2 个、10 个或 100 个碎片的速度分布。用于得出该数字的假设来自 Baker 等(1983 年)，即：

- 容器在气体压力下爆裂成相等的碎片。如果只有两个碎片，且容器为圆柱形，端盖为半球形，则容器破裂时垂直于对称轴。如果有两个以上的碎片，且容器为圆柱形，则碎片带形成并沿对称轴向径向扩展(在本例中忽略了容器的两端盖板)。
- 容器的厚度均匀。
- 圆柱形容器的长径比为 10。
- 所储存的气体有氢(H_2)、空气、氩(Ar)、氦(He)或二氧化碳(CO_2)。

所储存气体的声速 a_1 必须根据设备失效时的温度计算：
$$a_1^2 = T\gamma R/m$$
　　　　式(7.28)

式中　R——理想气体常数；

T——失效时容器内的绝对温度；

m——相对分子质量。

附录 B 给出了一些常见气体的特性。

当对相等的碎片使用图 7.13 时，K 必须取 1（单位）。对于圆柱体被分成两个垂直于圆柱轴的不相等部分的情况，K 值取决于碎片质量与圆柱体总质量的比值，该比值由 Baker 等人（1983 年）计算。借助图 7.14 可以确定具有质量 M_f 的碎片的因子 K。图中的虚线限定了散布区域。

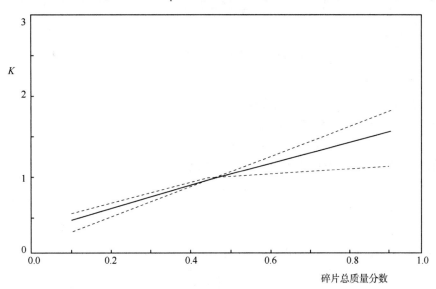

图 7.14 不均等质量碎片的调整因子（Baker 等，1983 年）

7.5.2.3 基于经验公式的初速度

除了理论推导的图 7.15 外，Moore（1967 年）提出的经验公式也可用于计算初速度：

$$v_i = 1.092 \left(\frac{E_k G}{M_C} \right)^{0.5} \qquad \text{式}(7.29)$$

其中，对于球罐：

$$G = \frac{1}{1 + 3M_G/5M_C} \qquad \text{式}(7.30)$$

圆柱形容器：

$$G = \frac{1}{1 + M_G/2M_C} \qquad \text{式}(7.31)$$

式中 M_G——气相总质量；

$\quad\quad E_k$——动能；

$\quad\quad M_C$——外壳或容器的质量。

Moore 推导的方程是由容器内烈性炸药加速的碎片推导出来的。该方程预测的速度高于实际速度，特别是在容器压力较低和碎片较少的情况下。根据 Baum（1984 年），Moore 推导方程预测了基于总动能的方程预测值与图 7.15 所示值之间的速度值。

Baum（1987 年）给出了理想气体的其他经验公式；推荐的速度是上限。在每一个关系式中，都应用了一个参数 F。

对于大量碎片，F 由如下公式获取：

$$F = \frac{(p_1 - p_0) r}{m a_1^2} \qquad \text{式}(7.32)$$

式中　m——容器壁单位面积的质量；

　　　r——容器半径。

　　对于少数碎片，F 可以写成：

$$F = \frac{(p_1 - p_0) A r}{M_f a_1^2} \qquad \text{式}(7.33)$$

式中　r——容器半径；

　　　A——压力容器分离部分的面积；

　　M_f——碎片质量。

　　根据 F 的值，可以得到初速度的经验关系式如下：

- 用于从圆柱形容器上断裂的端盖：

$$v_i = 2 a_1 F^{0.5} \qquad \text{式}(7.34)$$

- 圆柱形容器在垂直于其轴线的平面上分成两部分：

$$v_i = 2.18 a_1 \left[F (L/R)^{1/2} \right]^{2/3} \qquad \text{式}(7.35)$$

式中　L——压力容器的长度。

　　其中，$A = \pi r^2$。

- 从圆柱形容器中喷射出的单个小碎片：

$$v_i = 2 a_1 \left(\frac{F s}{r} \right)^{0.38} \qquad \text{式}(7.36)$$

式(7.34)仅在以下条件下有效：

$$20 < p_v / p_0 < 300 ; \quad \gamma = 1.4 ; \quad s < 0.3 r$$

- 将圆柱形和球形容器分解成多个碎片：

$$v_i = 0.88 a_1 F^{0.55} \qquad \text{式}(7.37)$$

7.5.2.4　讨论

Baum(1984 年)对第 7.5.2 节中描述的模型进行了比较。图 7.15 描述了这种比较关系。能量 E_k 是根据 Baum 的修正来计算 k 值。

根据图 7.15，当一个球体被分成 2 个或 100 个小块时，$p_1/p_0 = 50$ 和 10，所以在图 7.17 中添加了一些曲线。显然，Brode(1959 年)和 Baum(1984 年)提出的简单关系式预测的速度最高。

当标度能量 E 的值较小时，模型之间的差异在以下方程中变得显著：

$$\overline{E}_k = \left(\frac{2 E_k}{M_C a_1^2} \right)^{0.5} \qquad \text{式}(7.38)$$

在大多数工业应用中，标度能量(比例缩放能量)将在 0.1~0.4 之间(Baum，1984 年)，因此在压力上升速度相对较慢的正常情况下，预计碎片较少，可以用图 7.15 计算。然而，如果压力上升迅速，如在一个指数增长的失控反应中，其可以达到更高的速度。

在 Brode(1959 年)和图 7.15 中提出的关系式中，速度没有上限，尽管图 7.15 大约被 0.005 和 0.2 的比例压力(大约 0.1 和 0.7 的比例能量)所限制。然而，Baum(1984 年)指出

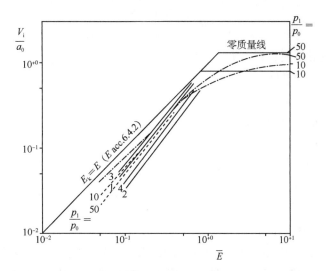

图 7.15 计算 $\gamma = 1.4$ 时充满气体的压力容器爆炸碎片速度(源自 Baum，1984 年；Baker 等，1987 年计算结果)
(- - -)—Baum 给出的 $p_1/p_0 = 10$ 和 50；(- ··)—Moore 给出的 $p_1/p_0 = 10$ 和 50；1—Baker 给出的 $p_1/p_0 = 10$ (2 个碎片)；
2—Baker 给出的 $p_1/p_0 = 50$ (2 个碎片)；3—Baker 给出的 $p_1/p_0 = 10$ (100 个碎片)；4—Baker 给出的 $p_1/p_0 = 50$ (100 个碎片)

速度有一个上限，即无质量碎片的最大速度等于膨胀气体的最大速度(接触面速度峰值)。在图 7.17 中，这个最大速度由 $p_1/p_0 = 10$ 和 50 的水平线表示。如果将图 7.15 中的值外推到更高的压力，则速度将被高估。

Moore(1967 年)提出的方程倾向于遵循上限速度。这并不奇怪，因为这个方程是基于高水平的能量。尽管它很简单，但它的结果与其他低能级和高能级的模型相比还是相当不错的。

对于较小的压力，速度可以用 Baum(1987 年)提出的公式计算，这使得圆柱形和球形容器都分解成多个碎片，这一结果也可以通过图 7.15 得到。然而，实际的经验是容器爆裂时很少产生大量碎片 ($v_i = 0.88a_1F^{0.55}$)。在这些方程或曲线的低标度压力区域出现大量碎片，可能是由于推导这些方程的实验室实验性质决定的。在这些实验中，使用了特殊合金制成的小容器；这种合金和容器尺寸在实际中并不常见。

Baum 的方程 ($v_i = 0.88a_1F^{0.55}$) 可以与图 7.15 中的曲线相比较，图中 $F = n$ 乘以比例压力，其中 $n = 3$ 表示球形，$n = 2$ 表示圆柱形(忽略端盖)。对于球形，Baum 的方程给出了比 Baker 等人(1983 年)的模型更高的速度，但是对于圆柱形，这个方程给出了更低的速度。

7.5.3 自由飞行碎片的抛射距离

当碎片达到一定的初速度后，即当碎片不再被爆炸加速时，作用在碎片上的力是重力和流体动力。流体动力被细分为阻力和升力两部分。这些力的作用取决于碎片形状和相对于风向的运动方向。

7.5.3.1 忽略动态流体力

计算碎片抛射距离的最简单关系式忽略了阻力和升力。竖直和水平范围 z_v 和 z_h，则取决于初始速度和初始轨迹角 α_i：

$$H = \frac{v_i^2 \sin(\alpha_i)^2}{2g}$$

式(7.39)

$$R = \frac{v_i^2 \sin(\alpha_i)^2}{g} \qquad\qquad 式(7.40)$$

式中　R——水平抛射距离；

　　　H——碎片到达的高度；

　　　g——重力加速度；

　　　α_i——轨迹与水平面的初始角度；

　　　v_i——初始碎片速度。

当 $\alpha_i = 45°$ 时，碎片的最大水平抛射距离。

$$R_{\max} = \frac{v_i^2}{g} \qquad\qquad 式(7.41)$$

7.5.3.2　包含动态流体力

考虑流体动力的影响需要一组微分方程的组合。Baker 等人(1975年)利用 Runge-Katta 法求解这些微分方程，确定了若干条件下的碎片抛射范围，并以方便实际使用的形式绘制结果，如图 7.16 所示。他们假设碎片在飞行过程中的位置相对于它的轨迹是相同的；也就是说，攻角保持不变。事实上，碎片可能在飞行过程中坠落。

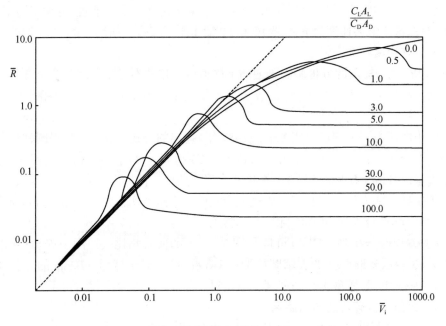

图 7.16　碎片按比例缩小的范围预测曲线(源自 Baker 等，1983 年)

(┈┈┈)—忽略流体动能

图 7.16 绘制了最大距离 R 和初始速度 v_i 的比例图，其中：

$$\overline{R} = \frac{\rho_0 C_D A_D R}{M_f} \qquad\qquad 式(7.42)$$

$$\overline{v_i} = \frac{\rho_0 C_D A_D v_i^2}{M_f g} \qquad\qquad 式(7.43)$$

式中　$\bar{v}_i$——按比例缩小的初始速度；

　　　$\bar{R}$——按比例缩小的最大范围；

　　　R——最大抛射距离，m；

　　　ρ_0——环境大气密度，kg/m^3；

　　　C_D——阻力系数；

　　　A_D——在垂直于飞行轨迹平面上的暴露面积，m^2；

　　　g——重力加速度，m/s^2；

　　　M_f——碎片质量，kg。

在图 7.16 中，又使用了两个参数，即：

　　　C_L——升力系数；

　　　A_L——在平行于飞行轨迹平面上的暴露面积，m^2；

通过初始轨迹角的变化使射程最大化，从而形成了这些曲线。每条曲线都有指定的升阻比 $C_L A_L / (C_D A_D)$。虚线表示忽略流体动力的情况，适用于式(7.41)：

$$R_{max} = \frac{v_i^2}{g}$$

在大多数情况下，"大块的"碎片是可预想到的。这些碎片的升力系数为零，所以只有阻力和重力作用于它们；这样 $C_L A_L / (C_D A_D) = 0$ 曲线就有效。

利用图 7.16 确定碎片抛射距离的步骤为：

步骤 1：计算破片的升阻比，$C_L A_L / (C_D A_D)$。

步骤 2：计算碎片的速度项[式(7.43)]，$\bar{v}_i = \dfrac{\rho_0 C_D A_D v_i^2}{M_f g}$。

步骤 3：选择横轴图形上的速度项曲线；获得适当的升阻比；找到对应的量程项[式(7.42)]：$\bar{R} = \dfrac{\rho_0 C_D A_D R}{M_f}$，然后确定 R 的范围。

对于不在曲线上的升阻比 $C_L A_L / (C_D A_D)$，可以使用线性插值程序来确定曲线的距离。然而，在曲线的陡峭区域内插补会造成相当大的误差，建议使用 Baker 等人(1983 年)提出的方法来计算拖升比。

各种形状的阻力系数见表 7.1。关于升力和阻力的更多信息可以在 Hoerner(1958 年)中找到。

对于具有板状形状的碎片，升力可能很大，因此预测的范围可能比计算的范围 $R_{max} = v_i^2 / g$ 大得多。这就是所谓的"飞盘"效应，尤其是当攻角为 α 较小时(10°左右)。

表 7.1　阻力系数(Baker 等，1983 年)

形　　状	简　　图	C_D
圆柱形(长棒，侧向)	流体	1.20
球形		0.47

形　　状	简　　图	C_D
棒，端向	流体	0.82
圆盘，正向	流体　或	1.17
立方体，正向	流体	1.05
立方体，侧边向	流体	0.80
长矩形构件，正向	流体	2.05
长矩形构件，侧边向	流体	1.55
窄条，正向	流体	1.98

7.5.4　冲击碎片的抛射距离

一些涉及丙烷和丁烷等物质的事故会导致大碎片被意外地抛射很远的距离。Baker 等人（1978b）认为这些碎片形成了"火箭"效应。在他们的模型中，碎片保留了部分容器中的液体。液体在飞行的最初阶段蒸发，因此当蒸气从裂口溢出时，对碎片进行加速。Baker 等人（1978b）提供了简化的抛射方程。Baker 等人（1983 年）将该方法应用于两种情况，并将假设的飞行碎片的预测抛射距离与实际射程进行了比较。

碎片的射程也可以根据 Baum（1987 年）给出的准则计算出来。如第 7.5.1 节所述，对于闪蒸液体情况，初始速度的计算必须考虑总能量。如果做到了这一点，碎片飞行速度和爆裂容器液体闪蒸所加速的碎片速度相同。

使用 Baker 等人（1978a，b）和 Baum（1987 年）的方法计算了模拟事故的影响范围。这些方法之间的差异似乎很小。初始轨迹角对结果有很大影响。在许多情况下（例如，对于水平圆柱形），一个小的初始轨迹角是可以预期的。然而，如果使用最佳角度，则可以预测很长的抛射距离。

7.5.5　意外爆炸碎片的统计分析

在前几节中提出的理论模型没有提供关于碎片质量、速度或范围分布的信息，也没有提供关于预期碎片数量的信息。这些模型没有考虑到这些参数。在对意外爆炸结果的分析中可以找到更多的信息。

Baker(1978b)分析了25次容器爆炸事故中的质量、范围分布和碎片形状。由于数据有限，有必要将类似事件分成六组，以便为有用的统计分析提供足够的基础。

每个组的信息列在表7.2中。表7.2中给出的能量范围值需要进行讨论。在参考文献中，所有的能量值都是通过Brode's equation[式(7.7)]计算出来的。为了选择正确的事件组，用户也应该这样做。

表 7.2　采用压力容器爆裂事件组法进行碎片统计分析

事件组编号	事件数量	爆炸原料	能量范围/J	容器形状	容器质量/kg	碎片数量
1	4	丙烷，无水氨	$(1.487 \sim 5.95) \times 10^5$	铁路罐车	25542~83900	14
2	9	LPG(液化石油气)	3814~3921.3	铁路罐车	25464	28
3	1	空气	5.198×10^{11}	圆柱形和球形	145842	35
4	2	LPG(液化石油气)，丙烯	549.6	半挂车(圆柱形)	6343~7840	31
5	3	氩气	$2438 \times 10^9 \sim 1133 \times 10^{10}$	球形	48.26~187.33	14
6	1	丙烷	24.78	圆柱形	511.7	11

在数据允许的情况下，对每一组进行统计分析，得出碎片抛射距离分布和碎片质量分布的估计值。接下来的部分是根据Baker等人(1978b)的方法进行统计分析。

7.5.5.1　碎片抛射距离分布

依据参考文献，这六组事件中每一组的碎片抛射距离分布都遵循正态分布或高斯分布。结果表明，所选择的分布在统计学上是可以接受的。每个组的范围分布如图7.17和图7.18所示。有了这些信息，就可以确定范围小于或等于某个值的所有碎片的百分比。

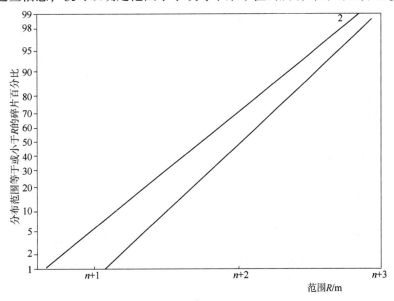

图 7.17　事件组 1 和 2 的碎片分布范围(Baker 等，1978b)

7.5.5.2 碎片质量分布

在三个事件组(第2、3、6组)上有相关的碎片质量分布。根据参考文献，它们遵循正态分布或高斯分布。这些分布如图7.19和图7.20所示。质量小于或等于某一数值的碎片的百分比可以用这些图来计算。

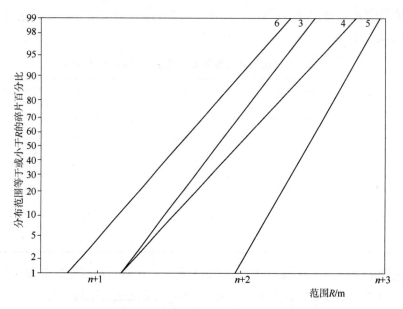

图7.18　事件组3~6的碎片分布范围(Baker等，1978b)

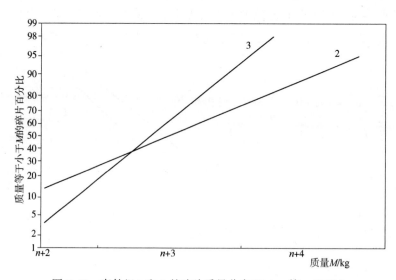

图7.19　事件组2和3的碎片质量分布(Baker等，1978b)

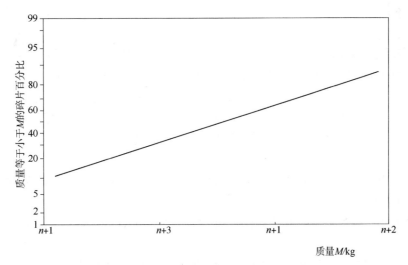

图 7.20 事件组 6 的碎片质量分布(Baker 等，1978b)

7.6 预测容器爆裂的碎片效应

对从爆炸压力容器中喷出的碎片进行风险定量分析时，应对碎片质量、飞行速度和抛射距离进行测定。在本章前面已经讨论过已建立的计算碎片初始速度和抛射距离的模型。

无论是统计方法还是理论方法都不足以确定碎片特征，有时很难决定使用哪一种方法。对于计算最大碎片抛射距离，第 7.6.1 节中的理论方法更为合适。为了估计碎片质量和抛射距离分布，应采用第 7.5.5 节中的统计方法。另一个有利于选择统计分析方法的因素是它给出结果的速度更快，因为理论方法需要应用大量的方程和数字进行计算。

7.6.1 数据分析

7.6.1.1 数据收集

开始计算之前须收集大量数据来描述容器本身、容器的属性以及失效时的状态。这些数据包括：

容器：

  形状(圆柱形或球形)

  直径 D；

  长度 L；

  质量 M；

  壁厚 t。

容器储存物：

  相对分子质量；

  体积 V；

  化学和物理性质；

  热力学性质；

  液体/气体比例。

故障状态：

内压 $p(Pa)$；

内部温度 $T(K)$。

设备失效的压力并不总是已知的。但是，根据假定的失效原因，可以估计压力：

- 如果失效是由内部压力增加和压力释放故障引起的，失效时的压力等于容器的失效压力。这种破坏压力通常是最大工作压力乘以第 7.1.1 节讨论的安全系数。如果知道容器的尺寸和材料参数，就可能进行更精确的计算。

- 如果失效是由于外部热量施加到容器上（例如火焰），容器内部压力上升，同时其材料强度下降。对于初始计算，可以假设失效压力等于额定流量下的安全阀释放压力（见第 7.1.1 节）。

- 如果失效是由材料腐蚀或外界碎片碰撞容器引起的，则可以假定失效压力为正常工作压力。

一旦确定或假设了容器的内部压力，就可以计算出容器内的温度。

7.6.1.2 总能量计算

由 Brode(1959 年)推导了理想气体容器的第一个方程式(7.7)：

$$E = \frac{(p_1 - p_0) V_1}{\gamma_1 - 1}$$

这个方程是众所周知的，通常用于计算碎片的初始速度，但其结果往往被高估。假设理想气体绝热膨胀，能量可以用式(7.23)计算：

$$E_k = k \frac{p_1 V_1}{\gamma_1 - 1}$$

利用式(7.24)计算因子 k：

$$k = 1 - \left(\frac{p_0}{p_1}\right)^{(\gamma-1)/\gamma}$$

Baum(1984 年)利用修正的方程，由式(7.25)计算 k：

$$k = 1 - \left(\frac{p_0}{p_1}\right)^{(\gamma-1)/\gamma} + (\gamma-1)\frac{p_0}{p_1}\left[1 - \left(\frac{p_0}{p_1}\right)^{-1/\gamma}\right]$$

如果在文献中发现了一个方程的能量值，需要知道哪个方程是其计算的基础。

7.6.1.3 冲击碎片飞行距离

在一些事故中，大碎片通常是由容器的端盖或容器本身的一半组成，据报道，这些碎片可出人意料地飞行很远。有人认为，这些飞行的碎片在飞行时通过挤压容器中的液体获得加速。

Baker 等人(1983 年)基于碎片抛射问题开发了一种计算能量释放随时间变化的计算机程序。然而，如果假设有效能量是瞬间释放的，就像在闪蒸液体情况下发生的那样，碎片的初始速度上限就确定了。显然，飞行的碎片相当于液体闪蒸发生时爆炸容器的碎片。意想不到的碎片抛射至很远的距离是由液体的额外能量造成的。因此，不需要特别的方法来计算碎片射程。

7.6.1.4 确定碎片数量

因为容器压力上升快，如失控反应，碎片数量通常会很多。当失控反应涉及与容器壁接触的凝聚相物质时，碎片可能类似于高爆爆轰，在这种情况下，容器会完全破碎解体。没有与凝聚相材料接触的容器壁没有严重破碎。涉及容器壁与凝聚相逃逸材料接触时发生碎裂的情况，应该使用高爆碎裂预测方法来处理，这超出了本书的范围。

对于非失控反应的情况，压力上升速率相对较低。历史事故案例表明，当压力达到最终失效压力时，碎片的数量大约在 30~100 块之间，如表 7.2 和第 3 章中的案例记录所示。对于在接近工作压力情况下发生的失效，例如由于火灾暴露和其他外部机构造成的机械完整性损失较低，通常为 2~10 块。

7.6.1.5 计算初速度

当容器破裂时，它的碎片迅速加速到最大速度。这个值就是初始碎片速度 v_i。它可以用来计算碎片的抛射范围，也可以用来计算在达到最大距离之前与障碍物发生碰撞时的碰撞速度。

有许多方法和方程可用来确定初速度。这些在本书的其他地方有描述。为了避免混淆，这里只给出了三种方法。方法 1 计算了理想气体容器和液体蒸气容器的初速度。在大多数情况下，这种方法会给出一个速度上限。方法 2 只适用于充气的容器，但速度取决于容器的形状以及预期的碎片数量。当能量标度大于 0.8 时，方法 1 导致速度高估，方法 2 在此区域无效。因此，提供了方法 3。方法 3 也适用于较低比例的能量，但方法 1 和方法 2 是推荐的。

方法 1：

最简单的方法是基于碎片总动能的式(7.22)：

$$v_i = \left(\frac{2E_k}{M_C}\right)^{1/2}$$

将利用式(7.23)和 k[根据式(7.25)]计算出的能量转换成碎片动能，与实验结果相比，仍然会导致对速度的高估。这是合乎逻辑的，因为一部分能量将被转移到冲击波中。可忽略不计的部分的能量将导致容器破裂，产生噪声和提高大气温度。

实验表明，实际产生的总动能是式(7.23)和式(7.25)计算出的总动能的 0.2~0.5 倍。因此，根据理想气体，应对之前的计算进行如下调整：

$$E_k = 0.2\frac{p_1 V_1}{\gamma_1 - 1} \qquad\qquad 式(7.44)$$

因此，E_k 是计算非理想气体或闪蒸情况的能量的 20%。根据式(7.36)计算，当按比例计算的能量约为 0.8 时，计算速度过高，应采用方法 3。

方法 2：

图 7.13 可以用来确定理想气体填充容器所产生碎片的初始速度(Baker 等，1978a 和 1983 年)。图 7.13 横轴上的标度压力 $\bar{p}$ 由式(7.26)确定：

$$\bar{p} = \frac{(p_1 - p_0)v_1}{M_C a_1^2}$$

式中　$\bar{p}$——按比例缩小的压力；

　　　　p_1——破坏时的内部压力，Pa；

　　　　p_0——环境压力，Pa；

　　　　V——体积，m^3；

M_C——容器质量，kg；

a_0——失效时气体中的声速，m/s。

首先必须选择碎片的数量，通常是根据能量比例来选择的。

图 7.13 的推导限制如下：

- 碎片的大小和形状是相同的。仅对两个碎片，圆柱形容器垂直于对称轴爆裂。对于两个以上的破片，圆柱形容器爆裂成条状破片，沿对称轴呈放射状展开，忽略端盖的爆裂。
- 圆柱形容器的长径比为 10。
- 容器所储存气体有氢(H_2)、空气、氩(Ar)、氦(He)或二氧化碳(CO_2)。

只有在这些限制条件无效的情况下，才能非常谨慎地使用图 7.13 计算。

容器储存气体在容器失效温度下的声速 a_1 必须使用式(7.28)计算：

$$a_1^2 = T\gamma R/m$$

式中　R——理想气体常数，J/kmol；

T——绝对温度，K；

m——分子质量，kg/kmol。

纵轴在图 7.13 是按比例缩小的速度 v_i，由式(7.27)计算可得

$$\overline{v_i} = \frac{v_i}{Ka_i}$$

式中　k——由 v_i 计算的尺寸大小不一碎片的因子。

因子 K 考虑了碎片的大小不一。然而，这个因素是可以讨论的。通常应该假设碎片均衡，即 $K=1$。

不建议在图 7.13 所示的区域之外进行推断。对于高压值(即若按比例计算能量大于 0.8)，则应采用方法 3。

方法 3：

该方法采用由 Moore(1967 年)推导出的经验方程式(7.29)：

$$v_i = 1.092\left(\frac{E_k G}{M_C}\right)^{0.5}$$

其中，对于球罐：

$$G = \frac{1}{1+3M_G/5M_C}$$

圆柱形容器：

$$G = \frac{1}{1+M_G/2M_C}$$

式中　M_G——气相总质量，J；

E_k——动能，kg；

M_C——外壳或容器的质量，kg。

摩尔方程是由容器里装烈性炸药加速的碎片推导出来的。Baum(1984 年)在比较不同的模型时发现，摩尔方程对高能量的反应倾向于遵循理论上的速度上限。

7.6.1.6　自由飞行碎片抛射距离

在忽略流体动力摩擦力(升力和阻力)的情况下，推导出了自由飞行的碎片在给定初速度下抛射距离的最简单关系式。此时，作用在自由飞行碎片上的唯一作用力是重力，垂直和水平范围 H 和 R 取决于初始速度 v_i；初始轨道角 a_i；利用式(7.39)和式(7.40)计算如下：

$$H = \frac{v_i^2 \sin{(\alpha_i)}^2}{2g}$$

$$R = \frac{v_i^2 \sin{(\alpha_i)}^2}{g}$$

式中　R——水平抛射距离，m；

　　　H——碎片到达的高度，m；

　　　g——重力加速度，m/s²；

　　　α_i——轨迹与水平面的初始角度，(°)。

抛射角度对抛射距离有很大影响。使用式(7.41)找到45°角的最大范围：

$$R_{max} = \frac{v_i^2}{g}$$

可以假设，如果容器爆裂成两半，碎片将与它们的轴平行移动。如果容器最初水平放置，则抛射角度将是5°~10°。

碎片抛射距离的参数分析结果，包括阻力和升力，已标注在图7.16中。开发者认为碎片的位置相对于轨迹保持不变。图7.16绘制了由式(7.42)和式(7.43)给出的按比例缩放的最大距离 R 和按比例缩放的初始速度 v。

$$\bar{R} = \frac{\rho_0 C_D A_D R}{M_f} \qquad\qquad 式(7.42)$$

$$\bar{v_i} = \frac{\rho_0 C_D A_D v_i^2}{M_f g} \qquad\qquad 式(7.43)$$

式中　$\bar{v_i}$——按比例缩小的初始速度；

　　　$\bar{R}$——按比例缩小的最大范围；

　　　R——最大抛射范围，m；

　　　ρ_0——环境大气密度，kg/m³；

　　　C_D——阻力系数；

　　　A_D——在垂直于抛射平面上的暴露面积，m²；

　　　g——重力加速度，m/s²；

　　　M_f——碎片质量，kg。

图7.16中的曲线是通过初始轨迹角的变化来确定最大抛射范围，所以最大抛射范围的角度不一定等于45°。在大多数情况下，"大块的"碎片是可预见的。此时升力系数为零，曲线 $C_L A_L / C_D A_D = 0$ 有效。从图7.16可以看出，对于大于1的速度，拖曳力变得很重要，其抛射范围将比式(7.41)计算的抛射范围要小。阻力系数 C_D 值见表7.1。

如果碎片是一个薄板，升力变得很重要，其抛射范围将大于式(7.41)计算的抛射范围。然而，从图7.16中可以清楚地看出，对于发生"飞盘"效应的速度缩放区域，其抛射范围只会更大。

7.6.2　测试期间设备失效计算案例

这个案例类似于第7.4.5节中的"爆炸效果预测"。该圆柱形容器体积为25m³，设计压力为19.2bar，用来存储丙烷。容器壁厚为3mm，材质为碳钢，长径比为10。容器制造后用氮气加压至 24bar。测试结束后,将安全阀设置在 15bar 处,使其正常工作。

两种不同的情况将用于计算碎片的最大抛射范围:在测试期间的失效和由于外部火灾造成的设备失效。

因为需获知碎片的最大抛射范围,所以将采用理论方法计算。只有初始速度和碎片的最大范围可以用理论方法计算。

首先,必须根据 Brode 方程[式(7.7)]计算能量:

$$E = \frac{(p_1 - p_0)V_1}{\gamma_1 - 1}$$

$$E = \frac{(25 \times 10^5 \text{Pa} - 10^5 \text{Pa})25 \text{m}^3}{1.4 - 1} = 1.50 \times 10^8 \text{J}$$

式(7.23)给出:

$$E_k = k \frac{p_1 V_1}{\gamma_1 - 1}$$

$$E = \frac{25 \times 10^5 \text{Pa} \times 25 \text{m}^3}{1.4 - 1} = k \times 1.56 \times 10^8 \text{J}$$

利用式(7.24)计算因子 k:

$$k = 1 - \left(\frac{p_0}{p_1}\right)^{(\gamma-1)/\gamma}$$

$$k = 1 - (1\text{bar}/25\text{bar})^{0.4/1.4} = 0.601$$

所以 $\qquad E = 9.38 \times 10^7 \text{J}$

或者,使用式(7.25)从 Baum 的细化方法给出:

$$k = 1 - \left(\frac{p_0}{p_1}\right)^{(\gamma-1)/\gamma} + (\gamma - 1)\frac{p_0}{p_1}\left[1 - \left(\frac{p_0}{p_1}\right)^{-1/\gamma}\right]$$

$$k = 0.601 + (1.4 - 1)\frac{1\text{bar}}{25\text{bar}}\left[1 - \left(\frac{1\text{bar}}{25\text{bar}}\right)^{-1/1.4}\right] = 0.458$$

所以 $\qquad E = 0.458 \times 1.56 \times 10^8 \text{J} = 7.14 \times 10^7 \text{J}$

不出所料,Brode 方程给出的能量值高于式(7.23)的计算结果,其中因子 k 使用式(7.24)或式(7.25)计算。如第 7.5.2.1 节所述,建议使用式(7.23)。20%~50%的能量会转化为碎片的动能,所以最大的动能为

$$E = 0.5 \times 7.14 \times 10^7 \text{J} = 3.57 \times 10^7 \text{J}$$

可以用式(7.44)快速估计:

$$E_k = 0.2 \frac{p_1 V_1}{\gamma_1 - 1}$$

所以 $\qquad E = 0.2 \frac{25 \times 10^5 \text{Pa} \times 25 \text{m}^3}{1.4 - 1} = 3.125 \times 10^8 \text{J}$

这一数值与用理论方法计算出的数值似乎吻合得很好。

为了确定计算初速度应采用哪种方法,首先应使用式(7.38)确定按比例计算的能量:

$$\overline{E}_k = \left(\frac{2E_k}{M_c a_1^2}\right)^{0.5}$$

假设5mm厚的半球形端盖质量为2723kg，则可以计算出容器质量 M_C。在氮气中，声速 a_1 可由式(7.28)计算：

$$a_1^2 = T\gamma R/m$$

式中 R——理想气体常数，$J/(kmol/K)$；

T——失效时容器内的绝对温度，K；

m——分子质量，$kg/kmol$。

$$a_1 = (1.4 \times 8314.41 J/kmol/K \times 293 kg/28 kg/kmol)^{0.5} = 349 m/s$$

然后

$$\overline{E}_k = \left[\frac{2(3.57 \times 10^7 J)}{(2723 kg)(349 m/s)^2}\right]^{0.5} = 0.46$$

由于比例能小于0.8，且氮气是理想气体，所以可以采用两种方法。

方法1：

根据式(7.22)：

$$v_i = \left(\frac{2E_k}{M_C}\right)^{1/2}$$

则碎片平均初速度为

$$v_i = \left[\frac{2(3.57 \times 10^7 J)}{2723 kg}\right]^{1/2} = 162 m/s$$

方法2：

初始速度也可以从图7.13中计算出来。利用式(7.26)计算标度压力：

$$\overline{p} = \frac{(p_1 - p_0)v_1}{M_C a_1^2}$$

$$\overline{p} = \frac{(25 \times 10^5 bar - 10^5 bar) \times 25 m^3}{2723 kg (349 m/s)^2} = 0.181$$

由于该容器正处于压力缓慢增加的测试中，可以预期产生的碎片数量将会很少。

假设容器与它的轴线成直角分成两个相等的部分。利用图7.13曲线计算平均速度。当容器被分为两部分时，平均速度是0.3，所以：

$$v_i = \overline{v_i} \times 349 = 0.3 \times 349 = 105 m/s$$

确定初速度后，即可计算出水平抛射距离 R。如果忽略流体动力(升力和阻力)，当碎片以45°角推进时，将获得最大射程。这个射程与碎片的质量和形状无关，只是速度的平方与重力加速度的比值，用式(7.41)计算：

$$R_{max} = \frac{v_i^2}{g}$$

利用式(7.40)考虑初始轨迹角：

$$R = \frac{v_i^2 \sin(\alpha_i)^2}{g}$$

对于带有水平轴的圆柱体，初始轨迹会很低，通常为5°或10°。表7.3给出了各方法计算的初始速度的最大范围，并假设了不同的低抛射角。

表 7.3　各初始轨迹角度的范围

方法	初始速度 v_i/（m/s）	范围/m		
		$\alpha = 5°$	$\alpha = 70°$	$\alpha = 45°$
方法 1	162	465	916	2678
方法 2	105	195	385	1125

很明显，如果忽略升力和阻力，最大抛射距离将会很大。考虑到这些力量可以大大降低最大抛射距离。这种情况下的碎片预计会比较钝，所以升力系数为零。

按式（7.41）计算速度。通过应用图 7.16 中的曲线，可以找到一个缩放范围的值，从这个值可以计算出实际的抛射距离。方法 1 可确定两个相同碎片的初始速度。假设环境大气的密度为 1.3kg/m³，碎片面积 $A_d = 1.86m^2$（容器直径 = 1.53m），阻力系数 $C_a = 0.47$（表 7.1），碎片质量 $M_f = 1362kg$。

利用式（7.42）：
$$\overline{R} = \frac{\rho_0 C_D A_D R}{M_f}$$

利用式（7.42）：
$$\overline{v_i} = \frac{\rho_0 C_D A_D v_i^2}{M_f g}$$

则速度上限：
$$\overline{v_i} = \frac{(1.3kg/m^3)(0.47)(1.86m^2)(162m/s)^2}{(1362kg)(9.8m/s^2)}$$

图 7.16 给出升阻比 $C_L A_L / C_D A_D = 0$ 时的 $\overline{R} = 1.2$，因此
$$R = \frac{1.2(1362kg)}{(1.3kg/m^3)(0.47)(1.86m^2)} = 1438m$$

8 沸腾液体膨胀蒸气爆炸基本原理

8.1 引言

我们在第 2 章已引入沸腾液体膨胀蒸气爆炸的概念，在本章我们将详细阐述沸腾液体膨胀蒸气爆炸现象，并提出评估沸腾液体膨胀蒸气爆炸危害的实用方法。

8.2 沸腾液体膨胀蒸气爆炸定义

1957 年，Factory Mutual Research 公司（现在是 FM 全球公司）的 J. B. Smith、W. S. Marsh 与 W. L. Walls 首次提出沸腾液体膨胀蒸气爆炸的概念。此后，大量研究人员提出了相似的定义，用来解释可见和不可见的现象。在本书中，沸腾液体膨胀蒸气爆炸定义为储存大于标准大气压沸点的液化气体的压力容器突然破裂失效，导致蒸气迅速膨胀及液体飞溅，进而释放能量，形成一个压力波。沸腾液体膨胀蒸气爆炸需要三个关键要素：

- 高于正常大气压沸点的液体；
- 容器储存压力足够高，能抑制沸腾；
- 容器突然破裂失效，导致液体储存压力突然下降。

液体通常储存在一定压力下，大气压沸点远低于环境温度。有这种特性的介质主要包含轻烃（例如，丙烷、乙烷、丁烷）、氨和制冷剂。大气压沸点高于环境温度的其他液体可能在使用期间有意或无意地加热至其沸点以上，并在一定压力下储存，这些包括许多液体，但是常见的例子是水（例如，在蒸汽产生过程中）和重质烃。如果储存这些介质的容器突然破裂失效，压力就会下降，液体会变得过热，并发生闪蒸。

由于某种限制条件，这些液体在高于其沸点情况下，仍能保持液态。这种限制可以采用某种过程、储存容器或管道的形式。

虽然任何液化气体的容器壳体破裂失效都会导致容器内介质的压力降低并且沸腾，但是沸腾液体膨胀蒸气爆炸要求壳体破裂失效是突然的，并且破裂尺寸很大。由部分破裂导致的大规模两相喷射释放通常不会被称为沸腾液体膨胀蒸气爆炸，因为它不代表容器突然失去控制。

8.3 理论

其他章节已经讨论了气体膨胀、爆炸、冲击波形成、传播以及燃烧的相关理论。由于沸腾液体膨胀蒸气爆炸涉及液体沸腾以及该过程与容器壳体破裂失效机理的相互作用，因此沸腾热力学和断裂力学的基础知识将在以下章节中讨论。

8.3.1 沸腾热力学

当热量传递到液体时，液体温度升高。当达到沸点时，液体开始在活性气泡成核位点处形成蒸气气泡。这些活性位点通常发生在与固体的界面处，包括容器器壁。这些位点的成核称为异相成核。所有沸腾都需要一定程度的过热(即超过沸点的加热)。如果气泡核很大(直径接近毫米尺度)，则微弱的过热即可促使气泡生长。如果气泡核非常小(即容器非常干净光滑)，那么需要更大的过热来使它们生长。

如上所述，气泡核在容器表面裂缝处能够被捕获，因此沸腾通常始于容器器壁。当成核位置不足时，如在具有非常干净、光滑器壁的容器(例如，玻璃烧杯或镜面抛光的金属)的情况下，气泡成核必须在液体本体中发生。在流体中，沸腾通常发生在悬浮颗粒、杂质、晶体或离子的亚微米成核位置。这需要很大程度的过热才能使这些非常小的气泡核生长，意味着液体温度可以超过正常沸点但不沸腾，并且液体明显过热但仍保持液态。然而，在给定压力下存在极限，液体不能继续过热，这称为"过热极限温度"，并且当达到该极限时，微观气泡在纯液体中以分子水平自发地发展。这可以产生非常剧烈的相变，其中液体瞬间变相，这称为均相成核。

当液体储存在一定压力下，并储存在其常压沸点以上时，容器中的压力抑制沸腾并防止形成气泡。如果压力下降到饱和压力以下，则沸腾通常在容器器壁上的成核位置(例如，氧化皮、加工痕迹、表面微裂缝、划痕、杂质等)和液体蒸气界面处开始。这意味着沸腾开始于器壁，从而避免均匀成核。相变过程持续时间很长，这减缓了液体中包含的膨胀能量的释放速率。目前没有实验数据表明在真实压力容器中相变是均相成核。由于温度梯度、杂质、表面粗糙度和其他因素的存在，因此在工业应用中均相成核是几乎不可能的。

8.3.2 容器破裂失效机制

若发生沸腾液体膨胀蒸气爆炸，压力容器必须突然、灾难性地发生破裂失效(即完全丧失抑制能力)。这种机制与压力容器爆裂中涉及的机制相似或相同(见第7.1.1节)，这里不再赘述。由于内部压力、容器材料缺陷、材料延展性不足等因素的综合影响，这些机制形成的任何小裂缝都可能变大。容器材料也可能因加热而弱化，即使压力低于材料的正常承受能力，这也可能发生材料因超压而失去强度并失效的现象。

典型的裂缝开始于材料中非常小的局部破坏，在这种区域内壳体最弱(例如，接近焊缝、应力集中、热影响区或缺陷)。一旦材料局部失效，它就不能再支撑周围的材料，并可能导致周围的材料过载而失效。裂缝以这种方式沿着器壁发展。如果失效是由于局部效应造成的(例如，加热、腐蚀、缺陷、夹杂物、缺陷或局部应力上升)，当裂缝发展到没有失效部分支撑下足以承受压力的部位时，裂缝可能会停止。这可以发生在厚度变化(例如，配件、端盖等)或材料状态改变(例如，未加热的、更强的材料等)时。在这种情况下，裂缝可能变得稳定，结果将导致有限的容器失效以及来自容器内的流体泄漏或喷射。另一方面，如果裂缝继续发展，容器将完全失效。

临界裂纹长度的概念能够更好地理解灾难性的容器破裂失效，但全面讨论断裂力学超出了本书范围。简而言之，一旦容器裂缝达到某一临界长度(这是材料和应力条件的函数)，它将以脆性方式传播到剩余材料中，并将以声速在容器器壁材料内传播。这种传播机制与上述局部过载机制形成对比，因为它不需要发生屈服和过载(即延性失效)，裂缝只是沿着晶界穿过材料，直到传到材料边缘或突然加载状态变化。在大多数情况下，容器器壁中的声速远高于容器内介质中的声速，容器破裂失效速度比液体膨胀速度快得多，并且比液体沸腾更快。例如，在大气温度和压力下，声音在钢中传播速度大约是声音在水中传播速度的 4 倍，是声音在空气中传播速度的 17 倍以上。

这些类型的破裂失效通常会导致容器分成两个或几个大块。在某些情况下，将容器连同端盖完全打开并且平摊在地面上（图 8.1）。在某些情况下，由于液体和蒸气像"火箭"一样喷射，该容器可能会分成两部分或更多部分，每个部分都受到明显的推动力。在一些情况下，裂纹形成然后被阻止，这将导致局部破裂，并以强力射流的形式释放出容器中的介质。这通常不称为沸腾液体膨胀蒸气爆炸释放，这种失效的例子如图 8.2 所示。

图 8.1　火灾引发的沸腾液体膨胀蒸气爆炸，500gal（1.9m³）压力容器完全打开后平摊在地面上
（Birk 等，2003 年）

据报道，工业中发生沸腾液体膨胀蒸气爆炸的最常见原因是容器过热导致火灾。当压力容器陷入火灾时，其金属会被加热并失去机械强度。正如 Birk 和 Yoon（2006a）所讨论的那样，容器失效过程是由高温应力断裂引起的。

在液体表面，火焰热量会迅速传导至液体内，从而提高了液体温度，但有液体浸泡部分的容器壁保持了较低温度。液体浸泡的壁面（例如丙烷）通常具有的温度为低于液体本体温度的 100℃ 以内，除非已超过液体的沸腾临界热通量且沸腾已转变为薄液膜沸腾状态。然而，对于与蒸气接触的壁面，该过程却完全不同。由于较低的导热率、比热容和蒸气密度，从壁面到蒸气的热对流要慢得多，因此，热量滞留在壁面，并且形成更高的壁面温度。处于蒸气区域的壁面温度可能会很高，在这些区域，热辐射成为冷却壁面的主要传热方式。在剧烈的火灾中，与蒸气接触的壁面温度可以达到 600℃ 以上。在这样的温度下，大多数普通压力容器钢材强度会损失 60%~80%。由于喷射火的撞击而导致的局部加热可在更短时间内导

图 8.2　500gal(1.9m³)丙烷压力容器耐火测试导致的大量射流释放(不是沸腾液体膨胀蒸气爆炸)
(Birk 等,2003 年)

致更高的壁温。如果超过了液体的临界热通量,喷射火甚至会影响液面以下金属的机械强度。由于这些局部加热效应,即使泄压阀的选型正确且处于正常工作状态,也无法避免沸腾液体膨胀蒸气爆炸。实际上,泄压阀通常起到减少容器中介质量的作用,并且随着时间的流逝,容器内被液体浸泡的壁面面积将减少,易于热降解的面积将增加。

　　对于设计准确且状况良好的压力容器,在与严重的局部火源接触的几分钟内,可能会引起火灾。如果已知确切的起火条件、容器压力和材料特性,则可以预测容器破裂时间。但是,除了一些受控测试实验之外,实际上不可能获得此类数据。预估容器破裂时间需要了解高温拉伸和应力破裂特性。图 8.3 显示了一些来自 Birk 和 Yoon(2006 年)的压力容器钢材高温应力断裂数据。

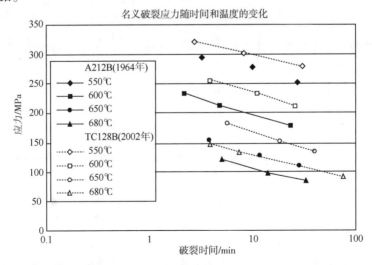

图 8.3　两种压力容器钢材的高温断裂应力数据(Birk 和 Yoon,2006 年)

可以看出，温度升高会导致容器快速破裂。在可能发生火灾的地方，应通过喷水、隔热、堆土等方法对压力容器进行保护，以限制压力容器中的温度升高，并保持材料的强度。

8.3.3 典型沸腾液体膨胀蒸气爆炸

尽管每起事故都有一些特殊情况，但在工业环境中讨论沸腾液体膨胀蒸气爆炸时，隐含的事件顺序被认为是此类爆炸的"典型"事件。但这并不意味着所有或者任何沸腾液体膨胀蒸气爆炸事故都完全按照此处的描述发生，但是这个顺序可作为沸腾液体膨胀蒸气爆炸事件的一个过程。首先，金属容器中最初存储着在大气温度下的一定压力的易燃液化气体(例如，丙烷)。

初始事件

如果发生其他事件，诸如燃料泄漏、起火、交通事故或其他原因，在容器附近发生火灾，容器壁面温度将被大火迅速提高。

液体反应

容器内靠近壁面的液体温度升高，液体蒸气压会增加，并提高容器内压力。壁面附近的液体密度将变小，造成液体上升，在液体内部产生对流回路，该对流将从壁面传递来的热量传递至液体内部。

如果热量传递到液面上方的容器壁面，则热量主要通过壁面热辐射传递给液体，热辐射不像液体对流那样高效，并且液面以上壁面温度将比液体中的壁面温度升高更快。

材料弱化和裂纹萌生

随着壁面温度升高，壁面会逐渐失去强度。随着火灾延续，容器内压力增加和壁面材料弱化的结合最终将导致容器壁面局部屈服。随着材料屈服，它将伸长。这将在容器壁面上形成凸起，这也会使产生屈服的材料变薄。变薄的材料强度变小，它将继续屈服。最终，该过程将导致局部失效并形成裂纹。这常见于容器碎片的"刀刃"失效。

裂纹扩展

在裂缝形成的地方，容器内液体将在缝隙处流动。缝隙处的液体流动加剧了对凸起材料的冲刷，加上先前施加的压力，这些力会导致裂纹发展到材料更深处。如果裂纹达到临界裂纹长度，容器将发生灾难性破裂失效，并导致沸腾液体膨胀蒸气爆炸。这被称为"一步式"沸腾液体膨胀蒸气爆炸。

再施压

随着容器内液体流出，容器中的压力会降低。随着容器内压力降低，液体变得过热并且沸腾。由于形成气泡需要局部传热，在压力降低和液体沸腾之间存在时间延迟。当液体沸腾时，它会产生足够的蒸气，使压力增加到或超过初始失效压力，这可能会导致容器沿裂纹扩展。如果这导致容器壳体的灾难性破裂失效，将引起沸腾液体膨胀蒸气爆炸。这种重新加压事件称为"两步式"沸腾液体膨胀蒸气爆炸。如果重新加压不会引起容器壳体的灾难性破裂失效，则结果将是造成容器内液体射流。

液体飞溅

离开容器后，过热液体飞溅成蒸气，形成在其大气压沸点下的两相饱和液体。液体形成这两相时发生的膨胀，以及液体从其初始压力到大气压时发生的膨胀会产生压力波，并推动碎片向周围抛射。如果蒸气和液体是易燃的，通常会在被周围的点火源接触时，被迅速点燃并产生火球，剩余的液体将作为池火燃烧；或者，如果火是自熄的，将会由于热量从地面传递到液体而蒸发。

后果

在这种情况下，沸腾液体膨胀蒸气爆炸的后果将包括：由于蒸气和闪蒸液体的膨胀而产生的爆炸波、由于附近的点火源造成烃燃烧而产生的火球以及散落或飞出的容器碎片。

应该注意的是，这个顺序不需要压力超过容器的设计压力，甚至不超过额定工作压力。即使安装在容器上的泄压装置正在工作，也可能发生沸腾液体膨胀蒸气爆炸。实际上，许多实验证明了这一点［Birk（1985 年）；Birk 等（1997 年）；Birk 等（2003 年）；Holden 等（1985年）］。还应注意，尽管在此示例中容器内储存的介质是可燃介质，但是对于发生沸腾液体膨胀蒸气爆炸而言，容器内储存的流体介质不一定都是易燃的。如果该介质易燃并且不能立即点燃，则可能是闪燃或蒸气云爆炸，而不是火球。本书分别在第 5 章和第 6 章中提供了这些后果的有关信息。

其他事件会跟随沸腾液体膨胀蒸气爆炸事件，包括：

- 蒸气云爆炸；
- 池火；
- 爆炸、热辐射或碎片载荷造成的二次设备失效；
- 早期沸腾液体膨胀蒸气爆炸造成的起火、爆炸或冲击损坏导致的其他沸腾液体膨胀蒸气爆炸。

在这些情况下，次生事件将在时间上与沸腾液体膨胀蒸气爆炸分开，并且不会被视为并发事件。

8.4 沸腾液体膨胀蒸气爆炸后果

沸腾液体膨胀蒸气爆炸可能直接导致许多后果。这些包括：

- 空气冲击波；
- 火球热危害；
- 碎片和碎屑飞溅。

由于其他章节已经讨论了其中一些后果，因此本章仅讨论沸腾液体膨胀蒸气爆炸与其他类型爆炸之间的区别。如果液体易燃，它将被沸腾液体膨胀蒸气爆炸分散，其延迟点火可能导致闪燃（在第 5 章中讨论）或蒸气云爆炸（在第 6 章中讨论）。

8.4.1 冲击波

本节介绍沸腾液体膨胀蒸气爆炸和压力容器爆炸的影响。实际上，沸腾液体膨胀蒸气爆炸效果不仅是由于液体的快速蒸发（闪蒸）引起的，而且还归因于容器顶部气相空间中蒸气的膨胀。在许多事故中，容器顶部空间的蒸气膨胀是爆炸后果的主要贡献者。蒸气的快速膨胀会产生与仅包含压缩气体和蒸气的其他压力容器破裂相同的爆炸波。闪蒸的液体通过产生蒸气、喷射和火箭效应而产生破坏作用。

8.4.1.1 能量计算

本节概述了沸腾液体膨胀蒸气爆炸，并提供了有关压力容器爆裂和沸腾液体膨胀蒸气爆炸的文献综述。强调评估沸腾液体膨胀蒸气爆炸和压力容器爆裂的可用能量，因为这是确定爆炸强度的最重要参数。接下来，将介绍评估爆炸强度和持续时间的实用方法，然后讨论每种方法的准确性。计算案例在第7.3.1.3节中给出。

在第7章爆破压力容器的讨论中，爆破容器的膨胀能量 $E_{ex,Br}$ 使用 Brode 方程[式(7.7)或该章中描述的其他方程式]计算：

$$E_{ex,Br} = \frac{(p_1-p_0)V}{\gamma_1-1}$$

式中　$E_{ex,Br}$——膨胀能量，J；

　　　p_1——容器内压力，Pa；

　　　p_0——容器外压力（如大气压），Pa；

　　　V——容器体积，m^3；

　　　γ_1——比热容比。

一些研究人员使用可用的热机械能或能够在周围环境中做功的能量，将其存储在压缩气体中。这些功可以促使气体膨胀，而不会造成气体损失。

包括 Baker(1978b) 和 Giesbrecht(1980 年)等在内的许多研究人员都测定了闪蒸液体释放的能量。他们都将爆炸能量定义为流体等熵膨胀时对周围空气流体所做的功。在这种情况下，必须根据流体的热力学数据计算内部能量的变化。在此过程中，系统从状态1(初始状态)等熵膨胀到状态2(没有热传递、没有不可逆性)，其中 p_2 等于环境压力 p_0。膨胀后，系统具有残余内部能量 U_2。系统可做的功是其初始和剩余内部能量之差：

$$E_{ex,wo} = U_1 - U_2 \qquad 式(8.1)$$

式中　$E_{ex,wo}$——从状态1到状态2膨胀所做的功。

因此，对于具有恒定比热容(a)的理想气体，其功为

$$E_{ex,wo} = \frac{p_1 v_1 - p_0 v_2}{(\gamma-1)} \qquad 式(8.2)$$

对于具有恒定比热容比的理想气体，pV^r 对于等熵膨胀是恒定的。

$$p_1 V_1^{r_1} = p_2 V_2^{r_2} = pV^r \qquad 式(8.3)$$

因此，

$$V_2 = V_1\left(\frac{p_1}{p_0}\right)^{\frac{1}{\gamma}} \qquad 式(8.4)$$

所以，功为

$$E_{ex,wo} = \frac{p_1 V_1}{(\gamma_1-1)}\left[1-\left(\frac{p_0}{p_1}\right)^{\frac{(\gamma-1)}{\gamma}}\right] \qquad 式(8.5)$$

下面将比较功 $E_{ex,wo}$ 与 Brode 膨胀能 $E_{ex,Br}$，$E_{ex,wo}/E_{ex,Br}$ 的比值可表示为

$$\frac{E_{ex,wo}}{E_{ex,Br}} = \frac{(\overline{p_1}+1)-(\overline{p_1}+1)^{\frac{1}{\gamma}}}{\overline{p_1}}$$

式(8.6)

式中　$\overline{p_1}$——初始阶段时无量纲爆破压力(p_1/p_0)-1。

这个函数描述如图8.4所示。考虑到最常见的是使用等熵模型来计算液体闪蒸分数,以说明该系统在很小的时间范围内不会向周围环境传热或失去潜在功的事实,这很有启发性。这与从一种状态到另一种状态的瞬时变化的假设相对应。为了保持一致,许多研究人员在计算闪蒸液体系统的能量时也使用相同的等熵假设。这种假设的另一个优点是,在沸腾液体膨胀蒸气爆炸中,它可以适用于单相和多相系统,并且可以像对待理想气体一样容易地使用非理想流体的数据来应用。

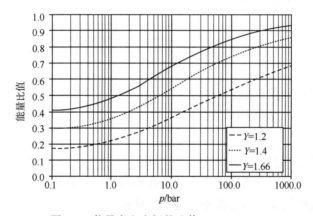

图8.4　能量定义之间的比值:$E_{ex,wo}/E_{ex,Br}$

对图8.4的分析清楚地表明,这两个定义给出的结果差异很大。对于较高的初始超压,等熵能量接近Brode能量,但是对于实际感兴趣的初始压力,结果可能相差50%或更多。因此,爆炸最重要的变量(即能量)没有达到共识的定义。文献中给出的所有实验结果和大多数数值结果均使用Brode的定义。但是,当流体是非理想气体、液体或两相液/气系统时,几乎每个人都将等熵膨胀能用作爆炸能。爆炸参数的可用数据和预测方法是基于这两个相互冲突的定义。重要的是要了解在使用爆炸或其他查找时将哪种能量用于结果的非量纲化,以确保使用正确的能量定义。

8.4.1.2　失效压力的选择

在上一节和第7章中,提供了突发能量的几种定义。所有这些定义从根本上取决于三个参数:压力、体积和比热容比。通常可以根据容器的体积及其填充水平确定体积。比热容比通常也容易确定,因为它是容器中材料的特性。剩下要定义的唯一参数是压力。在事故调查中,爆破压力可能是已知的,在这种情况下,这将是使用的最佳压力。在预测尚未发生的事故后果时,有必要预测故障时容器将承受的压力。根据正在考虑的启动方案,可以使用几个选项。

最大允许工作压力(MAWP)

如果初始情况是腐蚀、疲劳或撞击情况,则失效时容器可能会处于或低于其最大允许工作压力,可能处于正常工作压力下。

泄压装置设定压力

如果容器上安装泄压装置，并且满足以下条件，则可以使用泄压装置设定压力来确定容器承受的最大压力：

- 泄压装置已正确安装；
- 泄压装置将按设计执行；
- 泄压装置仅流通相应相态的介质（即，如果尺寸仅用于蒸气释放，则不会为液态或两相介质）；
- 泄压装置的能力可处理所有可预见的事故。

根据容器设计规范以及设计目的，设计条件下火灾的最大预期压力会大大超过设定压力。根据 ASME 规范，当泄压装置处流体达到额定流速时，泄压装置处的压力是容器最大允许工作压力 1.21 倍。在某些情况下，泄压装置的设定压力可能会因设计或所达到的性能而与最大允许工作压力不同，并且在所有情况下，如果已知，确定容器的可能失效压力时应考虑实际泄压装置性能。

极限压力

如果容器可能达到其极限抗拉强度的情况存在，则可以使用极限压力。这些方案可能包括以下一种或多种：

- 过量储存；
- 反应失控；
- 泄压装置堵塞；
- 超过最初设计考虑的大火。

可以通过以下假设来估算：假定极限强度是最大允许工作压力之上的某个乘数（通常是 3.5~4.0 的系数），也可以通过器壁材料达到极限应力时计算容器中的压力来估算。例如，Droste 和 Schoen(1988 年)描述了一个实验，其中 LPG 储罐在 39bar 时失灵，即安全阀开启压力的 2.5 倍。

8.4.1.3 容器破裂失效时液位的选择

由于沸腾液体膨胀蒸气爆炸涉及两相流体，因此有必要在发生容器失效时了解容器液位。选择此值的最佳方法是使用统计数据评估液位。在这种方法中，将使用概率分布来选择一个或多个充装系数以满足特定的置信区间。如果未知充装系数的概率，则应保守地假设充装系数，并在适当时使用高值和低值来提供后果的高低预测。

8.4.1.4 爆炸伤害的预测

装有液化气体的压力容器在爆裂时会以三种方式产生爆炸效果。首先，通常存在于液体上方的蒸气会产生爆炸声，如同来自充气容器的爆炸声。其次，液体在突然降压时可能剧烈沸腾，并且，如果沸腾非常迅速和连贯，它也会产生冲击。第三，如果喷出的液体是易燃的，并且沸腾液体膨胀蒸气爆炸不是由火引起的，则可能会发生蒸气云爆炸或闪燃（请参阅第 6 章）。蒸气膨胀和液体闪蒸将在本节中讨论。

实验工作

尽管许多研究人员研究了过热液体(即在环境压力下会沸腾的液体)释放的方法,但只有少数人测量了释放所引起的爆炸效应。Baker 等人(1978a)报道了 Esparza 和 Baker(1977b)进行的一项研究,其中从易碎玻璃球中释放出液态 CFC-12 的方式与从充气球中爆炸的方式相同。CFC 低于其过热极限温度,没有产生明显的爆炸。

巴斯夫的研究人员(Maurer 等,1977 年;Giesbrecht 等,1980 年)对装有丙烯的圆柱形容器进行了许多次小型爆裂实验。在约 340K(高于过热极限温度)的温度和约 60bar 的压力下,容器完全充满液态丙烯。容器容积为 226mL~1.00m^3。容器被少量炸药炸裂,每次释放后,产生的蒸气云被点燃。虽然实验着重于研究爆炸性分散的蒸气云及其随后的爆燃,但仍测量了从闪蒸液体产生的压力波。

研究人员发现,闪蒸液体产生的超压与相同能量的气体爆轰所产生的超压相当。此处的能量是指膨胀流体 $E_{ex,wo}$ 可以完成的功。这意味着闪蒸期间的能量释放必须非常快。这是可以预期的,因为对于 100% 充满液体的容器,突然破裂将导致其几乎瞬间下降至环境压力。压力容器破裂通常不是这种情况。

英国天然气公司对 LPG 沸腾液体膨胀蒸气爆炸进行了与巴斯夫类似的全面测试。实验人员测量到闪蒸液体产生的极低超压,然后是所谓的"第二次冲击"以及蒸气云爆炸产生的压力波。蒸气云爆炸产生的压力波可能是由涉及点火释放的实验程序产生的。破裂时液体低于过热极限温度。

对涉及二氧化碳容器的事件分析(Van Wees,1989 年)表明,即使二氧化碳的温度低于过热极限温度,二氧化碳也可能爆炸性地蒸发。

在第 7.3.1.3 节中,在已知能量和距离时,给出了一个计算超压和冲击的方法。该方法产生的结果与来自巴斯夫研究的实验结果合理吻合。该程序由 Baker 等人(1978b)更详细地介绍。

其他测试系列由 Barbone(1994 年)、Ogiso(2004 年)和 Chen(2006 年)开展。

理论工作

对压力容器沸腾液体膨胀蒸气爆炸的详细机理理论研究工作较少,Reid 过热理论(Reid,1979 年)解释了为什么沸腾液体膨胀蒸气爆炸会发生,但几乎没有对这一过程进行详细分析。在文献中,人们通常认为,如果液体温度高于大气过热极限,然后,当突然失去容器限制,液体会爆炸性地变成蒸气(即它会产生一个压力冲击)。如果低于过热极限,就不会产生压力冲击。实验证据表明情况并非如此,在基于过热极限方面,沸腾液体膨胀蒸气爆炸和非沸腾液体膨胀蒸气爆炸事件没有明确的分界线。如果液体超过大气沸点(即过热)就会沸腾。如果过热度较大,就会产生剧烈沸腾。正如第 8.3.1 节讨论的,这种非均匀沸腾几乎都发生在成核点,而不是均匀沸腾。因此,过热极限温度对预测事件没有特殊意义。

在两步式沸腾液体膨胀蒸气爆炸中,容器部分失效后产生的最大可能压力的预测方法已经做出很大尝试。在这个分析中,假设容器开始破裂,在液体开始闪蒸之前,容器内压力降为大气压。此时,假设液体的等熵闪蒸部分转化为蒸气,这部分蒸气被控制在容器可用范围之内。这种分析方法将产生一个很高的理论压力。Birk 等(2006 年)开展了这样的分析工作,丙烷容器可产生一个很高的压力。当然，这种分析假设在急剧沸腾的过程中，容器还能结合在一起。如果这个理想化的过程在实际中发生，当容器打开时，极高的内部超压将产生一个冲击波，但现场实验并没有产生这样能够表明容器内部压力极高的冲击波。

Birk(2006年)在400L ASME 丙烷压力容器燃烧测试中，试图测量容器内爆炸性闪蒸引起的压力峰值，但未能获得结论性成果。他们确实测到容器破裂瞬间压力峰值，但他们不能确定这是否是一个真实压力。这有可能是在破裂瞬间造成的仪器故障。他们测到容器侧面和两端冲击波超压，这些都不是那种非寻常的极高超压。

Van den Berg 等(1994年)通过数值求解控制动量方程，研究了由爆炸闪蒸产生的超压。以上计算的前提是假设闪蒸液体产生的爆炸是可控膨胀。这意味着这个过程由蒸气膨胀主导，而不是液体相变。换句话说，假设相变是瞬时的。假设液体产生冲击波，做任何其他事情都需要详细地闪蒸过程模型。图 8.5（来自 Venart，2000年）显示了两种不同计算方法下预测丙烷爆炸衰减曲线。其中一个是 Van den Berg(2006年)方法。我们的挑战是准确地预测波及距离，这由压力容器内可用于产生冲击波的能量决定。

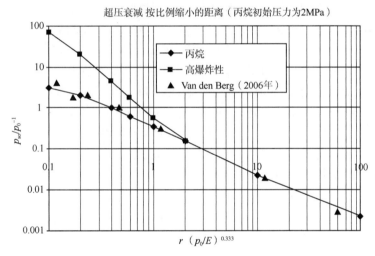

图 8.5　丙烷罐沸腾液体膨胀蒸气爆炸时超压衰减曲线(Birk 等，2007年)

理论工作可以确定容器怎样打开，但液体怎样进行相变则很难确定，由于这其中有多种可能过程，包括：

- 容器的减压过程，这取决于容器如何失效；
- 容器壁面的气泡成核；
- 液体表面的气泡成核；
- 气泡在液体内杂质或者之前存在气泡上的成核；
- 均相成核；
- 完整的容器失效过程。

这些过程的理论模型及其之间的相互作用现在还未知，由于这些详细模型还不存在，分析应当建立在简化模型之上，并拥有合理但一致的假设。

8.4.1.5　预测闪蒸液体产生爆炸的方法

基于等熵过程的假设，通过膨胀对周围空气做功可以从流体(包括容器内最初的蒸气以

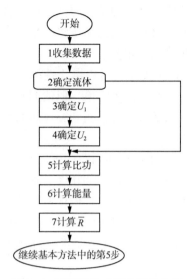

图 8.6　闪蒸液体能量计算和内有
蒸气或非理想气体的压力容器爆裂

及闪蒸液体产生的蒸气)热力学数据中计算出来。

在许多情况下,容器内液体和蒸气都会存在。实验表明,膨胀蒸气产生的爆炸波与闪蒸液体产生的冲击波是分开的。有学者认为,在一步式沸腾液体膨胀蒸气爆炸中,液体相变速度可能太慢而自身不能产生冲击波,在这些事件中主要的爆炸载荷通常由气相产生。出于安全预测的目的,不知道事件是一步式还是两步式,保守的方法是假设爆炸冲击波是由液体和气体的综合能量产生的,这个方法如图 8.6 所示。

第一步　收集以下数据:
- 失效时内部绝对压力 p_1(见第 8.4.1.2 节);
- 大气压 p_0;
- 液体量(体积 V_1 或者质量);
- 容器中心到目标物的距离, r;
- 容器形状:球形或者圆柱形。

如前所述,内压可能上升,直到达到破裂超压,可能比容器的设计压力高得多。应当注意,这个方法假定流体处于热力学平衡状态。然而,在实践中,液体和蒸气将产生分层(Moodie 等,1988 年;Birk 等,1966a)。

膨胀能可用第 8.4.1.1 节中概述的方法计算,关于各种流体的热力学数据可以在 Perry 和 Green(1984 年)、Edmister 和 Lee(1984 年),其他出版物中可以查到。可用的商业软件包含广泛的介质热力学数据。决定热力学数据的方法将在步骤 3 中详细阐述。

步骤 2　确定初始状态下内能, u_1

膨胀流体所做的功被认为由初始状态下内能和最终状态下内能决定。大多数热力学图表不显示 u_1,仅显示 h、p、v、T(绝对温度)、s(比熵)。因此,u 必须通过下列公式进行计算:

$$h = u + pv \qquad\qquad 式(8.7)$$

式中　h——比焓(单位质量焓);
　　　u——比内能;
　　　p——绝对压力;
　　　v——比体积。

要使用热力学图,请在图上找到流体的初始状态(对于饱和流体而言,这个点要么在饱和液体线上,要么在饱和蒸气线上,压力为 p_1 时)。从图中读取焓 h_1、体积 v_1 和熵 s_1。如果使用热力学表格,则在表格中插值。用式(8.7)计算初始状态比内能 u_1。值得注意的是,假设液体处于饱和状态,即在压力容器失效时液体处于沸点。

步骤 3　确定膨胀状态下比内能 u_2

流体膨胀状态下比内能 u_2 可以按照如下进行计算。如果使用热力学图,假定为在大气压力 p_0 下等熵膨胀(熵 s 是定值)。因此,从初始状态到 p_0 遵循等熵线。在这点读取 h_2 和 v_2,计算比内能 u_2。

如果使用热力学表格,读取外界环境气压 p_0 下饱和液体的焓 h_f、体积 v_f、熵 s_f,进行插值计算。同样的方式，读取外界环境气压下饱和蒸气的数值(h_g、v_g、s_g），然后利用下列公式计算比内能 u_2：

$$u_2 = (1-X)h_f + Xh_g - (1-X)p_o v_f - Xp_0 v_g \qquad 式(8.8)$$

式中　X——蒸气质量分数。

$$X = \frac{m_g}{m_g+m_f} = \frac{s_1-s_g}{s_g-s_f} = \frac{h_1-h_g}{h_g-h_f} = \frac{v_1-v_g}{v_g-v_f}$$

式中　S——比熵，下标1代表初始状态；下标 f 代表外界环境气压下饱和液体状态；下标 g 代表外界环境气压下饱和蒸气状态。

式(8.8)只适用于当 X 处于 0~1 之间时

步骤4　计算比功

膨胀流体的比功定义如下：

$$e_{ex} = u_1 - u_2 \qquad 式(8.9)$$

式中　e_{ex}——比功(见第8.4.1.1节）， J/kg。

步骤5　计算膨胀能

为了计算膨胀能，用释放液体的质量乘以比膨胀能，或者使用单位质量流体的能量乘以释放流体的体积。考虑到冲击波在地面的反射，把能量乘以2，(如适用)如下：

$$E_{ex} = (1-frag)(gnd)e_{ex}m_1 \qquad 式(8.10)$$

式中　m_1——流体质量， kg；

　　　gnd——地面反射因子(见第4章）；

　　　$frag$——碎片消耗因子。

正如第6章讨论，碎片消耗因子是一种用来考虑容器碎片产生与飞出所需能量的方式。在沸腾液体膨胀蒸气爆炸中，这个因子可能增大，因为一些能量可能是通过推动液体消耗的。

对于容器中的每种材质，重复步骤3~步骤5，叠加能量以计算出爆炸总能 E_{ex}。

步骤6　计算受影响无量纲范围

受影响无量纲范围可通过式(7.21)计算，如下所示：

$$R = R\left(\frac{p_0}{E_{ex}}\right)^{\frac{1}{3}}$$

式中　R——确定爆破参数的距离， m。

步骤7　计算受影响区域的压力和脉冲

使用无量纲隔离和所选的爆破压力、温度和比热容比，必要时使用第7章中提出方法计算爆炸。

8.4.1.6　准确性

上述方法通常给出了沸腾液体膨胀蒸气爆炸参数的估值上限。然而，容器破裂失效的详细机理可能导致定向效应，有时可能增强局部超压。以上计算方法不会获得这种信息(详见第7章）。压力容器的破裂失效过程可能是缓慢的，这也会影响冲击波的产生。

图8.7和图8.8来自 Birk 等(2007年），显示了 $2m^3$ ASME 标准丙烷压力容器沸腾液体膨胀蒸气爆炸的预测和观察爆炸超压。这些容器是水平圆柱形的，在预测中没有对形状因子的增强进行调整。为考虑地面反射，爆炸能需乘以2。

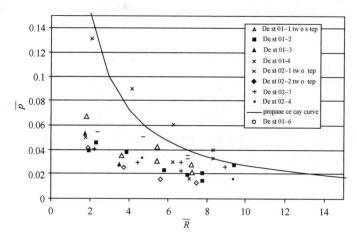

图 8.7　2000L 丙烷罐沸腾液体膨胀蒸气爆炸的第一个峰值超压和标度距离
（基于蒸气能量）（Birk 等，2007 年）

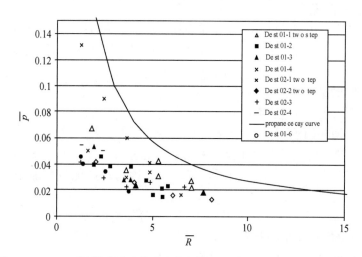

图 8.8　2000L 丙烷罐沸腾液体膨胀蒸气爆炸的第一个峰值超压和标度距离
（基于液体能量）（Birk 等，2003 年）

　　进行测试的超压与比例距离如图 8.7 所示。假设蒸气是冲击波的来源，图中实线为超压衰减的预测线。在图 8.8 中，假设液体是冲击波的来源，则绘制相同的图。这些图中显示的预测方法一般是保守的：当只使用蒸气能量的预测，图中只有一个测试值低于预测值；当预测中包含液体能量时，结果偏于保守。

　　预测压力和实测压力之间偏差的主要源于释放过程具体情况（即方向效应）。等熵爆炸能法是一种不错的能量估算方法，利用该方法可记录实验数据。值得注意的是，德国已经在铁路罐车内充装 22% 丙烷进行了一次全尺寸实验（Balke 等，1999 年），使用该方法估算，与此实验中得到的爆炸结果似乎一致。在这些预测中，能量转化为破碎片和喷射液体动能，且这部分能量并没有从爆炸能量减去（即，破碎片所消耗的能量为零）。这可能会导致将爆破产生的爆炸能人为地提高 50%。基于以上原因，这些计算方法一般偏于保守。

　　如前所述，对于安全规划计算，可以保守地认为所有等熵液体和蒸气能量全部参与爆炸。由此，对于爆炸危害估算将偏于保守。为了分析事故，应分别计算液体能、液体与蒸气能。基于这两种相态的预测是保守估计，因此，预测结果可认为是一个上限。而对于单次沸腾液体膨胀气化爆炸事故，仅使用气相进行预测将更为合理。

8.4.2 热危害

一般情况下，由沸腾液体膨胀蒸气爆炸产生的冲击波所造成的结构损伤仅限于容器的附近区域。当发生沸腾液体膨胀蒸气爆炸时，如果容器中含有大量可燃液体，火球的热辐射距离通常比冲击波更远。因此，发生沸腾液体膨胀蒸气爆炸时，从容器充装物质的易燃性或可燃性来预测火球的大小和持续时间显得尤为重要。

若已知火球的以下特性，可估计沸腾液体膨胀蒸气爆炸火球的辐射危害：

- 火球的最大直径，即产生火球所需的燃料质量；
- 火球表面的辐射能；
- 总燃烧时间。

对于上述特性，已有可用的计算数据和方法。下面各章节对每一种方法进行总结。

8.4.2.1 燃料对火球的作用

Hasegawa 和 Sato（1977 年）的研究表明，当容器失效温度下的液体等熵闪蒸分数等于或大于 36% 时，容器储存的所有燃料将参与产生火球。对于较低的闪蒸分数，部分燃料在火球中消耗，剩余部分形成一个燃料池。在此模型中，假设火球所需要的燃料量为等熵闪蒸分数达到最大值 100% 时可用液体燃料质量的 3 倍。为简化计算，可采用一种保守的方法，即假定所有储存的液体燃料都参与形成沸腾液体膨胀蒸气爆炸火球。

8.4.2.2 火球的直径和持续时间

为测量火球的持续时间和最大直径，研究者开展了小尺度实验。实验总结了燃料质量与其持续时间和火球直径之间的经验关系。表 8.1 和表 8.2 为几位研究和建模人员发表的火球直径估算表。

火球直径和持续时间的平均值计算方法可从 Robert（1982 年）和 Pape（1988 年）等人的论著中获得，计算方程如下：

$$D_c = 5.8 m_f^{1/3} \qquad\qquad 式(8.11)$$

$$t_c = 0.45 m_f^{1/3} \quad m_f < 30000 \text{kg}$$
$$t_c = 2.6 m_f^{1/6} \quad m_f > 30000 \text{kg} \qquad\qquad 式(8.12)$$

式中 D_c——最终火球直径，m；

     t_c——火球持续时间，s；

     m_f——火球燃料质量，kg。

上述公式反映了表 8.1 和表 8.2 中所有关系的平均值，建议将其用于计算球形火球的最终直径和持续时间。

表 8.1 火球持续时间和直径的经验关系

（改编自 Abbasi，2007 年）（参见表 8.2 中命名法）

经验参数来源	燃料	直径，D_{max}/m	时间，t_b/s
Hardee 和 Lee，1973 年	丙烷	$5.55 M^{0.333}$	——
Fay 和 Lewis，1977 年	丙烷	$6.28 M^{0.333}$	$2.53 M^{0.167}$

经验参数来源	燃料	直径，D_{max}/m	时间，t_b/s
Hasegawa 和 Sato，1977 年	戊烷	$5.28M^{0.333}$	$1.10M^{0.097}$
Hasegawa 和 Sato，1978 年	n-戊烷	$6.25M^{0.314}$	$1.07M^{0.181}$
Williamson 和 Mann，1981 年	未提供	$5.88M^{0.333}$	$1.09M^{0.167}$
Lihou 和 Maund，1982 年	丁烷	$5.72M^{0.333}$	$0.45M^{0.333}$
Lihou 和 Maund，1982 年	火箭燃料	$6.20M^{0.320}$	$0.49M^{0.320}$
Lihou 和 Maund，1982 年	丙烯	$3.51M^{0.333}$	$0.32M^{0.333}$
Lihou 和 Maund，1982 年	甲烷	$6.36M^{0.325}$	$2.57M^{0.167}$
Moorhouse 和 Pritchard，1982 年	易燃液体	$5.33M^{0.327}$	$1.09M^{0.327}$
Lihou 和 Maund，1982 年	丙烷	$3.46M^{0.333}$	$0.31M^{0.333}$
Duiser，1985 年	易燃液体	$5.45M^{1.3}$	$1.34M^{0.167}$
Marshall，1987 年	碳氢化合物	$5.50M^{0.333}$	$0.38M^{0.333}$
Gayle 和 Bransford，1965 年及 Bagster 和 Pitblado，1989 年	易燃液体	$6.14M^{0.325}$	$0.41M^{0.340}$
Pietersen，1985 年；CCPS，1989 年；Prugh，1994 年和 TNO，1997 年	易燃液体	$6.48M^{0.325}$	$0.825M^{0.260}$
Roberts，1982 年和 CCPS，1999 年	易燃液体	$5.80M^{0.333}$	$0.45M^{0.333}(M<3\times10^4)$ $2.60M^{0.167}(M>3\times10^4)$
Martinsen 和 Marx，1999 年	易燃液体	$8.66M^{0.25}t^{0.333}$ $0\leqslant t\leqslant t_b/3$	$0.9M^{0.25}$

表 8.2 火球持续时间与直径的分析关系

（改编自 Abbasi，2007 年）

来源	燃料	直径，D_{max}/m	持续时间，t_b/s
Bader 等，1971 年	推进剂	$0.61\left(\dfrac{3}{4\pi\rho}\right)^{\frac{1}{3}}(W_b)^{\frac{1}{3}}$	$0.572(W_b)^{\frac{1}{6}}$
Hardee 和 Lee，1973 年	液化天然气	$6.24M^{0.333}$	$1.11M^{0.167}$
Fay 和 Lewis，1977 年	易燃液体	$\dfrac{g\beta t^2(\rho_a-\rho_p)}{7\rho_p}$	$\left[\dfrac{14\rho_p}{g\beta(\rho_a-\rho_p)}\right]^{0.5}\left(\dfrac{3V}{4\pi}\right)$

式中：M——火球燃料质量，kg；

　　　t——沸腾液体膨胀蒸气爆炸发生后时间，s；

　　　ρ——火球气体密度，gal/ft^3；

　　　W_b——推进剂质量，gal；

　　　g——重力加速度，m/s^2；

　　　β——携带系数；

　　　ρ_a——空气密度，kg/m^3；

　　　ρ_p——燃烧产物密度，kg/m^3。

8.4.2.3 辐射

对于处在火球非正面（垂直方向）的接收体，可根据固体火焰模型计算所受的热辐射，公式如下：

$$q = EF\tau_a \qquad\qquad 式(8.13)$$

式中 q——受体接受辐射量，W/m^2；

E——表面辐射功率，W/m^2；

F——视角系数；

τ_a——大气衰减因子（透射率）。

表面辐射能 E 是火球表面单位时间内单位面积上的辐射能量，可假设等于英国天然气公司（Johnson 等，1990 年）在全尺度沸腾液体膨胀蒸气爆炸实验中测量的辐射功率。实验分别在 7.5bar 和 15bar 压力下，在盛装 1000kg 和 2000kg 的丁烷和丙烷条件下进行，测试结果表明，平均表面辐射功率为 320~370kW/m²。若沸腾液体膨胀蒸气爆炸发生时多数碳氢化合物蒸气质量大于等于 1000kg，辐射功率可取值 350kW/m²。

离火球中心的 L 距离平面上某一点，附录 A 中图 A-1 给出视角系数 F 计算公式：

$$F = \frac{r^2}{L^2}\cos\theta \qquad\qquad 式(8.14)$$

式中 r——火球半径（$r = D_c/2$），m；

L——距离火球中心的距离，m；

θ——法向曲面与该点到球面中心的连线之间的夹角，（°）。

一般情形下，火球中心距离地面的高度为 $z_c(z_c \geq D_c/2)$，距离 x 为火球中心正下方地面点到受体的距离。当距离 x 大于火球半径时，可通过以下公式计算视角系数：

垂直平面：
$$F = \frac{X(D_c/2)^2}{(X^2 + z_c^2)^{3/2}} \qquad\qquad 式(8.15)$$

水平表面：
$$F = \frac{z_c(D_c/2)^2}{(X^2 + z_c^2)^{3/2}} \qquad\qquad 式(8.16)$$

大多数情形下，沸腾液体膨胀蒸气爆炸火球假定触地，即 $z_c = D_c/2$。对于大规模沸腾液体膨胀蒸气爆炸，假设火球直径达到最大值，并停留在地面上，可准确预测热伤害。

大气中热辐射透射率 τ_a 可由式（5.7）估算：

$$\tau_a = \log(14.1 h_{rel}^{-0.108} X^{-0.13})$$

式中 τ_a——大气中热辐射透射率；

h_{rel}——相对湿度。

点源模型还可用于计算离火球中心一定距离的受体所接收到的热辐射。Hymes（1983年）提出了特定于火球的点源模型公式，该公式由广义公式（见第 5 章）和 Roberts（1982 年）对火球燃烧阶段的持续时间相关性研究改进发展而来。根据该方法，得到距离 L 处热辐射峰值计算公式如下：

$$q = \frac{2.2\tau_a R H_c m_f^{0.67}}{4\pi L^2} \qquad\qquad 式(8.17)$$

式中 m_f——火球燃烧质量，kg；

τ_a——大气中热辐射透射率；

H_c——单位质量净燃烧热，J/kg；

R——燃烧热辐射功率；

L——火球中心到受体之间距离，m；

q——受体接受的辐射功率。

Hymes 建议 R 取以下值：

$R=0.3$ 容器破裂时压力在安全阀压力以下；

$R=0.4$ 容器破裂时压力等于或大于安全阀压力。

8.4.2.4 计算过程

估算辐射伤害的步骤如下：

① 估算失效时容器内液体质量。

② 估算液体的等熵闪蒸分数，火球质量取闪蒸分数值的 3 倍，且保守假设所有液体作用于火球。

③ 利用表 8.1 或其他等效模型估算火球直径 D_c 和持续时间 t_c。

④ 假设表面热辐射强度为 350kW/m²。

⑤ 利用第 8.4.2.2 节或第 5 章中关系式，根据火球直径和受体位置估算视角系数。

⑥ 利用第 8.4.2.3 节或 5 章中的关系式估算大气透射率 τ_a。

⑦ 利用第 8.4.2.3 节或第 5 章中的关系式估算受到的热通量 q。

8.4.3 碎片与抛射物

沸腾液体膨胀蒸气爆炸能产生飞离爆炸源很远的碎片。作为原容器的一部分，初始碎片具有很高的危险性，可能会破坏建筑设施结构、伤人。当容器破碎成大块时，它们可能会抛射出去，同时携带一些闪燃液体。当液体闪燃时，体积膨胀，并以类似火箭推进的方式推动这些碎片前进。因此，初始碎片和火箭效应由碎片的数量、形状、速度和飞行轨迹决定。这些碎片和火箭效应通常代表沸腾液体膨胀蒸气爆炸所能带来的最大危险程度。

当一枚高爆炸弹爆炸时，会产生大量高速块状的小碎片。与此相反，沸腾液体膨胀蒸气爆炸只产生少量碎片，破片大小、形状（块状、盘状）和初始速度都各不相同。由于初始容器碎片可以"火箭效应"方式飞散，盘状碎片可以"飞盘效应"方式飞散，因此碎片的抛射距离很长。Schulz-Forberg(1984 年)等人实验研究结果阐释了沸腾液体膨胀蒸气爆炸引起容器爆破的情况。

下面篇章将论述与碎片有关的参数。关于计算容器碎片的范围和潜在危害在第 7 章阐述，在此不再赘述。本节仅讨论气体压力容器故障时沸腾液体膨胀蒸气爆炸不同的地方。

8.4.3.1 实验结果

图 8.9 展示了 4.85m³ 容器盛装 50% 液态丙烷的三次爆炸实验的结果。容器所用钢(StE 36，细粒度钢最小屈服强度 360N/mm²)，壁厚分别为 5.9mm(实验 1) 和 6.4mm(实验 2 和实验 3)。第一次实验时容器内压力为 24.5bar，第二次为 39bar，第三次为 30.5bar。

8.4.3.2 理论模型

碎片速度和破片抛射范围的理论模型一直集中在压力容器盛装理想气体状况下进行预测研究。Johnson 等(1990 年)研究了其他情形，包括压力容器盛装非理想气体和气-液混合物

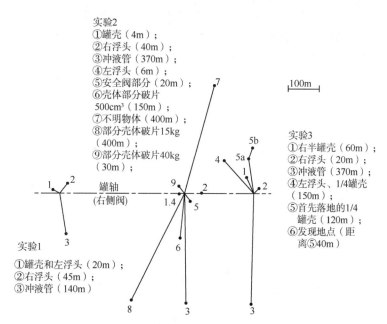

图 8.9　三次沸腾液体膨胀蒸气爆炸实验碎片抛射范围示意图
（Schulz-Forberg 等，1984 年）

等状况。碎片速度和碎片抛射范围可假定与容器内填装物的总能量有关，如果这种能量已知，则容器储存的物质就无关紧要。由于第 7 章已经论述理想气体和非理想气体产生碎片的情况，因此不在此重复论述。

如前所述，计算容器等熵能，并可利用第 7 章计算模型来预测碎片的抛射范围和大小。

沸腾液体膨胀蒸气爆炸的一个独特之处在于当容器破碎成一部分大块碎片时，其中一些碎片可能被闪燃的液体反推至很远的地方。下面讨论这一"火箭效应"现象。

8.4.4　冲击碎片抛射范围

Baum(1987 年)提供了液体闪蒸计算案例，冲击碎片抛射范围计算可根据案例的指南得到。初始速度计算必须考虑总能量。鉴于此，冲击碎片和液体闪蒸容器爆炸碎片可假定是同样工况。

Baker 等人(1978a，b)和 Baum(1987 年)方法计算模拟事故的碎片抛射范围，这些方法之间的误差很小。初始轨迹角度的设定对结果影响很大。在许多案例(如：水平放置的圆柱容器)中，可假定其初始轨迹角度很小。若设定合适的初始轨迹角度，可以预测很大的碎片抛射范围。

Birk 等人(1996b)提出一种估算冲击碎片抛射距离的简化计算方法，他提出以下简单的冲击碎片抛射范围估算公式：

对容量 5m³ 以下容器：

最大可能范围　　　　　　　　$R = 90m^{0.333}$

对容量 5m³ 以上容器：

最大可能范围　　　　　　　　$R = 465m^{0.1}$　　　　　　　　式(8.18)

式中　R——冲击碎片抛射距离，m；

　　　m——容器失效时容器内液相和蒸气总质量，kg。

图 8.10~图 8.17 绘制了系列观察结果，来阐述沸腾液体膨胀蒸气爆炸碎片抛射问题中碎片完整范围和分布情况。特别值得注意的是，虽然大部分碎片确实沿着水平容器的长轴方向坠落，但其实碎片的抛射范围在轴向和径向上分布是相似的。

人们通常认为可能沿长轴方向上降落更多的碎片，但实际上，仍有很多大范围的碎片落在这些容器的侧面和径向方向上。

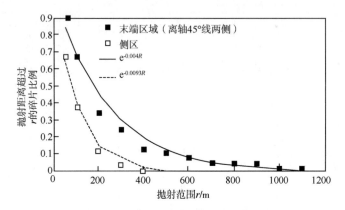

图 8.10 墨西哥城事故的碎片抛射范围分布（Pietersen，1988 年）

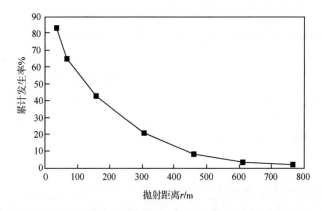

图 8.11 液化石油气火车沸腾液体膨胀蒸气爆炸碎片飞散（52 起事件）（Campbell，1981 年）

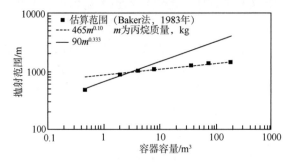

图 8.12 预测丙烷储罐沸腾液体膨胀蒸气爆炸冲击碎片范围与容器容积的关系

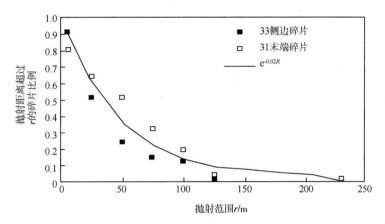

图 8.13 400L 丙烷储罐沸腾液体膨胀蒸气爆炸碎片抛射范围分布(64 个初始和二次碎片)

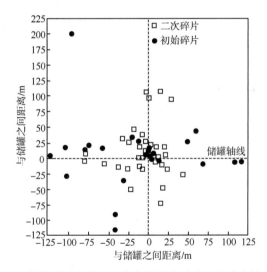

图 8.14 13 起 400L 丙烷储罐沸腾液体膨胀蒸气爆炸实验中碎片分布情况(Birk 等，1995 年)

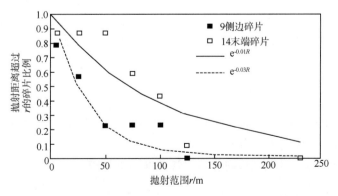

图 8.15 400L 丙烷储罐碎片抛射分布范围(23 个初始碎片)

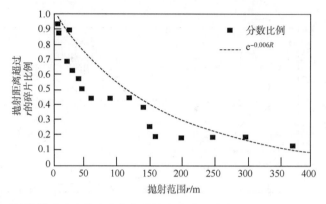

图 8.16 4850L 丙烷储罐沸腾液体膨胀蒸气爆炸碎片范围分布情况（Schulz-Forberg 等，1984 年）

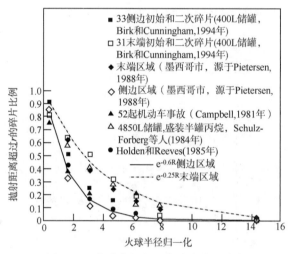

图 8.17 火球半径归一化碎片范围分布

8.5 分析模型

与其他工程领域一样，研究人员正在为沸腾液体膨胀蒸气爆炸的预测和分析建立数值计算模型。目前已有的工业化模型是经验相关性和热力学结合来构建的，其模型放宽了一些由简单模型作出的假设条件。虽然这些模型比简单方法计算效果更好，但仍处于完善阶段。

8.6 计算案例

本节是为说明本章中所介绍的计算方法如何应用。每个计算案例对应一个计算部分。为进行全面安全分析，应评估所有伤害。

8.6.1 计算案例 1 沸腾液体膨胀蒸气爆炸冲击波计算

案例描述：

25m³ 球形压力容器在压力测试成功后，重新投入使用。安全阀设置压力 1.5MPa。控制室距离该容器15m，一丙烷储罐压力为最大允许压力1.21倍，若容器发生爆炸，爆炸载荷会是多少？

考虑以下两种情形，一是容器几乎完全盛满（80%），另一个几乎是空盛（10%），假定所有的能量都参与爆炸（不考虑碎片生成和抛掷而造成能量损耗）。

80%容器计算：

丙烷的沸点是$T_b = 231K$。当容器暴露于火焰中，由于外界环境温度较高，液体温度明显很容易上升至沸点以上。因此，必须建立沸腾液体膨胀蒸气爆炸预测方法。

步骤1　收集数据

假设失效超压为安全阀开启压力的1.21倍，即：

$$p_1 = 1.21 \times (1.5MPa) + (0.1MPa) = 1.9MPa(19bar)$$

热力学数据从热力学表中获得。在本例中，NIST的数据来自网站（http：//webbook. nist. gov/chemistry/. ）下标"f"表示饱和液体（流体）状态，下标"g"表示饱和蒸气（气体）状态（表8.3）。

表8.3　丙烷的热力学数据

序号	p_1/MPa	$u_f/(kJ/kg)$	$u_g/(kJ/kg)$	$v_f/(m^3/kg)$	$v_g/(m^3/kg)$	$s_f/[kJ/(kg \cdot K)]$	$s_g/[kJ/(kg \cdot K)]$
1	1.916	348.94	581.79	2.2811×10^{-3}	0.022754	1.4996	2.3282
2	0.1013	99.816	483.94	1.7214×10^{-3}	0.41422	0.60559	2.4491

步骤2　确定初始状态内能u_1

在这种情形下，NIST直接提供了内能数据。若查询不到内能数据，则用式（8.7）计算流体在失效状态下各相的内能：

$$h = u + pv$$

步骤3　确定膨胀状态的内能u_2

在步骤3中，内能可直接从NIST数据库查询。当液体从初始压强等熵膨胀至大气压强时，仍需计算液体的闪蒸分数。

当液体减压时，部分液体汽化；当蒸气减压时，部分蒸气会冷凝。两种情形下蒸气比X由下式计算：

$$X = \frac{s_1 - s_f}{s_g - s_f}$$

对于饱和液体：

$$X = [1.1996kJ/(kg \cdot K) - 0.60559kJ/(kg \cdot K)]/$$
$$[2.4491kJ/(kg \cdot K) - 0.60559kJ/(kg \cdot K)] = 0.485$$
$$U_{2f} = (1 - 0.485) \times 99.816kJ/kg + 0.485 \times 483.94kJ/kg = 286.1kJ/kg$$

对于饱和蒸气：

$$X = [2.4491kJ/(kg \cdot K) - 2.3282kJ/(kg \cdot K)]/$$
$$[2.4491kJ/(kg \cdot K) - 0.60559kJ/(kg \cdot K)] = 0.066$$
$$U_{2g} = (0.066) \times 99.816kJ/kg + (1 - 0.066) \times 483.94kJ/kg = 458.75kJ/kg$$

步骤4　计算功

由式（8.9）计算流体在膨胀过程中所做的功：

$$e_{ex} = u_1 - u_2$$

对于饱和液体将值代入公式：

$$e_{ex} = 348.94kJ/kg - 286.1kJ/kg = 62.84kJ/kg$$

对于饱和蒸气：

$$e_{ex} = 581.79kJ/kg - 458.75kJ/kg = 62.84kJ/kg$$

步骤 5　计算爆炸能量

假定碎片折减系数 $frag = 0$，地面反射系数 $gnd = 2$，利用式(8.10)计算爆炸能量。

释放液体质量：

$$m_1 = V_1 / v_1$$

当容器处于盛满状态时，即80%体积液体。(当容器被火加热时，液体比例只有轻微变化)液体质量为

$$m_{1f} = (fill) \times (volume) / v_f = 0.80 \times 25m^3 / (2.2811 \times 10^{-3}m^3/kg) = 8768kg$$

蒸气质量为

$$m_{1g} = 0.20 \times 25m^3 / 0.022754m^3/kg = 219.7kg$$

对于饱和液体爆炸能量：

$$E_{ex} = 2 \times 62.84kJ/kg \times 8768kg = 1102.0MJ$$

饱和蒸气：

$$E_{ex} = 2 \times 123.04kJ/kg \times 219.7kg = 54.1MJ$$

假设膨胀蒸气爆炸与液体闪蒸同时发生，表面爆炸总能为

$$E_{ex} = 1102.0MJ + 54.1MJ = 1156.1MJ$$

若碎片能量已知，碎片能量可从中被减去。若碎片能量未知，可保守地假定碎片能量忽略不计。

步骤 6　计算受体无量纲范围

式(7.21)计算受体的无量纲范围：

$$\overline{R} = R \left(\frac{p_0}{E_{ex}} \right)^{1/3}$$

对于控制楼前满盛容器沸腾液体膨胀蒸气爆炸代入数据计算：

$$\overline{R} = 100m \left(\frac{101325Pa}{1156.1 \times 10^6 J} \right)^{1/3} = 4.44$$

对步骤5采用压力容器爆裂法继续计算。

步骤 7　测定受体的压力和冲击力

图7.6给出了 $R = 4.44$ 时，无量纲超压 p_s 为0.058。

控制室的无量纲侧面冲击力 I 可从图7.7中读取，对 $R = 4.44$，$I = 0.014$。

侧面无量纲超压 p_s 和推力 i_s，可由以下无量纲参数计算公式得到：

$$p_s - p_0 = 0.058 \times 101.325kPa = 5.9kPa$$

$$I_s = 0.014 \times (101325Pa)^{2/3} \times (1156.1 \times 10^6 J)^{1/3} / 340m/s = 94Pa \cdot s$$

高宽比无须修正，因此，对控制室的爆炸参数计算如下：侧面峰值超压为5.9kPa，侧面冲击力为94Pa·s。

10%容器计算

当容器只盛装 10% 液体时，爆炸能量不同。因此，需从上述第 5 步重新开始计算。

步骤 8　计算膨胀能

假定碎片折减系数 $frag=0$，地面反射系数 $gnd=2$，利用式(8.10)计算爆炸能量。

$$E_{ex} = 2e_{ex}m_1$$

释放液体质量：

$$m_1 = V_1/v_1$$

当容器处于空盛状态时，即 10% 体积液体。液体质量为

$$m_1 = \frac{0.10 \times 25\text{m}^3}{2.2811 \times 10^{-3}\text{m}^3/\text{kg}} = 1086\text{kg}$$

蒸气质量为

$$m_1 = \frac{0.90 \times 25\text{m}^3}{0.02275\text{m}^3/\text{kg}} = 988.8\text{kg}$$

对于饱和液体的爆炸能量：

$$E_{ex} = 2 \times (62.84\text{kJ/kg}) \times (1096\text{kg}) = 137.7\text{MJ}$$

对于饱和蒸气：

$$E_{ex} = 2 \times (123.04\text{kJ/kg}) \times (988.8\text{kg}) = 243.3\text{MJ}$$

假定膨胀蒸气爆炸和液体闪蒸同时发生，表面爆炸总能为

$$E_{ex} = 137.7\text{MJ} + 243.3\text{MJ} = 381.1\text{MJ}$$

其他计算按之前说明的计算方式进行，这些计算结果汇总在表 8.4 中，需注意以下几点：

● 盛满液体的容器在此液体沸点以上温度发生爆炸，其能量要大得多，因此它所引起的爆炸威力要比充满干气或者蒸气的容器大很多。

● 案例计算只考虑了容器膨胀时的爆炸。实际上，这次爆炸之后可能伴有蒸气云爆炸。这种可能性必须采用前面几章的方法分开考虑。

表 8.4　计算案例 1 的结果

容器状态	控制楼		
	$\bar{R}$	$(p_s - p_0)/\text{kPa}$	$i_s/\text{Pa} \cdot \text{s}$
盛装 80%	4.4	5.0	79
盛装 10%	6.4	3.6	46

8.6.2　计算案例 2　沸腾液体膨胀蒸气爆炸碎片计算

案例描述：

假设条件与案例 1 相同，丙烷储存在 25m³ 的圆柱形容器内，其设计压力为 19.2bar。空容器质量 M 为 2723kg，长径比为 10。假定 40% 的能量参与生成碎片。

容器安全阀的尺寸选定依据是：安全阀最大内部压力为 1.21 倍的容器最大允许工作压力。

计算过程：

能量计算：采用与计算案例 1 相同的计算步骤，步骤 1~5 满盛容器的能量为 1156.1MJ，对于空盛容器，它的能量为 381.1MJ。

计算上述值是为了估算水平放置容器的爆炸情况，表面反射因子为 2。由于表面反射因子不应用于计算碎片抛掷的内能，因此，80% 容器的可用内能为

$$E = 1156.1\mathrm{MJ}/2 = 578.1\mathrm{MJ}$$

10%容器内能：

$$E = 381.1\mathrm{MJ}/2 = 190.6\mathrm{MJ}$$

正如问题描述所述，40%能量作用于碎片形成，因此碎片能量为

$$E = 578.1\mathrm{MJ} \times 0.4 = 231.2\mathrm{MJ}（80\%容器）$$

$$E = 190.6\mathrm{MJ} \times 0.4 = 76.2\mathrm{MJ}（10\%容器）$$

选择碎片抛射计算方法：为确定初始速度计算方法，需确定标度能量（见第 7.5.2.4 节），计算式（7.38）如下：

$$\overline{E}_k = \left(\frac{2E_k}{Ma_1^2}\right)^{0.5}$$

式中　$\overline{E}_k$——标度能量；

　　　E_k——能量，J；

　　　M——容器质量，kg；

　　　a_1——气体声速，m/s。

丙烷中 a_1 声速可由式（7.28）计算：

$$a_1^2 = \gamma RT/m$$

式中　R——理想气体常数，J/（kmol·K）；

　　　T——绝对问题，K；

　　　m——分子质量，kg/kmol。

由于温度未知，可假定温度为 500K，此时

$$a_0^2 = 1.13 \times (8314.41\mathrm{J/kmol \cdot K}) \times (500\mathrm{K})/(44\mathrm{kg/kmol}) = 1.07 \times 10^5 (\mathrm{m/s})^2$$

对于 10%容器：

$$\overline{E} = \left[\frac{2 \times (76.2 \times 10^6\mathrm{J})}{(2723\mathrm{kg}) \times (1.07 \times 10^5\mathrm{m^2/s^2})}\right]^{0.5} = 0.72$$

对于 80%容器：

$$\overline{E} = \left[\frac{2 \times (231.2 \times 10^6\mathrm{J})}{(2723\mathrm{kg}) \times (1.07 \times 10^5\mathrm{m^2/s^2})}\right]^{0.5} = 1.26$$

由于标度能量大于 0.7，两种情况都必须采用方法 3。

方法 3[式（7.29）]如下：

$$v_i = 1.092\left(\frac{E_k G}{M_c}\right)^{0.5}$$

式中，对于圆柱状容器，$G = \dfrac{1}{1 + C/2M}$[式（7.31）]。

这里 C 是气体总质量，M 是容器质量。

假定全部液体皆转化为气体，质量为 C。液体丙烷密度为 583.3kg/m³，容器容积为 25m³。因此，对于 80%容器，带有大量碎片的案例计算结果如下：

$$C = 0.8 \times (585.3\mathrm{kg/m^3}) \times (25\mathrm{m^3}) = 11706\mathrm{kg}$$

$$G = 1/[1 + (11706\mathrm{kg})/(2 \times 2723\mathrm{kg})] = 0.32$$

且 $$v_i = 1.092 \big[(231.2 \times 10^6 \text{J}) \times 0.32 / (2723 \text{kg}) \big]^{0.5} = 180 \text{m/s}$$

对于 10%容器:

$$C = 0.1 \times (585.3 \text{kg/m}^3) \times (25 \text{m}^3) = 1463 \text{kg}$$

$$G = 1 / \big[1 + (1463 \text{kg}) / (2 \times 2723 \text{kg}) \big] = 0.79$$

且 $$v_i = 1.092 \big[(76.2 \times 10^6 \text{J}) \times 0.79 / (2723 \text{kg}) \big]^{0.5} = 162 \text{m/s}$$

预测碎片抛射范围:忽略不同初始轨迹角度的升力和阻力来计算碎片范围,如式(7.40):

$$R = \frac{v_i^2 \sin(2\alpha_i)}{g}$$

式中 R——水平抛射距离,m;

α_i——初始轨迹角度,(°);

g——重力加速度,m/s²。

假设初始轨迹角度为 45°很可能过于保守,但方向是可预测的。像端盖那样的大碎片,将沿着与容器轴线平行的方向飞散,因此,初始轨迹角应取 5°~10°(表 8.5)。

表 8.5 计算案例 2 计算结果

盛装体积/%	v_i/(m/s)	R/m		
		$\alpha = 5°$	$\alpha = 10°$	$\alpha = 45°$
10	162	467	920	2689
80	180	574	1130	3305

8.6.3 计算案例 3 沸腾液体膨胀蒸气爆炸热辐射

案例描述:

一辆 22.7m³ 的液化丙烷罐车发生交通事故,汽油燃烧引发大火将罐车吞没。罐内 90%是丙烷,假定所有丙烷作用于火球,并且大气透射率为 1。

解决步骤:

估算火球直径和持续时间。液体丙烷密度为 585.3kg/m³,罐内丙烷总质量为

$$m = 0.9 \times 22.7 \times (585.3 \text{kg/m}^3) = 11958 \text{kg}$$

根据前面章节关系式,可以计算出火球直径 D_c 和持续时间 t_c:

$$D_c = 5.8 \times m_f^{1/3} = 5.8 \times (11958)^{1/3} = 133 \text{m}$$

$$t_c = 0.45 \times m_f^{1/3} = 0.45 \times (11958)^{1/3} = 10.3 \text{s}$$

假定表面辐射能为 350kW/m²。

估算几何视角系数。火球中心高度为 66.5m,因此(对于垂直物体)的视角系数由附录 A 计算得到:

$$F_v = \big[X \times (66.5 \text{m})^2 \big] / \big[X^2 + (66.5 \text{m})^2 \big]^{3/2}$$

式中,X 为物体沿地面到火球中心正下方一点的距离,此距离须大于火球的直径。由于火球的形成发展通常包括:第一,生成初始半球形状,以完全覆盖附近受体;第二,火球随时间上升,显著影响对附近受体的辐射距离。因此,近场辐射估算的准确性值得怀疑。

估算受体接受的辐射。衰减系数为 1,垂直受体在距离容器 X 处所受的辐射由式(5.6)

计算得到：

$$q = EF_V\tau_a = (350kW/m^3) \times [X \times (66.5m)^2] / [X^2 + (66.5m)^2]^{3/2}$$

不同距离 X 的计算结果如表 8.6 所示。

替代方法：点源模型。另一种计算相对远离火球的物体所受辐射的方法是采用点源模型。由该方法计算得到距离火球中心 L 处的峰值热辐射，如式(8.17)所示：

$$q = \frac{2.2\tau_a RH_c m_f^{0.67}}{4\pi L^2}$$

用参数值替代变量，得到如下结果：

$$m_f = 11958kg$$

$$\tau_a = 1.0$$

$$H_c = 4.636 \times 10^7 J/kg$$

$$R = 0.4(假定减压阀在容器破裂前起跳)$$

因此

$$q = \frac{2.2(1.0)(0.4)(4.636 \times 10^7 J/kg)(11958kg)^{0.67}}{4\pi L^2}$$

$$q = 1.7 \times 10^9 / L^2 W/m^2 = 1.7 \times 10^9 / L^2 kW/m^2$$

距离当前容器 $X = 100m$、$200m$、$500m$、$1000m$ 远的物体所受的火球辐射见表 8.6。

表 8.6 计算案例 3 计算结果

地面距离/m	视角系数	固体燃烧辐射强度/(kW/m²)	点源辐射(Hymes)/(kW/m²)
100	0.255	89	122
200	0.0945	33	39
500	0.0172	6.0	6.8
1000	0.00439	1.5	1.7

9　参考文献

Abbasi, T., Abbasi, S.A., "The boiling liquid expanding vapour explosion (BLEVE): Mechanism, consequence assessment, management," Journal of Hazardous Materials, 141 (2007) 489-519.

Adamczyk, A. A. 1976. An investigation of blast waves generated from non-ideal energy sources. *UILU-ENG 76–0506*. Urbana: University of Illinois.

AIChE/CCPS. 1996. *Guidelines for Evaluating Process Plant buildings for External Explosions and Fires*. American Institute of Chemical Engineers, New York.

American Petroleum Institute and Chemical Manufacturers Association. 1995. *Management of Hazards Associated with Location of Process Plant Buildings*. API RP 752 and CMA Manager's Guide, May, 1995.

American Petroleum Institute. 1982. Recommended Practice 521.

American Society of Civil Engineers. 1997. *Design of Blast Resistant Buildings in Petrochemical Facilities*. New York.

Anderson, C, W. Townsend, R. Markland, and J. Zook. 1975. Comparison of various thermal systems for the protection of railroad tank cars tested at the FRA/BRL torching facility. Interim Memorandum Report No. 459, Ballistic Research Laboratories.

Andrews, G.E., 1997, "Fundamentals of combustion, explosion and mitigation", Seminar notes, Leeds University

API, "Pressure-Relieving and Depressuring Systems," American Petroleum Institute, STD 521, Washington, D.C., 2008.

Army, Navy, and Air Force Manual. 1990. "Structures to resist the effects of accidental explosions." TM 5–1300, NAVFAC P-397, AFR 88–22. Revision 1.

Aslanov, S. K., and O. S. Golinskii. 1989. Energy of an asymptotically equivalent point detonation for the detonation of a charge of finite volume in an ideal gas. *Combustion, Explosion, and Shock Waves*, pp. 801–808.

Auton, T. R., and J. H. Pickles. 1978, "The calculation of blast waves from the explosion of pancake-shaped vapor clouds." Central Electricity Research Laboratories note No. RD/L/N 210/78.

Auton, T. R., and J. H. Pickles. 1980. Deflagration in heavy flammable vapors. *Inst. Math. Appl.Bull.* 16:126–133.

Bader, B. E., A. B. Donaldson, and H. C. Hardee. 1971. Liquid-propellent rocket abort fire model. *J. Spacecraft and Rockets* 8:1216–1219.

Bagster, D.F., R.M. Pitblado, Thermal hazards in the process industry, Chemical Engineering Progress 85 (1989) 69–77.

Baker, Q.A., Baker, W.E., "Pros and Cons of TNT Equivalence for Industrial Explosion Accidents," International Conference and Workshop on Modeling and Mitigating the Consequences of Accidental Releases of Hazardous Materials, Center for Chemical Process Safety of AICHE, 1991.

Baker, Q.A., Doolittle, D.M., Fitzgerald, G.A., and Tang, M.J.., "Recent Developments in the Baker-Strehlow VCE Analysis Methodology," 31st Loss Prevention Symposium, American Institute of Chemical Engineers, Paper 42f, 1997.

Baker, Q.A., Tang, M.J., "Effect of Vessel Temperature on Blast Loads," 2004 ASME/JSME Pressure Vessel and Piping Conference, July 2004.

Baker, Q.A., Tang, M.J., Scheier, E., Silva, G.J., "Vapor Cloud Explosion Analysis," American Institute of Chemical Engineers, 28th Annual Loss Prevention Symposium, 1994.

Baker, W. E. 1973. *Explosions in Air.* Austin: University of Texas Press.

Baker, W. E., J. J. Kulesz, R. E. Richer, R. L. Bessey, P. S. Westine, V. B. Parr, and G. A. Oldham. 1975 and 1977. *Workbook for Predicting Pressure Wave and Fragment Effects of Exploding Propellant Tanks and Gas Storage Vessels.* NASA CR-134906. Washington: NASA Scientific and Technical Information Office.

Baker, W. E., J. J. Kulesz, R. E. Ricker, P. S. Westine, V. B. Parr, L. M. Vargas, and P. K. Moseley. 1978b. *Workbook for Estimating the Effects of Accidental Explosions in Propellant Handling Systems.* NASA Contractor report no. 3023.

Baker, W. E., P. A. Cox, P. S. Westine, J. J. Kulesz, and R. A. Strehlow. 1983. *Explosion Hazards and Evaluation.* New York: Elsevier Scientific.

Bakke, J. R. 1986. "Numerical simulations of gas explosions." Ph.D. Thesis, University of Bergen, Norway.

Bakke, J. R., and B. H. Hjertager. 1986a. Quasi-laminar/turbulent combustion modeling, real cloud generation and boundary conditions in the FLACS-ICE code. *CMI No. 865402–2.* Chr. Michelsen Institute, 1986. Also in Bakke's Ph.D. thesis "Numerical simulation of gas explosions in two-dimensional geometries." University of Bergen, Bergen, 1986.

Bakke, J. R., and B. H. Hjertager. 1986b. The effect of explosion venting in obstructed channels. In *Modeling and Simulation in Engineering.* New York: Elsevier, pp. 237–241.

Bakke, J. R., and B. J. Hjertager. 1987. The effect of explosion venting in empty vessels. *Int. J. Num. Meth. Eng.* 24:129–140.

Balcerzak, M. H., M. R. Johnson, and F. R. Kurz. 1966. "Nuclear blast simulation. Part I—Detonable gas explosion." Final eport DASA 1972–1. Niles, Il1.: General American Research Division.

Balke, C., Heller, W., Konersmann, R., Ludwig J., 1999, *Study of the Failure Limits of a Tank Car Filled with Liquefied Petroleum Gas Subjected to an Open Pool Fire Test, BAM Project 3215*, Federal Institute for Materials Research and Testing (BAM)

Barbone R, Frost DL, Makis A, Nerenberg J, Explosive Boiling of a Depressurized Volatile Liquid, Proceedings of IUTAM Symposium on Waves in Liquid/Gas and Liquid Vapour Two-Phase Systems , 1994, Kyoto, Japan

Baum, M. R. 1984. The velocity of missiles generated by the disintegration of gas pressurized vessels and pipes. *Trans. ASME.* 106:362–368.

Baum, M. R. 1987. Disruptive failure of pressure vessels: preliminary design guide lines for fragment velocity and the extent of the hazard zone. In *Advances in Impact, Blast Ballistics, and Dynamic Analysis of Structures.* ASME PVP. 124. New York: ASME.

Baum, M.R., Disruptive Failure of Pressure Vessels: Preliminary Design Guidelines for Fragment Velocity and the extent of the Hazard Zone, Journal of Pressure Vessel Technology 110, 168-176, 1988, ASME

Benedick, W.B., "High Explosive Initiation of Methane-air Detonations," Combustion and Flame, 35 (1979) pp. 89-94

Benedick, W. B., J. D. Kennedy, and B. Morosin. 1970. Detonation limits of unconfined hydrocarbon-air mixtures. *Combust. and Flame.* 15:83–84.

Benedick, W. B., R. Knystautas, and J. H. S. Lee. 1984. "Large-scale experiments on the transmission of fuel-air detonations from two-dimensional channels." *Progress in Astronautics and Aeronautics*. 94:546–555, AIAA Inc., New York.

Berufsgenossenschaft der Chemischen Industrie. 1972. Richtlinien zur Vermeidug von Zünd-gefahren infolge elektrostatischer Aufladungen. Richtlinie Nr. 4.

Bessey, R. L. 1974. Fragment velocities from exploding liquid propellant tanks. *Shock Vibrat. Bull.* 44.

Bessey, R. L., and J. J. Kulesz. 1976. Fragment velocities from bursting cylindrical and spherical pressure vessels. *Shock Vibrat. Bull.* 46.

Birk, A.M., 1995, Scale Effects with Fire Exposure of Pressure Liquefied Gas Tanks, *Journal of Loss Prevention in the Process Industries* 8(5):275-90

Birk, A.M., 1996, Hazards from BLEVEs: An Update and Proposal for Emergency Responders, *Journal of Loss Prevention in the Process Industries* 9(2):173-81

Birk, A.M., Cunningham, M.H., 1994, *A Medium Scale Experimental Study of the Boiling Liquid Expanding Vapour Explosion, TP 11995E*, Transport Canada

Birk, A.M., Cunningham, M.H., 1994, The Boiling Liquid Expanding Vapour Explosion, *International Journal of Loss Prevention in the Process Industries* 7(6):474-80

Birk, A.M., Cunningham, M.H., 1996, Liquid Temperature Stratification and its Effect on BLEVEs and their Hazards, *Journal of Hazardous Materials* 48:219-37

Birk, A.M., Cunningham, M.H., Ostic, P., Hiscoke, B., 1997, *Fire Tests of Propane Tanks to Study BLEVEs and Other Thermal Ruptures: Detailed Analysis of Medium Scale Test Results, TP 12498E*, Transport Canada

Birk, A.M., Davison, C., Cunningham, M.H., Blast Overpressures from Medium Scale BLEVE Tests, Journal of Loss Prevention in the Process Industries 20, 194-206, 2007

Birk, A.M., Poirier, D., Davison, C., Wakelam, C., 2005, *Tank-Car Thermal Protection Defect Assessment: Fire Tests of 500 gal Tanks with Thermal Protection Defects, TP 14366E*, Transportation Development Centre, Transport Canada

Birk, A.M., VanderSteen, J.D.J., Davison, C., Cunningham, M.H., Mirzazadeh, I., 2003, *PRV Field Trials -- The Effects of Fire Conditions and PRV Blowdown on Propane Tank Survivability in a Fire, TP 14045E*, Transport Canada

Birk, A.M., VanderSteen, J.D.J., The Effect of Pressure Relief Valve Blowdown and Fire Conditions on the Thermo-Hydraulics within a Pressure Vessel, ASME Journal of Pressure Vessel Technology 128, 467-475, 2006,

Birk, A.M., Yoon, K.T., High Temperature Stress-Rupture Data for the Analysis of Dangerous Goods Tank-Cars Exposed to Fire, Journal of Loss Prevention in the Process Industries 19, 442-451, 2006

Bjerketvedt, D., and O. K. Sonju. 1984. "Detonation transmission across an inert region." *Progress in Astronautics and Aeronautics.* 95, AIAA Inc., New York.

Bjerketvedt, D., O. K. Sonju, and I. O. Moen. 1986. "The influence of experimental condition on the re-initiation of detonation across an inert region." *Progress in Astronautics and Aeronautics.* 106:109–130. AIAA Inc., New York.

Blackmore, D. R., J. A. Eyre, and G. G. Summers. 1982. Dispersion and combustion behavior of gas clouds resulting from large spillages of LNG and LPG onto the sea. *Trans. I. Mar. E. (TM).* 94: (29).

Blevins, R.D., 1984, *Applied Fluid Dynamics Handbook*, New York, Van Nostrand Reinhold Company Inc.

Board, S. J., R. W. Hall, and R. S. Hall. 1975. Detonation of fuel coolant explosions. *Nature* 254:319–320.

Boris, J. P. 1976. "Flux-Corrected Transport modules for solving generalized continuity equations." *NRL Memorandum report 3237.* Naval Research Laboratory, Washington, D.C.

Boris, J. P., and Book D. L. 1976. "Solution of continuity equations by the method of Flux-Corrected Transport." *Meth. Computat. Phys.* Vol. 16. New York: Academic Press.

Boris, J. P., and D. L. Book. 1973. Flux-corrected transport I: SHASTA-A fluid transport method that works. *J. Comp. Phys.* 11:38.

Bowen, J. G., E. R. Fletcher, and D. R. Richmond. 1968. Estimate of man's tolerance to the direct effects of air blast. Lovelace Foundation for Medical Education and Research. Albuquerque, NM.

Boyer, D. W., H. L. Brode, I. I. Glass, and J. G. Hall. 1958. "Blast from a pressurized sphere." UTIA Report No. 48. Toronto: Institute of Aerophysics, University of Toronto.

Bradley, D., Lau, A.K.C. and Lawes, M., 1992, Phil Trans R Soc, Lond, A 338-359

Brasie, W. C, and D. W. Simpson. 1968. "Guidelines for estimating damage explosion." *Proc. 63rd Nat. AIChE Meeting.* AIChE. New York.

Brasie, W. C. 1976. "The hazard potential of chemicals." AIChE Loss Prevention. 10:135–140.

Britton, L.G., Williams, T.J., "Some Characteristics of Liquid-to-Metal Discharges Involving a Charged 'Low Risk' Oil," J. Electrostatics, 13 (1982) 185-207.

Brode, H. L. 1955. "Numerical solutions of a spherical blast wave." *J. Appl. Phys.* 26:766–775.

Brode, H. L. 1959. "Blast wave from a spherical charge." *Physics of Fluids.* 2(2):217–229.

Brossard, J., D. Desbordes, N. Difabio, J. L. Garnier, A. Lannoy, J. C. Leyer, J. Perrot, and J. P. Saint-Cloud. 1985. "Truly unconfined deflagrations of ethylene-air mixtures." Paper presented at the 10th Int. Coll. on Dynamics of Explosions and Reactive Systems. Berkeley, California.

Brossard, J., S. Hendrickx, J.L. Garnier, A. Lannoy and J.L. Perrot, "Air Blast From Unconfined Gaseous Detonations", Proceedings of the 9th International Colloquium on Dynamics of Explosion and Reactive Systems", The American Institute of Aeronautics and Astronautics, Inc., 1984

Bull, D. C, J. E. Elsworth, and P. J. Shuff. 1982. Detonation cell structures in fuel-air mixtures. *Combustion and Flame* 45:7 - 22.

Bull, D. C, J. E. Elsworth, M. A. McCleod, and D. Hughes. 1981. "Initiation of unconfined gas detonations in hydrocarbon-air mixtures by a sympathetic mechanism." *Progress in Astronautics and Aeronautics.* 75:61–72. AIAA Inc., New York.

Bull, D.C., J.E. Elsworth and G. Hooper, "Initiation of Spherical Detonation in Hydrocarbon-Air Mixtures", Acta Astronautica, 5 (1978) pp. 997-1008

Burgess, D. S., and M. G. Zabetakis, 1973. "Detonation of a flammable cloud following a propane pipeline break, the December 9, 1970 explosion in Port Hudson (MO)." *Bureau of Mines Report of Investigations No. 7752.* United States Department of the Interior.

Burgess, D. S., and M. Hertzberg. 1974. *Advances in Thermal Engineering.* New York: John Wiley and Sons.

Burgoyne, J. H. 1963. The flammability of mists and sprays. *Second Symposium on Chemical Process Hazards.*

Buschman, Jr., A. J., and C. M. Pittman. 1961. Configuration factors for exchange of radiant energy between antisymmetrical sections of cylinders, cones and hemispheres and their bases. *NASA, Technical Note D-944.*

Cambray, P., and B. Deshaies. 1978, "Ecoulement engendre par un piston spherique: solution analytique approchee." *Acta Astronautica.* 5:611–617.

Cambray, P., B. Deshaies, and P. Clavin. 1979. "Solution des equations d'Euler associees a l'expansion d'une sphere a vitesse constante." *Journal de Physique.* Coll. C8, 40(11):19–24.

Campbell, J.A., "Estimating the magnitude of macro-hazards," Society of Fire Protection Engineers, Report 81-2, Boston, Massachusetts, 1981.

Cates, A.T., Fuel gas explosion guidelines, Int. Conf. Fire and Explosion Hazards Inst Energy, 1991.

Catlin, C.A. and Johnson, D.M., 1992, Combust Flame, 88:15

CCPS/AIChE. 1991. *International conference and workshop on modeling and mitigating the consequences of accidental releases of hazardous material.* New York: CCPS/AIChE.

Center For Chemical Process Safety, *Guidelines for Evaluating The Characteristics Of Vapor Cloud Explosions, Flash Fires, And BLEVEs*, AIChE, 1994

Center For Chemical Process Safety, *Guidelines for Consequence Analysis of Chemical Releases*, American Institute of Chemical Engineers, New York, 1999.

Center for Chemical Process Safety. 1989. *Guidelines for Chemical Process Quantitative Risk Analysis.* New York: AIChE/CCPS.

Chan, C, J. H. S. Lee, I. O. Moen, and P. Thibault. 1980. "Turbulent flame acceleration and pressure development in tubes." *Proceedings of the First Specialists Meeting of the Combustion Institute,* Bordeaux, France, pp. 479–484.

Chan, C., I. O. Moen, and J. H. S. Lee, 1983. "Influence of confinement on flame acceleration due to repeated obstacles." *Combust. and Flame.* 49:27–39.

Chapman, W. R., and R. V. Wheeler. 1926. "The propagation of flame in mixtures of methane and air. Part IV: The effect of restrictions in the path of the flame." *J. Chem. Soc.* pp. 2139–2147.

Chapman, W. R., and R. V. Wheeler. 1927. "The propagation of flame in mixtures of methane and air. Part V: The movement of the medium in which the flame travels." *J. Chem. Soc.* pp. 38–47.

CHEETAH 1.39 User's Manual, UCRL-MA-117541 Rev.3, 1996

Chushkin, P. I., and L. V. Shurshalov. 1982. Numerical computations of explosions in gases. (Lecture Notes in Physics 170). *Proc. 8th Int. Conf. on Num. Meth. in Fluid Dynam.*, 21—42. Berlin: Springer Verlag.

Clayton, W.E., Griffin, M.L., "Catastrophic failure of a liquid carbon dioxide storage vessel," *Process Safety Progress*, 1994, 13, 202-209.

Cloutman, L. D., C. W. Hirt, and N. C. Romero. 1976. "SOLA-ICE: a numerical solution algorithm for transient compressible fluid flows." *Los Alamos Scientific Laboratory report LA-6236.*

Clutter, JK and Mathis, J. Computational modeling of vapor cloud explosions in off-shore rigs using a flame –speed based on combustion model. *J. of Loss Prevention in the Process Industries 15: 391-401*, 2002

Combustion, 1973, pp. 1201-1215

Coward, H. F., and G. W. Jones. 1952. Limits of flammability of bases and vapors. *Bureau of Mines Bulletin* 503.

Cowperthwaite, M., and W.H. Zwisler, "Tiger Computer Program Documentation", Report No. Z106, Stanford Res. Inst. Menlo Park, CA 1973

Cracknell, R. F. and Carsley, A. J., "Cloud Fires: A methodology for hazardous consequence modeling," IChemE Symposium Series 141, 139 pp, 1997.

Crowl, D.A., "Calculating the Energy of Explosion Using Thermodynamic Availability," J. Loss Prevention. Process Ind., 5(2): 109-118, 1992.

Crowl, D.A., Understanding Explosions, CCPS Concept Book, American Institute of Chemical Engineers, New York, NY, ISBN 0-8169-0779-X, 2003

Davenport, J. A. 1977. "A study of vapor cloud incidents." *AIChE Loss Prevention Symposium,* Houston, Texas.

Davenport, J. A. 1977. "A survey of vapor cloud incidents." *Chemical Engineering Progress*. Sept. 1977, 54–63.

Davenport, J. A. 1983. "A study of vapor cloud incidents—an update," 4th Int. Symp. Loss Prevention and Safety Promotion in the Process Industries. Harrogate (UK*), IChemE Symp. Series No. 80.*

Davenport, J. A. 1986. "Hazards and protection of pressure storage of liquefied petroleum gases." *Fifth International Symposium on Loss Prevention and Safety Promotion in the Process Industries*, European Federation of Chemical Engineering, Canner, France.

Denisov, Yu. N., K. I. Shchelkin, and Ya. K. Troshin. 1962. Some questions of analogy between combustion in a thrust chamber and a detonation wave. *8th Symposium (International) on Combustion*, pp. 1152–1159. Pittsburgh: PA: The Combustion Institute.

Department of Labor and Workforce Development - Division of Boiler and Elevator Inspection, Accident Report, Dana Corporation, Paris Extrusion Plant, Tennessee, June 18, 2007.

Desbordes, D., and N. Manson. 1978, "Explosion dans Fair de charges spheriques non confinees de melanges reactifs gazeux." *Acta Astronautica.* 5:1009–1026.

Deshaies, B., and J. D. Leyer. 1981. "Flow field induced by unconfined spherical accelerating flames." *Combust. and Flame.* 40:141–153.

Deshaies, B., and P. Clavin. 1979. "Effets dynamiques engendres par une flamme spherique a vitesse constante." *Journal de Mecanique.* 18(2):213–223.

Dorge, K. J., D. Pangritz and H. Gg. Wagner. 1976. "Experiments on velocity augmentation of spherical flames by grids." *Acta Astronautica.* 3:1067–1076.

Dorge, K. J., D. Pangritz, and H. Gg. Wagner. 1979. "Uber die Wirkung von Hindernissen auf die Ausbreitung von Flammen." *ICI Jahrestagung.* S.441–453.

Dorge, K. J., D. Pangritz, and H. Gg. Wanger. 1981. "Uber den Einfluss von mehreren Blenden auf die Ausbreitung von Flammen: Eine Fortsetzung der Wheelerschen Versuche." *Z. fur Phys. Chemie Neue Folge.* Bd. 127, S.61 -78.

Dorofeev, S.B., "Blast Effects Of Confined And Unconfined Explosions," Proceedings of the 20th International Symposium on Shock Waves, 1995

Droste, B., and W. Schoen. 1988. Full-scale fire tests with unprotected and thermal insulated LPG storage tanks. *J. Haz. Mat.* 20:41–53.

Duiser, J. A. 1989. Warmteuitstraling (Radiation of heat). Method for the calculation of the physical effects of the escape of dangerous materials (liquids and gases). Report of the Committee for the Prevention of Disasters, Ministry of Social Affairs, The Netherlands, 2nd Edition.

Edmister, W. C, and B. I. Lee. 1984. *Applied Hydrocarbon Thermodynamics,* 2nd ed. Houston: Gulf Publishing Company.

Eggen, J.B.M.M., "GAME: Development of Guidance for the Application of the Multi-Energy Method," TNO Prins Maurits Laboratory report prepared for the Health and Safety Executive, HSE Contract Research Report 202/1998, ISBN 0 7176 1651 7, 1998

Eichler, T. V., and H. S. Napadensky. 1977. "Accidental vapor phase explosions on transportation routes near nuclear power plants." *IIT Research Institute final report no. J6405*. Chicago, Illinois.

Eisenberg, N. A., C. J. Lynch, and R. J. Breeding. 1975. "Vulnerability model. A simulation system for assessing damage resulting from marine spills." *U.S. Department of Commerce Report No. AD/A015/245*. Washington: National Technical Information Service.

Elsworth, J., J. Eyre, and D. Wayne. 1983. Combustion of refrigerated liquefied propane in partially confined spaces, Int. Sym. "Loss Prevention and Safety Promotion in the Process Industries." Harrogate (UK), *IChemE Symp. Series No. 81*. pp. C35-C48.

Ermak, D.L. and R. P. Koopman, "Results of 40-m3 LNG Spills onto Water", S. Hartwig (ed.) Heavy Gas Assessment - II, Battelle-Institute e.V., Frankfurt am Main, Germany, 163-179, Jan 1983.

Ermak D.L. et al., Heavy gas dispersion test summary report', Lawrence Livermore National Laboratory Report No. UCRL-21210 October, 1988.

Esparza, E. D., and W. E. Baker. 1977a. *Measurement of Blast Waves from Bursting Pressurized Frangible Spheres*. NASA CR-2843. Washington: NASA Scientific and Technical Information Office.

Esparza, E. D., and W. E. Baker. 1977b. *Measurement of Blast Waves from Bursting Frangible Spheres Pressurized with Flash-evaporating Vapor or Liquid*. NASA CR-2811. Washington: NASA Scientific and Technical Information Office.

Exxon (unpublished). Damage estimates from BLEVEs, UVCEs and spill fires. Factory Mutual Research Corporation. 1990. Private Communication. Fishburn, B. 1976. "Some aspects of blast from fuel-air explosives." *Acta Astronautica*. 3:1049–1065.

Factory Mutual Research Corporation. 1990. "Guidelines for the estimation of property damage from outdoor vapor cloud explosions in chemical processing facilities." Technical Report, March 1990.

Fay, J. A., and D. H. Lewis, Jr. 1977. *Unsteady burning of unconfined fuel vapor clouds. 16th Symposium (International) on Combustion*, pp. 1397–1405. Pittsburgh, PA: The Combustion Institute.

Felbauer GF, Heigl JH, McQueen W, Whipp RH, May WG (1972). Spills of LNG on water- vaporization and downwind drift of combustible mixtures, Report No. EE61E-72, Florham Park, NJ: Esso Res. and Development Lab.

Ficket, W., and W. C. Davis. 1979. *Detonation*. Berkeley: University of California Press.

Fishburn, B., N. Slagg, and P. Lu. 1981. "Blast effect from a pancake-shaped fuel drop-air cloud detonation (theory and experiment)." *J. of Hazardous Materials*. 5:65–75.

Gayle J.B., J.W. Bransford, *Size and duration of fireballs from propellant explosions*, ReportNASATMX-53314. George C. Marshall Space Flight Center, Huntsville, USA, 1965.

Geng, J.H. and J.K. Thomas, "Simulation and Application of Blast Wave-Target Interaction." Presented at the 41st Annual Loss Prevention Symposium, Houston, Texas, April 2007a.

Geng, J.H. and J.K. Thomas, "Reflection of Blast Waves Off Cylindrical Pipes," ASME Pressure Vessel and Piping Conference (PVP '07), San Antonio, TX, July 22-26, 2007b

Gibbs, G. J., and H. F. Calcote. 1959. Effect on molecular structure on burning velocity. *Jr. Chem. Eng. Data*. 4(3):226–237.

Giesbrecht, H., K. Hess, W. Leuckel, and B. Maurer, 1981. "Analysis of explosion hazards on spontaneous release of inflammable gases into the atmosphere. Part 1: Propagation and deflagration of vapor clouds on the basis of bursting tests on model vessels." *Ger. Chem. Eng*. 4:305–314.

Giesbrecht, H., K. Hess, W. Leuckel, and B. Maurer. 1980. Analyse der potentiellen Explosionswirkung von kurzzeitig in de Atmosphaere freigesetzen Brenngasmengen. *Chem. Ing. Tech*. 52(2): 114–122.

Giesbrecht, H., K. Hess, W. Leuckel, and B. Maurer. 1981. "Analysis of explosion hazards on spontaneous release of inflammable gases into the atmosphere." Part 1: Propagation and deflagration of vapor clouds on the basis of bursting tests on model vessels. Part 2: Comparison of explosion model derived from experiments with damage effects of explosion accidents. *Ger. Chem. Eng*. 4:305–325.

Girard, P., M. Huneau, C. Rabasse, and J. C. Leyer. 1979. "Flame propagation through unconfined and confined hemispherical stratified gaseous mixtures." *17th Symp. (Int.) on Combustion*. pp. 1247–1255. The Combustion Institute, Pittsburgh, PA.

Giroux, E. D. 1971. HEMP users manual. *Lawrence Liver more Laboratory report no. UCRL-51079*. University of California, Livermore, California.

Glass, I. I. 1960. UTIA *Report No. 58*. Toronto: Institute of Aerophysics, University of Toronto.

Glasstone, S. 1957. The effects of nuclear weapons. USAEC.

Glasstone, S. 1966. *The Effects of Nuclear Weapons.* US Atomic Energy Commission, Revised edition 1966.

Glasstone, S., and P. J. Dolan. 1977. *The Effects of Nuclear Weapons.* US Dept. of Defense, Third edition.

Godunov, S. K., A. V. Zabrodin and G. P. Propokov. 1962. *J. of USSR Comp. Math., Math.Phys.* 1:1187.

Goldwire, H. C. Jr., H. C. Rodean, R. T. Cederwall, E. J. Kansa, R. P. Koopman, J. W. McClure, T. G. McRae, L. K. Morris, L. Kamppiner, R. D. Kiefer, P. A. Urtiew, and C. D. Lind. 1983. "Coyote series data report LLNL/NWC 1981 LNG spill tests, dispersion, vapor burn, and rapid phase transition." *Lawrence Livermore National Laboratory Report UCID—19953.* Vols. 1 and 2.

Gorev, V. A., and Bystrov S. A. 1985. "Explosion waves generated by deflagration combustion." *Comb., Explosion and Shock Waves.* 20:(6):614–620.

Gouldin, F.C., 1987, Combust Flame, 68:249

Green Book 1989. Methods for the determination of possible damage to people and objects resulting from releases of hazardous materials. Published by the Dutch Ministry of Housing, Physical Planning and Environment. Voorburg, The Netherlands. Code: CPR.6E

Grodzovskii, G. L., and F. A. Kukanov. 1965. Motions of fragments of a vessel bursting in a vacuum. *Inzhenemyi Zhumal* 5(2):352–355.

Grossel, S.S., Deflagration and Detonation Flame Arresters, Center for Chemical Process Safety, American Institute of Chemical Engineers, New York, NY, 2002.

Gugan, K. 1978. *Unconfined vapor cloud explosions.* IChemE, London.

Guirao, C. M., G. G. Bach, and J. H. Lee. 1976. "Pressure waves generated by spherical flames." *Combustion and Flame.* 27:341–351.

Guirao, C. M., G. G. Bach, and J. H. S. Lee. 1979. "On the scaling of blast waves from fuel-air explosives." *6th Symp. on Blast Simulation.* Cahors, France.

Guirao, C.M., Knystautas, R., Lee, J.H., Benedick, W., and Berman, M., "Hydrogen-air Detonations," 19th Symposium (International) on Combustion, pp 583-590, The Combustion Institute, Pittsburgh, PA, 1982.

Guirguis, R. H., M. M. Kamel, and A. K. Oppenheim. 1983. "Self-similar blast waves incorporating deflagrations of variable speed." *Progess in Astronautics and Aeronautics.* 87:121–156, AIAA Inc., New York.

Hanna, S. R., and P. J. Drivas. 1987. *Guidelines for Use of Vapor Cloud Dispersion Models.* New York: American Institute for Chemical Engineers, CCPS.

Hardee, H. C, and D. O. Lee. 1973. Thermal hazard from propane fireballs. *Trans. Plan. Tech.* 2:121–128.

Hardee, H. C, and D. O. Lee. 1978. A simple conduction model for skin burns resulting from exposure to chemical fireballs. *Fire Re*s. 1:199–205.

Hardee, H. C, D. O. Lee, and W. B. Benedick. 1978. Thermal hazards from LNG fireball. *Combust. Sci. Tech.* 17:189–197.

Hargrave, G.K., Jarvis, S., Williams, T.C., "A study of transient flow turbulence generation during flame/wall interactions in explosions," *Measurement Science and Technology, Institute of Physics Publishing,* Measurement Science and Technology 13 (2002) 1036-1042.

Harlow, F. H., and A. A. Amsden. 1971. "A numerical fluid dynamics calculation method for all flow speeds." *J. of Computational Physics.* 8(2): 197–213.

Harris, R. J. 1983. *The investigation and control of gas explosions in buildings and heating plant.* New York: E & FN Spon in association with British Gas Corporation

Harris, R. J., and M. J. Wickens. 1989. "Understanding vapor cloud explosions— an experimental study." *55th Autumn Meeting of the Institution of Gas Engineers,* Kensington, UK.

Harrison, A. J., and J. A. Eyre. 1986. "Vapor cloud explosions—The effect of obstacles and jet ignition on the combustion of gas clouds, 5th Int. Symp." *Proc. Loss Prevention and Safety Promotion in the Process Industries.* Cannes, France. 38:1, 38:13.

Harrison, A. J., and J. A. Eyre. 1987. "The effect of obstacle arrays on the combustion of large premixed gas/air clouds." *Comb. Sci. Tech.* 52:121–137.

Harrison, A.J., Eyre, J.A., "The Effect of Obstacle Arrays on the Combustion of Large Premixed Gas/Air Clouds," Coubust. Sci. Technol. 52 (1987) 121-137.

Harrison, A.J., Eyre, J.A., "Vapour cloud explosions – the Effect of Obstacles and Jet Ignition on the Combustion of Gas Clouds," Proc. 5th Int. Symp. on Loss Prevention and Safety Promotion in the Process Industries, Cannes, France, 1986, pp 38-1, 38-13.

Hasegawa, K., and K. Sato 1987. Experimental investigation of unconfined vapor cloud explosions and hydrocarbons. Technical Memorandum No. 16, Fire Research Institute, Tokyo.

Hasegawa, K., and Sato, K. 1977. Study on the fireball following steam explosion of *n*-pentane. *Second International Symposium on Loss Prevention and Safety Promotion in the Process Industries*, pp. 297–304.

Hasegawa K., K. Sato, Fireballs, 12, Technical Memos of Fire Research Institute of Japan, Tokyo, 1978, pp. 3–9.

Health and Safety Executive, 1975. 'The Flixborough Disaster: Report of the Court of Inquiry,' HMSO, ISBN 0113610750.

Health and Safety Executive. 1979. *Second Report. Advisory Committee Major Hazards*. U.K. Health and Safety Commission, 1979.

Health and Safety Executive. 1986. "The effect of explosions in the process industries." *Loss Prevention Bulletin*. 1986. 68:37–47.

Health & Safety Executive. 1986. The effect of explosions in the process industries. *Loss Prevention Bulletin*. 68:37–47.

Health and Safety Laboratory, HSL, C.J. Butler and Royle M., "Experimental data acquisition for validation of a new vapor cloud fire (VCF) modeling approach," Report HSL/2001/15.

High, R. 1968. The Saturn fireball. *Ann. N.Y. Acad. Sci.* 152:441–451.

Hinman, E. E., and Hammonds, D. J. 1997. *Lessons from the Oklahoma City Bombing: Defensive Design Techniques*. American Society of Civil Engineers, New York, 1997.

Hirsch, F. G. 1968. Effects of overpressure on the ear, a review. *Ann. NY Acad. Sci.*

Hirst, W. J. S., and J. A. Eyre. 1983. "Maplin Sands experiments 1980: Combustion of large LNG and refrigerated liquid propane spills on the sea." *Heavy Gas and Risk Assessment II*. Ed. by S. Hartwig. pp. 211–224. Boston: D. Reidel.

Hjertager, B. H. 1982a. Simulation of transient compressible turbulent reactive flows. *Comb. Sci. Tech.* 41:159–170.

Hjertager, B. H. 1982b. Numerical simulation of flame and pressure development in gas explosions. *SM study No. 16*. Ontario, Canada: University of Waterloo Press. 407–426.

Hjertager, B. H. 1984. "Influence of turbulence on gas explosions." *J. Haz. Mat.* 9:315–346.

Hjertager, B. H. 1985. "Computer simulation of turbulent reactive gas dynamics." *Modeling, Identification and Control*. 5(4):211 -236.

Hjertager, B. H. 1989. "Simulation of gas explosions." *Modeling, Identification and Control.* 1989. 10(4):227–247.

Hjertager, B. H. 1991. "Explosions in offshore modules." *IChemE Symposium Series No. 124,* pp. 19–35. Also in *Process Safety and Environmental Protection,* Vol. 69, Part B, May 1991.

Hjertager, B. H., K. Fuhre, and M. Bjorkhaug. 1988a. "Concentration effects on flame acceleration by obstacles in large-scale methane-air and propane-air explosions." *Comb. Sci. Tech.,* 62:239–256.

Hjertager, B. H., K. Fuhre, S. J. Parker, and J. R. Bakke. 1984. "Flame acceleration of propane-air in a large-scale obstructed tube." *Progress in Astronautics and Aeronautics.* 94:504–522. AIAA Inc., New York.

Hjertager, B. H., M. Bjorkhaug, and K. Fuhre. 1988b. "Explosion propagation of non-homogeneous methane-air clouds inside an obstructed 50m^3 vented vessel." *J. Haz. Mat.* 19:139–153.

Hjertager, B. H., T. Solberg, and J. E. Forrisdahl. 1991b. Computer simulation of the 'Piper Alpha' gas explosion accident."

Hjertager, B. H., T. Solberg, and K. O. Nymoen. 1991a. Computer modeling of gas explosion propagation in offshore modules.

Hjertager, B.H., "Explosions in Obstructed Vessels," Course on Explosion Prediction and Mitigation, University of Leeds, UK, June 28-30, 1993.

Hoerner, S. F. 1958. *Fluid Dynamic Drag.* Midland Park, NJ: Author.

Hoff, A. B. M. 1983. "An experimental study of the ignition of natural gas in a simulated pipeline rupture." *Comb. and Flame.* 49:51–58.

Hogan, W. J. 1982. The liquefied gaseous fuels spill effects program: a status report. *Fuel-air explosions,* pp. 949–968. Waterloo, Canada: University of Waterloo Press, 1982.

Holden, P.L., Reeves, A.B., 1985, *Fragment Hazards from Failures of Pressurized Liquefied Gas Vessels,* IChemE Symposium Series, No. 93, Manchester, UK

Hopkinson, B. 1915. British Ordnance Board Minutes 13565.

HSE Flash Fire Model Specification, WS Atkins Report No. AM5222-R1, Issue No. 2, September, 2000.

Hymes, I. 1983. The physiological and pathological effects of thermal radiation. *United Kingdom Atomic Energy Authority,* SRD R 275.

IChemE. 1987. The Feyzin disaster, *Loss Prevention Bulletin No. 077*: 1–10.

Industrial Risk Insurers. Oil and Chemical Properties Loss Potential Estimation Guide. *IRI-Information February 1, 1990.*

Istratov, A. G., and V. B. Librovich. 1969. "On the stability of gas-dynamic discontinuities associated with chemical reactions. The case of a spherical flame." *Astronautica Acta* 14:453–467.

Jaggers, H. C, O. P. Franklin, D. R. Wad, and F. G. Roper. 1986. Factors controlling burning time for non-mixed clouds of fuel gas. *I. Chem. E. Symp. Ser.* No. 97.

Janet, D. E. 1968. Derivation of the British Explosives Safety Distances. *Ann. NY Acad. Sci.* 152.

Jarrett, D. E. 1968. "Derivation of the British explosives safety distances." *Ann. N. Y. Acad. Sci.* Vol. 152.

Johansson, O. 1986. BLEVES a San Juanico. *Face au Risque.* 222(4):35–37, 55–58.

Johnson, D. M., M. J. Pritchard, and M. J. Wickens. 1990. Large scale catastrophic releases of flammable liquids. *Commission of the European Communities report, Contract No.: EV4T. 0014. UK(H).*

Johnson, D.M., Pritchard, M.J., 1991, *Large Scale Catastrophic Releases of Flammable Liquids,* Commision of the European Communities Report EV4T.0014

Karlovitz, B. 1951. "Investigation of turbulent flames." *J. Chem. Phys.* 19:541–547.

Khitrin, L.N. and Goldenberg, S.A. 1962, "Gas Dynamics and Combustion", IPST, p.139

Kingery, C.N., Bulmash, G., "Air Blast Parameters versus Distance for TNT Spherical Air Burst and Hemispherical Surface Burst," Tech. Rep. ARBRL-TR 02555, US Army, Ballistics Research Laboratory, Aberdeen Proving Grounds, MD, 1984.

Kjäldman, L., and R. Huhtanen. 1985. "Simulation of flame acceleration in unconfined vapor cloud explosions." *Research Report No. 357.* Technical Research Centre of Finland.

Kjäldman, L., and R. Huhtanen. 1986. Numerical simulation of vapour cloud and dust explosions. *Numerical Simulation of Fluid Flow and Heat/Mass Transfer Processes.* Vol. 18, Lecture Notes in Engineering, 148–158.

Kletz, T. A. 1977. "Unconfined vapor cloud explosions—an attempt to quantify some of the factors involved." *AIChE Loss Prevention Symposium*. Houston, TX. 1977.

Knystautas, R., J. H. Lee, and C. M. Guirao. 1982. The critical tube diameter for detonation failure in hydrocarbon-air mixtures. *Combustion and Flame*. 48:63–83.

Knystautas, R., J. H. Lee, and I. O. Moen. 1979. "Direct initiation of spherical detonation by a hot turbulent gas jet." *17th Symp. (Int.) on Combustion*. pp. 1235–1245. The Combustion Institute, Pittsburgh, PA.

Knystautas, R., Guirao, C.M., Lee, J.H., and Sulmistras, A., "Measurements of cell size in hydrocarbon-air mixtures and predictions of critical tube diameter, critical initiation energy, and detonability limits," presented at the 9th International Colloquium on the Dynamics of Explosions and Reactive Systems, Poitiers, France, 1983.

Kogarko, S. M., V. V. Adushkin, and A. G. Lyamin. 1966. "An investigation of spherical detonations of gas mixtures." *Int. Chem. Eng.* 6(3):393–401.

Kuchta, J. M. 1985. Investigation of fire and explosion accidents in the chemical, mining, and fuel-related industries-A manual. *Bureau of Mines Bulletin 680*.

Kuhl, A. L. 1983. "On the use of general equations of state in similarity, analysis of flamedriven blast waves." *Progress in Astronautics and Aeronautics*. 87:175–195, AIAA Inc., New York.

Kuhl, A. L., M. M. Kamel, and A. K. Oppenheim. 1973. "Pressure waves generated by steady flames." *14th Symp. (Int.) on Combustion*. pp. 1201–1214, The Combustion Institute, Pittsburgh, PA.

Launder, B. D., and D. B. Spalding. 1974. The numerical computation of turbulent flows. *Comput. Meth. Appl. Mech. Eng.* 3:269–289.

Launder, B. E., and D. B. Spalding. 1972. *Mathematical models of turbulence*, London: Academic Press.

Lee, J. H. S. 1983. "Gas cloud explosion—Current status." *Fire Safety Journal*. 5:251–263.

Lee, J. H. S., and I. O. Moen. 1980. "The mechanism of transition from deflagration to detonation in vapor cloud explosions." *Prog. Energy Comb. Sci.* 6:359–389.

Lee, J. H. S., and K. Ramamurthi. 1976. "On the concept of the critical size of a detonation kernel." *Comb. and Flame*. 27:331–340.

Lee, J. H. S., R. Knystautas, and A. Freiman. 1984. "High speed turbulent deflagrations and transition to detonation in H2-air mixtures." *Combustion and Flame.* 56:227–239.

Lee, J. H. S., R. Knystautas, and CK. Chan. 1984. "Turbulent flame propagation in obstacle-filled tubes." *20th Symp. (Int.) on Combustion.* pp. 1663–1672. The Combustion Institute, Pittsburgh, PA.

Lee, J. H. S., R. Knystautas, and N. Yoshikawa. 1978. "Photochemical initiation of gaseous detonations." *Acta Astronautica.* 5:971–982.

Lees, F. P. 1980. Loss Prevention in the Process Industries. London: Butterworths.

Lees, F.P., Loss Prevention in the Process Industry, Butterworth Heinemann, Second Edition, ISBN 0 7506 1547 8, 1996.

Lee's Loss Prevention in the Process Industries, Third Ed, S. Mannan, Editor, Elsevier-Butterworth Heineman, New York, p 16/172, 2005.

Leiber, C. O. 1980. Explosionen von Flüsigkeitstanken. Empirische Ergebnisse— Typische Unfälle. J. *Occ. Acc.* 3:21–43.

Lenoir, E. M., and J. A. Davenport. 1993. "A Survey of Vapor Cloud Explosions: Second Update." *Process Safety Progress.* 12:12–33.

Lewis, D. 1985. New definition for BLEVEs. *Haz. Cargo Bull.* April, 1985: 28–31.

Lewis, D. J. 1980. "Unconfined vapor cloud explosions—Historical perspective and predictive method based on incident records." *Prog. Energy Comb. Sci.,* 1980. 6:151 -165.

Lewis, D. J. 1981. "Estimating damage from aerial explosion type incidents— Problems with a detailed assessment and an approximate method." *Euromech 139.* Aberystwyth (UK).

Lewis, D. J. 1989. Soviet blast—the worst yet? *Hazardous Cargo Bulletin.* August 1989. 59–60.

Leyer, J. C. 1981. "Effets de pression engendres par l'explosion dans l'atmosphere de melanges gazeux d'hydrocarbures et d'air." *Revue Generale de Thermique Fr.* 243:191–208.

Leyer, J. C. 1982. "An experimental study of pressure fields by exploding cylindrical clouds." *Combustion and Flame.* 48:251–263.

Liepmann, H. W, and A. Roshko. 1967. *Elements of Gas Dynamics.* New York: John Wiley and Sons.

Lighthill, J. 1978. *Waves in fluids.* Cambridge: Cambridge University Press.

Lihou, D. A., and J. K. Maund. 1982. Thermal radiation hazard from fireballs. *I. Chem. E. Symp. Ser.* No. 71, pp. 191–225.

Lind, C. D. 1975. "What causes unconfined vapor cloud explosions." *AIChE Loss Prevention Symp.* Houston, proceedings pp. 101–105.

Lind, C. D., and J. Whitson. 1977. "Explosion hazards associated with spills of large quantities of hazardous materials (Phase 3)." *Report Number CG-D-85–77.* United States Dept. of Transportation, U.S. Coast Guard, *Final Report ADA047585.*

Linney, R. E. 1990. Air Products and Chemicals, Inc. Personal communication.

Love, T. J. 1968. *Radiative heat transfer.* Cincinnati, OH: C. E. Merrill.

Luckritz, R. T. 1977. "An investigation of blast waves generated by constant velocity flames." Aeronautical and Astronautical Engineering Department. University of Illinois. Urbana, Illinois *Technical report no. AAE 77–2.*

Luckritz, R.T., "An investigation of blast waves generated by constant velocity flames," Dissertation for Doctor of Philosophy, University of Maryland, 1977

Lumley, J. L., and H. A. Panofsky. 1964. *The Structure of Atmospheric Turbulence.* New York: John Wiley and Sons.

Mackenzie, J., and D. Martin. 1982. "GASEXl—A general one-dimensional code for gas cloud explosions." UK Atomic Energy Authority, Safety and Reliability Directorate, *Report No. SRD R251.*

Magnussen, B. F., and B. H. Hjertager. 1976. "On the mathematical modelling of turbulent combustion with special emphasis on soot formation and combustion." *16th Symp. (Int.) on Combustion.* pp. 719–729. The Combustion Institute, Pittsburgh, PA.

Magnussen, B. F., and B. H. Hjertager. 1976. On the mathematical modeling of turbulent combustion with special emphasis on soot formation and combustion. *16th Symp. (Int) on Combustion.* Combustion Institute, PA, pp. 719–729.

Makhviladze, G.M., Yakush, S.E., "Large-Scale Unconfined Fires and Explosions," Proceedings of the Combustion Institute, Volume 29, 2002/pp.195-210

Mancini, R. A. 1991. Private communication.

Markstein, G. H. 1964. *Non-steady flame propagation.* New York: Pergamon.

Marsh Global Marine and Energy, *Practice Loss Control Newsletter*, Issue 1, 2007

Marshall, V. C 1976. "The siting and construction of control buildings—a strategic approach." *I.Chem.E. Symp. Series, No. 47.*

Marshall, V. C, 1986. "Ludwigshafen—Two case histories." *Loss Prevention Bulletin* 67:21–33.

Marshall, V.C., *Major Chemical Hazards,* Ellis Horwood, Chichester, 1987.

Martin, D. 1986. Some calculations using the two-dimensional turbulent combustion code Flare. *SRD Report R373.* UK Atomic Energy Authority.

Martinsen W.E., J.D. Marx, *An improved model for the prediction of radiant heat flux from fireball,* Proceedings of the International Conference and Workshop on Modeling the Consequences of Accidental Releases of Hazardous Materials, San Francisco, 1999.

Marx, K. D., J. H. S. Lee, and J. C. Cummings. 1985. Modeling of flame acceleration in tubes with obstacles. *Proc. of 11th IMACS World Congress on Simulation and Scientific Computation.* 5:13–16.

Matsui, H and Lee, J.H, "On the measure of the relative detonation hazards of gaseous fuel-oxygen and air mixtures", 17th symposium (Int.) on combustion, pp. 1269-1279, 1978

Matsui, H., and J. H. S. Lee. 1979. On the measure of relative detonation hazards of gaseous fuel-oxygen and air mixtures. *Seventeenth Symposium (International) on Combustion,* pp. 1269–1280. Pittsburgh, PA: The Combustion Institute.

Maurer, B., K. Hess, H. Giesbrecht, and W. Leuckel. 1977. Modeling vapor cloud dispersion and deflagration after bursting of tanks filled with liquefied gas. *Second Int. Symp. on Loss Prevention and Safety Promotion in the Process Ind.,* pp. 305–321. Heidelberg.

McBride B. J. and S. Gordon, "Computer Program For Calculation of Complex Chemical Equilibrium Compositions And Applications", NASA Reference Publication 1311, 1996

McDevitt, C. A., F. R. Steward, and J. E. S. Venart. 1987. What is a BLEVE? *Proc. 4th Tech. Seminar Chem. Spills,* pp. 137–147. Toronto.

McKay, D. J., S. B. Murray, I. O. Moen, and P. A. Thibault. 1989. "Flame-jet ignition of large fuel-air clouds." *Twenty-Second Symposium on Combustion,* pp. 1339–1353, The Combustion Institute, Pittsburgh.

Mercx, M., Modeling and experimental research into gas explosions; overall final report of the Merge project, Commission on the European Communities, contract STEP-CT-011, (SSMA), 1993.

Mercx, W.P.M., "Large scale experimental investigation into vapor cloud explosions, comparison with the small scale DISCOE trials", 7th Int. Symposium. On Loss Prevention and Safety Promotion in the Process Industries, Italy, May 1992

Mercx, W.P.M., "Modeling and Experimental Research into Gas Explosions: overall final report of the MERGE project", Commission of the European Communities, contract STEP-CT-011 (SSMA)m 1993

Mercx, W.P.M., "Modeling and Experimental Research into Gas Explosions," Proc. Symp. On Loss Prevention and Safety Promoting in the Process Industries, Antwerp, Belgium, June 1995.

Mercx, W.P.M., A.C. van den Berg, and D. van Leeuwen, Application of correlations to quantify the source strength of vapour cloud explosions in realistic situations. Final report for the project: 'GAMES',TNO Report PML 1998-C53, Rijswijk, The Netherlands (1998).

Mercx, W.P.M., et al., "Developments in Vapour Cloud Explosion Blast Modeling," Journal of Hazardous Materials, 71 (2000) 301-319.

Mercx, W.P.M., N.R. Popat and H. Linga, "Experiments to Investigate the Influence of an Initial Turbulence Field on the Explosion Process," Final Summary Report for EMERGE

Mercx, W.P.M., van den Berg, A.C., van Leeuwen, D., "Application of Corelations to Quantify the Source Strength of Vapour Cloud Explosions in Realistic Situations," Final repor to the GAMES project, TNO Prins Maurits Laboratory report PML 1998-C53, The Netherlands, 1998

Miller, T., Birk, A.M., 1997, A Re-examination of Propane Tank Tub Rockets Including Field Trial Results, *ASME Pressure Vessels and Piping* 119:356-64

Moen, I. O., D. B. Bjerketvedt, A. Jenssen, and P. A. Thibault. 1985. "Transition to detonation in a large fuel-air cloud." *Comb. and Flame*. 61:285–291.

Mitrofanov, V.V. and Soloukhin, R.I., "The Diffraction of Multifront Detonation Waves," *Soviet Physics-Doklady*, Vol. 9, No. 12, 1965, pp. 1055-1058.

Moen, I. O., D. Bjerketvedt, T. Engebretsen, A. Jenssen, B. H. Hjertager, and J. R. Bakke. 1989. "Transition to detonation in a flame jet." *Comb. and Flame*. 75:297–308.

Moen, I. O., J. H. S. Lee, B. H. Hjertager, K. Fuhre, and R. K. Eckhoff. 1982. "Pressure development due to turbulent flame propagation in large-scale methane-air explosions." *Comb. and Flame*. 47:31–52.

Moen, I. O., J. W. Funk, S. A. Ward, G. M. Rude, and P. A. Thibault. 1984. Detonation length scales for fuel-air explosives. *Prog. Astronaut. Aeronaut.* 94:55–79.

Moen, I. O., M. Donato, R. Knystautas, and J. H. Lee. 1980a. "Flame acceleration due to turbulence produced by obstacles." *Combust. Flame.* 39:21–32.

Moen, I. O., M. Donato, R. Knystautas, J. H. Lee, and H. Gg. Wagner. 1980b. "Turbulent flame propagation and acceleration in the presence of obstacles." *Progress in Astronautics and Aeronautics.* 75:33–47, AIAA Inc., New York.

Moen, I.O., Funk, J.W., Ward, S.A., Thibault, P.A., "Detonation length scales for fuel-air explosives", the 9th ICODERS, 1983, AIAA

Mogford, J., Fatal Accident Investigation Report, Isomerization Unit Explosion, Texas City Accident, BP Public Release Final Report, December 9, 2005.

Moodie, K., L. T. Cowley, R. B. Denny, L. M. Small, and I. Williams. 1988. Fire engulfment tests on a 5-ton tank. *J. Haz. Mat.* 20:55–71.

Moore, C. V. 1967. *Nuclear Eng. Des.* 5:81–97.

Moorhouse, J., and M. J. Pritchard. 1982. Thermal radiation from large pool fires and thermals—Literature review. *IChemE Symp. Series No. 71.* p. 123.

Moskowitz, H. 1965. AIAA paper no. 65–195.

MSHA (Mine Safety and Health Administration), United States Department of Labor, Metal and Nonmetal Mine Safety and Health Report of Investigation, Surface Metal Mine (Alumina), Nonfatal Exploding Vessels Accident July 5, 1999, Gramercy Works, Kaiser Aluminum and Chemical Corporation Gramercy, St. James Parish, Louisiana, ID No. 16-00352.

Mudan, K. S. 1984. Thermal radiation hazards from hydrocarbon pool fires. *Progr. Energy Combust. Sci.* 10(l):59–80.

Munday, G., and L. Cave. 1975. "Evaluation of blast wave damage from very large unconfined vapor cloud explosions." International Atomic Energy Agency, Vienna.

Nabert, K., and G. Schön. 1963. *Sicherheitstechnische Kennzahle brennbarer Gase und Dämpfe.* Berlin: Deutscher Eichverlag GmbH.

National Transportation Safety Board. 1971. "Highway Accident Report: Liquefied Oxygen tank truck explosion followed by fires in Brooklyn, New York, May 30, 1970." *NTSB-HAR-71-6.*

National Transportation Safety Board. 1972. "Pipeline Accident Report, Phillips Pipe Line Company propane gas explosion, Franklin County, MO, December 9, 1970." National Transportation Safety Board, Washington, DC, *Report No. NTSB-PAR-72–1.*

National Transportation Safety Board. 1972. "Railroad Accident Report— Derailment of Toledo, Peoria and Western Railroad Company's Train No. 20 with Resultant Fire and Tank Car Ruptures, Crescent City, Illinois, June 21, 1970. *NTSB-RAR-72–2.*

National Transportation Safety Board. 1973. "Hazardous materials railroad accident in the Alton and Southern Gateway Yard, East St. Louis, Illinois, January 22, 1972." Report No. NTSB-RAR-73–1. National Transportation Safety Board, Washington, DC.

National Transportation Safety Board. 1973. "Highway Accident Report— Propane Tractor-Semitrailer overturn and fire, U.S. Route 501, Lynchburg, Virginia, March 9, 1972." *NTSB-HAR-73–3.*

National Transportation Safety Board. 1975. "Hazardous material accidents at the Southern Pacific Transportation Company's Englewood Yard, Houston, Texas, September 21, 1974." *Report No. NTSB-RAR-75–7.* National Transportation Safety Board, Washington, DC.

National Transportation Safety Board. 1975. "Hazardous materials accident in the railroad yard of the Norfolk and Western Railway, Decatur, Illinois, July 19, 1974." *Report No. NTSB-RAR-75–4.* National Transportation Safety Board, Washington, DC.

National Transportation Safety Board. 1979. "Pipeline Accident report—Mid-America Pipeline System—Liquefied petroleum gas pipeline rupture and fire, Donnellson, Iowa, August 4, 1978." *NTSB-Report NTSB-PAR-79-I.*

Nedelka, D., J. Moorhouse, and R. F. Tucket, "The Montoir 35 m diameter LNG pool fire experiments", Proc. 9th Intl. Conf. On LNG, Nice, Fr, 17-20 Oct 1989, published by Instit. Gas Technology, Chicago, 2, pp III-3 1-23 (1990).

Nettleton, M. A. 1987. *Gaseous Detonations.* New York: Chapman and Hall.

Okasaki, S., J. C. Leyer, and T. Kageyama. 1981. "Effets de pression induits par l'explosion de charges combustibles cylindriques non confinees." First Specialists Meeting of the Combustion Institute. Bordeaux, France, proceedings, pp. 485–490.

Oppenheim, A. K. 1973. "Elementary blast wave theory and computations." *Proc. of the Conf. on Mechanisms of Explosions and Blast Waves.* Yorktown, Virginia.

Oppenheim, A. K., J. Kurylo, L. M. Cohen, and M. M. Kamel. 1977. "Blast waves generated by exploding clouds." *Proc. 11th Int. Symp. on Shock Tubes and Waves.* pp. 465–473. Seattle.

Opschoor, G. 1974. Onderzoek naar de explosieve verdamping van op water uitspreidend LNG. Report Centraal Technisch Instituut TNO, Ref. 74–03386.

OSHA (Occupational Safety and Health Administration) U.S. Department of Labor, "Phillips 66 Company Houston Chemical Complex Explosion and Fire," April 1999.

Pape, R. P. (Working Group Thermal Radiation). 1988. Calculation of the intensity of thermal radiation from large fires. *Loss Prevention Bulletin.* 82:1–11.

Parker, R. J. (Chairman), 1975. The Flixborough Disaster. Report of the Court of Inquiry. London: HM Stationery Office.

Patankar, S. V. 1980. *Numerical heat transfer and fluid flow,* Washington: Hemisphere.

Patankar, S. V., and D. B. Spalding. 1972. A calculation procedure for heat, mass and momentum transfer in three-dimensional parabolic flows. *Int. J. Heat and Mass Transfer.* 15:1787–1806.

Patankar, S. V., and D. B. Spalding. 1974. A calculation procedure for the transient and steady-state behavior of shell-and-tube heat exchangers. In N. H. Afgan and E. V. Schlünder (eds.), *Heat Exchangers: Design and Theory Sourcebook. New York: McGraw-Hill,* pp. 155–176.

Perry, R. H., and D. Green. 1984. *Perry's Chemical Engineers' Handbook*, 6th ed. New York: McGraw-Hill.

Petit, G.N., Harms, J.D., Woodward, J.L., "Post-Mortem Risk Modeling of the Mexico City Disaster," International Association of Probabilistic Safety Assessment and Management, International Conference on Probabilistic Safety Assessment and Management, PSAM-2 Conference, San Diego, CA, March 1994.

Pförtner, H. 1985. "The effects of gas explosions in free and partially confined fuel/air mixtures." *Propellants, Explosives, Pyrotechnics.* 10:151–155.

Phillips, H. 1980. "Decay of spherical detonations and shocks." Health and Safety Laboratories *Technical Paper No. 7.*

Phylaktou, H., *Gas explosions in long closed vessels with obstacles*, Ph.D. Thesis, University of Leeds (1993).

Phylaktou, H. and G.E Andrews, "Application of Turbulent Combustion Models to Explosion Scaling", Trans IChemE, Vol. 73, Part B, February 1995

Phylaktou, H. and G.E Andrews, "Prediction of the Maximum Turbulence Intensities Generated by Grid-Plate Obstacles in Explosion-Induced Flows", 25th Symposium on Combustion (International), pp 103-110, 1994

Phylaktou, H. and G.E. Andrews, "Application of turbulent combustion models to explosion scaling," *Trans IChemE*, v.73 part B, pp. 3-10 (1995).

Phylaktou, H. and G.E. Andrews, "Gas explosions in linked vessels," *Journal of Loss Prevention in the Process Industries*, v.6, pp.16 (1993).

Phylaktou, H. and G.E. Andrews, "Prediction of the maximum turbulence intensities generated by grid plate obstacles in explosion induced flows," *Proceedings of the 25th International Symposium on Combustion*, Irvine, CA USA (1994).

Phylaktou, H., and Andrews, G.E., 1994, 25th Symposium (International) on Combustion

Phylaktou, H.; Liu, Y.; Andrews, G.E., "Turbulent Explosions - A Study of the Influence of the Obstacle Scale," Hazards XII - European Advances in Process Safety Symposium, pp269-284, 1994

Phylaktou, H., Liu, Y. and Andrews, G.E., 1994, IChemE Symposium Series No. 134, 271

Pickles, J. H., and S. H. Bittleston. 1983. "Unconfined vapor cloud explosions—The asymmetrical blast from an elongated explosion." *Combustion and Flame.* 51:45–53.

Pierorazio, A.J., Thomas, J.K., Baker, Q.A, and Ketchum, D.E., "An Update to the Baker-Strehlow-Tang Vapor Cloud Explosion Prediction Methodology Flame Speed Table," 38th Annual Loss Prevention Symposium, AIChE Spring National Meeting, 2004.

Pietersen, C. M. 1985. Analysis of the LPG incident in San Juan Ixhuatepec, Mexico City, 19 November 1984. *Report—TNO Division of Technology for Society.*

Pietersen, C. M. 1988. Analysis of the LPG disaster in Mexico City. *J. Haz. Mat.* 20:85–108.

Pitblado, R. M. 1986. Consequence models for BLEVE incidents. Major Industrial Hazards Project, NSW 2006. University of Sydney.

Pittman, J. F. 1972. *Blast and Fragment Hazards from Bursting High Pressure Tanks.* NOLTR 72–102. Silver Spring, Maryland: U.S. Naval Ordnance Laboratory.

Pittman, J. F. 1976. *Blast and Fragments from Superpressure Vessel Rupture.* NSWC/WOL/TR 75–87. White Oak, Silver Spring, Maryland: Naval Surface Weapons Center.

Porteous, W., Blander, M., Limits of Superheat and Explosive Boiling of Light Hydrocarbons, Halocarbons, and Hydrocarbon Mixtures, AIChE Journal 21[3], 560-566, 1975

Pritchard, D. K. 1989. "A review of methods for predicting blast damage from vapor cloud explosions." *J. Loss Prev. Proc. Ind.* 2(4):187–193.

Prugh R.W., *Quantitative evaluation of fireball hazards*, Process Safety Progress 13 (1994) 83.

Prugh, R. W. 1987. "Evaluation of unconfined vapor cloud explosion hazards." *Int. Conf. on Vapor Cloud Modeling.* Cambridge, MA. pp. 713–755, AIChE, New York.

Puttock, J. S., "Fuel Gas Explosion Guidelines - the Congestion Assessment Method," 2nd European Conference on Major Hazards On and Off-shore, Manchester, UK, October 24, 1995.

Puttock, J., Fuel Gas Explosion Guidelines - the Congestion Assessment Method, 2nd European Conference on Major Hazards On- and Off- shore, Manchester, October 1995.

Puttock, J., Developments for the Congestion Assessment Method for the Prediction of Vapour-Cloud Explosions 10th International Symposium on Loss Prevention and safety Promotion in the Process Industries, Stockholm, June 2001.

Puttock JS., Blackmore DR, Colenbrander GW, Davis PT, Evans A, Homer JB, Redfern JJ, Van't Sant WC, Wilson RP. *Spill tests of LNG and Refrigerated Liquid Propane on the sea, Maplin sands, Experimental details of the dispersion tests,* Shell International Research Report TNER.84.046, May 1984.

Puttock, J., Yardley, M., Cresswell, T., Prediction of vapor cloud explosions using the SCOPE model, J. Loss Prev. Process Ind., 13 (2000) 419.

Puttock, J.S. "Fuel Gas Explosion Guidelines - The Congestion Assessment Method", ICHEME Symposium Series No. 139

Raj, P. K. 1977. Calculation of thermal radiation hazards from LNG fires. *A Review of the State of the Art, AGA Transmission Conference T135–148.*

Raj, P. K. 1982. MIT-GRI Safety & Res. Workshop, LNG-fires, Combustion and Radiation, Technology & Management Systems, Inc., Mass.

Raj, P. K., and H. W. Emmons. 1975. On the burning of a large flammable vapor cloud. Paper presented at the *Joint Technical Meeting of the Western and Central States Section of the Combustion Institute.* San Antonio, TX.

Raj, P. K., and K. Attalah. 1974. "Thermal radiation from LNG fires." *Adv. Cryogen. Eng.* 20:143.

Raj P.K., Moussa, N.A., Aravamudan, K.S. (1979). Experiments involving pool and vapor fires from spills of LNG on water, USCG Report CG-D-55-79, Washington DC 20590, NTIS AD-A077073.

Raju, M. S., and R. A. Strehlow. 1984. "Numerical investigations of non-ideal explosions." *J. Haz. Mat.* 9:265–290.

Ramier, S., Venart, J.E.S., Boiling Liquid Expanding Vapour Explosions:Dynamic Re-Pressurization and Two Phase Discharge, IChemE Symposium Series No. 147, 527-537, 2000

Reid, R. C. 1976. Superheated liquids. *Amer. Scientist.* 64:146–156.

Reid, R. C. 1979. Possible mechanism for pressurized-liquid tank explosions or BLEVE's. *Science.* 203(3).

Reid, R. C. 1980. Some theories on boiling liquid expanding vapor explosions. *Fire.* March 1980: 525–526.

Reid, R.C., Possible Mechanism for Pressurized Liquid Tank Explosions or BLEVEs, Science 203, 1263-1265, 1979

Reider, R., H. J. Otway, and H. T. Knight. 1965. "An unconfined large volume hydrogen/ air explosion." *Pyrodynamics.* 2:249–261.

Richtmyer, R. D. and K. W. Morton. 1967. *Difference methods for initial value problems.* New York: Interscience.

Ritter, K. 1984. Mechanisch erzeugte Funken als Zündquellen. *VDI-Berichte Nr.494.* pp. 129–144.

Roberts, A. F. 1982. Thermal radiation hazards from release of LPG fires from pressurized storage. *Fire Safety J.* 4:197–212.

Roberts, A. F., and D. K. Pritchard. 1982. Blast effects from unconfined vapor cloud explosions. *J. Occ. Acc.* 3:231–247.

Robinson, C. S. 1944. *Explosions, their anatomy and destructiveness.* New York: McGraw-Hill.

Rosenblatt, M., and P. J. Hassig. 1986. "Numerical simulation of the combustion of an unconfined LNG vapor cloud at a high constant burning velocity." *Combust. Science and Tech.* 45:245–259.

Sachs, R. G. 1944. The dependence of blast on ambient pressure and temperature. BRL Report no. 466, Aberdeen Proving Ground. Maryland.

Sadèe, C, D. E. Samuels, and T. P. O'Brien. 1976/1977. "The characteristics of the explosion of cyclohexane at the Nypro (U.K.) Flixborough plant on June 1st 1974." *J. Occ. Accid.* 1:203–235.

Schardin, H. 1954. *Ziviler Luftschutz.* 12:291–293.

Schildknecht, M. 1984. Versuche zur Freistrahlzöndung von Wasserstoff-Luft-Gemischen im Hinblick auf den Übergang Deflagration-Detonation, report BIeV-R-65.769–1, Battelle Institut e.V., Frankfurt, West Germany.

Schildknecht, M., and W. Geiger. 1982. Detonationsähnliche Explosionsformen-Mögliche Intiierung Detonationsähnlicher Explosionsformen durch partiellen Einschluss, Teilaufgabe 1 des Teilforschungsprogramm Gasexplosionen, report BIeV-R-64.176–2, Battelle Institut e.V., Frankfurt, West Germany.

Schildknecht, M., W. Geiger, and M. Stock. 1984. "Flame propagation and pressure buildup in a free gas-air mixture due to jet ignition." *Progress in Astronautics and Aeronautics.* 94:474–490.

Schmidli, J., S. Banerjee, and G. Yadigaroglu. 1990. Effects of vapor/aerosol and pool formation on rupture of vessel containing superheated liquid. *J. Loss Prev. Proc. Ind.* 3(l):104–111.

Schneider, H., and H. Pförtner. 1981. Flammen und Druckwellenausbreitung bei der Deflagration von Wasserstoff-Luft-Gemischen, Fraunhofer-Institute für Treib- und Explosiv-stoffe (ICT), Pfinztal-Berghaven, West Germany.

Schoen, W., U. Probst, and B. Droste. 1989. Experimental investigations of fire protection measures for LPG storage tanks. *Proc. 6th Int. Symp. on Loss Prevention and Safety Promotion in the Process Ind.* 51:1 – 17.

Schulz-Forberg, B., B. Droste, and H. Charlett. 1984. Failure mechanics of propane tanks under thermal stresses including fire engulfment. *Proc. Int. Symp. on Transport and Storage of LPG and LNG.* 1:295–305.

Seifert, H., and H. Giesbrecht. 1986. "Safer design of inflammable gas vents." 5th Int. Symp. *Loss Prevention and Safety Promotion in the Process Industries.* Cannes, France, proceedings, pp. 70–1, 70–21.

Sha, W. T., C. I. Yang, T. T. Kao, and S. M. Cho. 1982. Multi-dimensional numerical modeling of heat exchangers. *J. Heat Trans.* 104:417–425.

Sherman, M. P., S. R. Tiezsen, W. B. Bendick, W. Fisk, and M. Carcassi. 1985. "The effect of transverse venting on flame acceleration and transition to detonation in a large channel." Paper presented at the 10th Int. Coll. on Dynamics of Explosions and Reactive Systems. Berkeley, California.

Sherry, W.L., "LP-Gas Distribution Plant Fire," Fire Journal, 1974, pp 52-57.

Shurshalov, L. V. 1973. *J. of USSR Comp. Math., Math. Phys.* 13:186. Sichel, M. 1977. "A simple analysis of blast initiation of detonations." *Acta Astronautica.* 4:409–424.

Simpson, I.C. (1984). Atmospheric transmissivity—the effects of atmospheric attenuation on thermal radiation, SRD (Safety and Reliability Directorate) Report R304, UK Atomic Energy Authority, Culcheth, Warrington, UK.

Sivashinsky, G. I. 1979. "On self-turbulization of a laminar flame." *Acta Astronautica.* 6:569–591.

Smith, J.M., van Ness, H.C., *Introduction to Chemical Engineering Thermodynamics*, 4th ed. New York: McGraw-Hill, 1987.

Snowdon, P., Puttock, J.S., Provost, E.T., Cresswell, T.M., Rowson, JJ, Johnson, RA, Masters, AP, Bimson, SJ., Critical design of validation experiments for vapour cloud explosion assessment methods, Proc. Intl. Conf. "Modeling the Consequences of Accidental Releases of Hazardous Materials, San Francisco, Sept. 1999.

Sokolik, A. S. 1963. *Self-ignition, flame and detonation in gases.* Israel Program of Scientific Translations. Jerusalem.

Spalding, D. B. 1981. A general purpose computer program for multi-dimensional one- and two-phase flow. *Mathematics and Computers in Simulation, IMACS, XXII.* 267–276.

Stephens, M. M. 1970. *Minimizing Damage from Nuclear Attack, Natural and Other Disasters.* Washington: The Office of Oil and Gas, Department of the Interior.

Steunenberg, C. F., G. W. Hoftijzer, and J. B. R. van der Schaaf. 1981. Onderzoek naar aanleiding van een ongeval met een tankauto te Nijmegen. *Pt-Procestechniek.* 36(4): 175–182.

Stewart, F. R. 1964. Linear flame heights for various fuels. *Combustion and Flame* 8: 171–178.

Stinton, H. G. 1983. Spanish camp site disaster. *J, Haz. Mat.* 7:393–401.

Stock, M. 1987. "Fortschritte der Sicherheitstechnik II." *Dechema monographic.* Vol. 111.

Stock, M., and W. Geiger. 1984. "Assessment of vapor cloud explosion hazards based on recent research results." 9th Int. Symp. on the Prevention of Occupational Accidents and Diseases in the Chemical Industry, Luzern, Switzerland.

Stock, M., W. Geiger, and H. Giesbrecht. 1989. "Scaling of vapor cloud explosions after turbulent jet release." 12th Int. Symp. on the Dynamics of Explosions and Reactive Systems. Ann Arbor, MI.

Stokes, G. G. 1849. "On some points in the received theory of sound." *Phil. Mag.* XXXIV(3):52.

Stoll, A. M., and M. A. Chianta. 1971. *Trans. N.Y. Acad. Sci.*, 649–670.

Strehlow, R. A. 1970. Multi-dimensional detonation wave structure. *Astronautica Acta* 15:345–357.

Strehlow, R. A. 1975. "Blast waves generated by constant velocity flames: A simplified approach." *Combustion and Flame.* 24:257–261.

Strehlow, R. A. 1981. "Blast wave from deflagrative explosions: an acoustic approach." *AIChE Loss Prevention.* 14:145–152.

Strehlow, R. A., and W. E. Baker. 1976. The characterization and evaluation of accidental explosions. *Prog. Energy Combust. Sci.* 2:27–60.

Strehlow, R. A., R. T. Luckritz, A. A. Adamczyk, and S. A. Shimpi. 1979. "The blast wave generated by spherical flames." *Combustion and Flame.* 35:297–310.

Strehlow, R.A., and Ricker, R.E., "The Blast Wave from a Bursting Sphere," AIChE, 10, pp 115-121, 1976.

Tang, M.J and Baker, Q.A., "Predicting Blast Effects From Fast Flames", 32th Loss Prevention Symposium, AIChE March 1998

Tang, M.J. and Q.A. Baker," Blast Effects from Vapor Cloud Explosions", Internal Report, Wilfred Baker Engineering, Inc, 1997

Tang, M.J. and Baker, Q.A., "A New Set of Blast Curves for Vapor Cloud Explosions," Center for Chemical Process Safety/American Institute of Chemical Engineers, 33rd Loss Prevention Symposium,1999

Tang, M.J., Cao, C.Y., and Baker, Q.A., "Blast Effects From Vapor Cloud Explosions", International Loss Prevention Symposium, Bergen, Norway, June 1996

Taylor, D. B., and C. F. Price. 1971. Velocity of Fragments from Bursting Gas Reservoirs. *ASME Trans. J. Eng. Ind.* 93B:981–985.

Taylor, G. I. 1946. "The air wave surrounding an expanding sphere." *Proc. Roy. Soc. London.* Series A, 186:273–292.

Taylor, P. H. 1985. "Vapor cloud explosions—The directional blast wave from an elongated cloud with edge ignition." *Comb. Sci. Tech.* 44:207–219.

Taylor, P. H. 1987. "Fast flames in a vented duct." *21st Symp. (Int.) on Combustion.* The Combustion Institute, Pittsburgh, PA.

Taylor, P.H. and Hirst, W.J.S., 1989, 22nd Symposium (International) on Combustion

Taylor, P.H., Hirst, W.J.S., "The Scaling of Vapour Cloud Explosions: a Fractal Model for Size and Fuel Type," 22nd International Symposium on Combustion, 1988.

TM5-1300, "Structures to Resist the Effects of Accidental Explosions," U.S Department of the Army Technical Manual TM5-1300, November, 1990.

Thomas, J.K., A.J. Pierorazio, M. Goodrich, M. Kolbe, Q.A. Baker and D.E. Ketchum (2003) "Deflagration to Detonation Transition in Unconfined Vapor Cloud Explosions,"Center for Chemical Process Safety (CCPS) 18th Annual International Conference & Workshop, Scottsdale, AZ, 23-25 September 2003.

Tweeddale, M. 1989. Conference report on the 6th Int. Symp. on Loss Prevention and Safety Promotion in the Process Industries, *J. of Loss Prevention in the Process Industries.* 1989. 2(4):241.

U.S. Chemical Safety and Hazard Investigation Board, "Investigation Report of Refinery Explosion and Fire, BP Texas City, Texas" Report No. 2005-04-I-TX, March 2007.

Urtiew, P. A. 1981. "Flame propagation in gaseous fuel mixtures in semiconfined geometries." *report no.* UCID-19000. Lawrence Livermore Laboratory.

Urtiew, P. A. 1982. Recent flame propagation experiments at LLNL within the liquefied gaseous fuels spill safety program. *Fuel-air explosions,* pp. 929–948. Waterloo, Canada: University of Waterloo Press.

Urtiew, P. A., and A. K. Oppenheim. 1966. "Experimental observations of the transition to detonation in an explosive gas." *Proc. Roy. Soc. London.* A295:13–28.

Van den Berg, A. C, C. J. M. van Wingerden, and H. G. The. 1991. "Vapor cloud explosion blast modeling." International Conference and Workshop on Modeling and Mitigation the Consequences of Accidental Releases of Hazardous Materials, May 21–24, 1991. New Orleans, USA. proceedings, pp. 543–562.

Van den Berg, A. C, C. J. M. van Wingerden, J. P. Zeeuwen, and H. J. Pasman. 1987. "Current research at TNO on vapor cloud explosion modeling*." Int. Conf. on Vapor Cloud Modeling.* Cambridge, MA. Proceedings, pp. 687–711, AIChE, New York.

Van den Berg, A. C. 1980. "BLAST—a 1-D variable flame speed blast simulation code using a 'Flux-Corrected Transport' algorithm." Prins Maurits Laboratory *TNO report no. PML 1980–162.*

Van den Berg, A. C. 1984. "Blast effects from vapor cloud explosions." *9th Int. Symp. on the Prevention of Occupational Accidents and Diseases in the Chemical Industry.* Lucern, Switzerland.

Van den Berg, A. C. 1985. "The Multi-Energy method—A framework for vapor cloud explosion blast prediction." *J. of Haz. Mat.* 12:1–10.

Van den Berg, A. C. 1987. "On the possibility of vapor cloud detonation." TNO Prins Maurits Laboratory report no. 1987-IN-50.

Van den Berg, A. C. 1989. "REAGAS—a code for numerical simulation of 2-D reactive gas dynamics in gas explosions." TNO Prins Maurits Laboratory report no. PML1989-IN48.

Van den Berg, A. C. 1990. BLAST—A code for numerical simulation of multi-dimensional blast effects. TNO Prins Maurits Laboratory report.

Van den Berg, A.C., Mos, A.L., "Research to improve guidance on separation distance for the multi-energy method (RIGOS)," HSE Research Report 369, prepared by TNO Prins Maurits Laboratory, ISBN 0 7176 6146 6, 2005.

van den Berg, A.C., van der Voort, M.M., Weerheijm, J., Versloot, N.H.A., BLEVE Blast by Expansion-Controlled Evaporation, Process Safety Progress 25[1], 44-51, 2006

van den Berg, A.C., van der Voort, M.M., Weerheijm, J., Versloot, N.H.A., Expansion Controlled Evaporation: A Safe Approach to BLEVE Blast, Journal of Loss Prevention in the Process Industries 17, 397-405, 2004

van den Bosch, C.J.H., R.A.P.M. Weterings, *Methods for the Calculation of Physical Effects*, Committee for the Prevention of Disasters, CPR 14E (TNO 'Yellow Book'), The Hague, The Netherlands, 1997.

van den Bosch, C.J.H., Waterings, R.A.P.M., "Methods for the Calculation of Physical Effects – Due to Releases of Hazardous Materials (liquids and gases), 'Yellow Book'," The Committee for the Prevention of Disasters by Hazardous Materials, Director-General for Social Affairs and Employment, The Hague, 2005.

Van Laar, G. F. M. 1981. "Accident with a propane tank at Enschede on 26th March 1980, Prins Maurits Laboratorium." TNO Report no. PML 1981–145.

Van Wees, R. M. M. 1989. Explosion Hazards of Storage Vessels: Estimation of Explosion Effects. TNO-Prins Maurits Laboratory Report No. PML 1989-C61. Rijswijk, The Netherlands.

van Wingerden, C. J. M. 1984. "Experimental study of the influence of obstacles and partial confinement on flame propagation." Commission of the European Communities for Nuclear Science and Technology, report no. EUR 9541 EN/II.

van Wingerden, C. J. M. 1988a. "Experimental investigation into the strength of blast waves generated by vapour cloud explosions in congested areas." *6th Int. Symp. Loss Prevention and Safety Promotion in the Process Industries.* Oslo, Norway, proceedings. 26:1–16.

van Wingerden, C. J. M. 1989b. "On the scaling of vapor cloud explosion experiments." *Chem. Eng. Res. Des.* 67:334–347.

van Wingerden, C. J. M., A. C. Van den Berg, and G. Opschoor. 1989. "Vapor cloud explosion blast prediction." *Plant/Operations Progress.* 8(4):234–238.

van Wingerden, C. J. M., and A. C. Van den Berg. 1984. "On the adequacy of numerical codes for the simulation of vapor cloud explosions." Commission of the European Communities for Nuclear Science and Technology, report no. EUR 9541 EN/I.

van Wingerden, C. J. M., and J. P. Zeeuwen. 1983. Flame propagation in the presence of repeated obstacles: influence of gas reactivity and degree of confinement." *J. of Haz. Mat.* 8:139–156.

van Wingerden, C.J.M., Experimental investigation into the strength of blast waves generated by vapour cloud explosions in congested areas, 5th Int. Symp. "Loss Prevention and Safety Promotion in the Process Industries", 1988.

van Wingerden, K., et al., "*A new explosion simulator*," Paper presented at the ERA-Conference "Offshore Structural Design Against Extreme Loads", London, UK, 1993.

Vasilev, A. A., and Yu Nikolaev. 1978. Closed theoretical model of a detonation cell. *Acta Astronautica* 5:983–996.

Velde, B., Linke, G, Genillon, P, "KAMELION FIREEX – A Simulator for Gas Dispersion and Fires," 1998 International Gas Research Conference, http://www.computit.no/filestore/_KFX_paper_gasdispersion_fires.pdf.

Venart, J. E. S. 1990. The Anatomy of a Boiling Liquid Expanding Vapor Explosion (BLEVE). *24th Annual Loss Prevention Symposium.* New Orleans, May 1990.

Venart, J.E.S., Boiling Liquid Expanding Vapour Explosions (BLEVE), Institute of Chemical Engineers Symposium Series, Hazards XV: The Process, its Safety and the Environment , 121-137, 2000, IChemE

Venart, J.E.S., Rutledge, K., Sumathipala, K., Sollows, K., To BLEVE or not to BLEVE: Anatomy of a Boiling Liquid Expanding Vapor Explosion, Process Safety Progress 12[2], 67-70, 1993

Viera, G.A., Wadia, P.H., Ethylene Oxide Explosion at Seadrift, Part I Background and Technical Findings, Loss Prevention Symposium, March 29 – April 1, 1993.

Visser, J.G., and P.C.J. de Bruijn, *Experimental parameter study into flame propagation in diverging and non-diverging flows*, TNO Report PML-1991-C93 (1991). Data reported in: J.B.M.M. Eggen, "GAME: development of guidance for the application of the multi-energy method," TNO Prins Maurits Laboratory, publ. by HSE books, Sudbury, England, 1991

Von Neumann, J., and R. D. Richtmyer. 1950. "A method for numerical calculations of hydrodynamical shocks." *J. of Appl. Phys.* 21:232–237.

Vörös, M., and G. Honti. 1974. Explosion of a liquid CO_2 storage vessel in a carbon dioxide plant. *First International Symposium on Loss Prevention and Safety Promotion in the Process Industries.*

Walker, S. "Interpretation of experimental results from Spadeadam explosion tests," HSE Offshore Technology Report, 2001/86, ISBN 0 7 7176 2341 6, Her Majesty's Stationary Office, Norwich, UK, 2002.

Walls, W. L. 1979. The BLEVE—Part 1. *Fire Command.* May 1979: 22–24. The BLEVE—Part 2. Fire Command. June 1979: 35–37.

White, C. S., R. K. Jones, and G. E. Damon. 1971. The biodynamics of air blast. Lovelace Foundation for Medical Education and Research. Albuquerque, NM.

Whitham, G.B., "Linear and Nonlinear Waves," New York, Inter-science Publ. John Wiley and Sons, 1974

Wiederman, A. H. 1986a. Air-blast and fragment environments produced by the bursting of vessels filled with very high pressure gases. In *Advances in Impact, Blast Ballistics, and Dynamic Analysis of Structures.* ASME PVP. 106. New York: ASME.

Wiederman, A. H. 1986b. Air-blast and fragment environments produced by the bursting of pressurized vessels filled with two phase fluids. In *Advances in Impact, Blast Ballistics, and Dynamic Analysis of Structures.* ASME PVP. 106. New York: ASME.

Wiekema, B. J. 1980. "Vapor cloud explosion model." *J. of Haz. Mat.* 3:221–232.

Wilkins, M. L. 1969. "Calculation of elastic-plastic flow." Lawrence Radiation Laboratory report no. UCRL-7322 Rev. I.

Williamson, B. R., and L. R. B. Mann. 1981. Thermal hazards from propane (LPG) fireballs. *Combust. Sci. Tech.* 25:141–145.

Wilson, D. J., A. G. Robins, and J. E. Fackrell. 1982b. Predicting the spatial distribution of concentration fluctuations from a ground level source. *Atmospheric Environ.* 16(3):479–504.

Wilson, D. J., J. E. Fackrell, and A. C. Robins. 1982a. Concentration fluctuations in an elevated plume: A diffusion–dissipation approximation. *Atmospheric Environ.* 16(ll):2581–2589.

wisha-training.lni.wa.gov/training/presentations/PSMoverview1.pps

Woodward, J. L., "Estimating The Flammable Mass of a Vapor Cloud," Concept-Series, AIChE, Center for Chemical Process Safety, NY, 1998.

Woolfolk, R. W., and C. M. Ablow. 1973. "Blast waves for non-ideal explosions." Conference on the Mechanism of Explosions and Blast Waves, Naval Weapons Station. York-town, VA.

Yellow Book. 1979. Committee for the Prevention of Disasters, 1979: Methods for the calculation of physical effects of the escape of dangerous materials, P.O. Box 69, 2270 MA Voorburg, The Netherlands.

Yellow Book. 1997. Committee for the Prevention of Disasters, 1997. Methods for the calculation of physical effects of the escape of dangerous materials, 3rd ed. P.O. Box 342, 7800 AH, Apeldoorn, The Netherlands.

Yu, C.M., Venart, J.E.S., The Boiling Liquid Collapsed Bubble Explosion (BLCBE): A Preliminary Model, Journal of Hazardous Materials 46, 197-213, 1996

Zabetakis, M. G. 1965. Flammability characteristics of combustible gases and vapors. *Bureau of Mines Bulletin 627.* Pittsburgh.

Zeeuwen, J. P., C. J. M. Van Wingerden, and R. M. Dauwe. 1983. "Experimental investigation into the blast effect produced by unconfined vapor cloud explosions." *4th Int. Symp. Loss Prevention and Safety Promotion in the Process Industries.* Harrogate. UK, IChemE Symp. Series 80:D20-D29.

Zeeuwen, J.P. and Wiekema, B.J., "The Measurement of Relative Reactivities of Combustible Gases," Conference on Mechanisms of Explosions in Dispersed Energetic Materials, 1978.

附录 A 选定配置的视角系数

在本附录中，给出了三种配置的视角系数：

① 球体辐射；

② 直立圆柱体辐射；

③ 垂直平面辐射。

关于其他配置，请参考 Love(1968 年)，Buschman 和 Pittmann(1961 年)的文献。视角系数取决于发射器和接收器的形状。将接收器作为地平面上的小平面，相对于发射器处于既定的方位。必须知道表面法线和表面与发射器(θ)中心之间的连接线之间的角度。

A-1 球形发射器(例如火球)的视角系数

如果从接收器到球体中心的距离是 L，θ 是表面到球体中心的连接线与球体切线之间的角度，那么，对于 $\theta \leqslant \pi/2-\phi$，根据下式计算视角系数 F：

$$F = \frac{r^2}{L^2}\cos\theta \qquad\qquad 式(A.1)$$

式中　L——接收表面与球体中心之间的距离，m；

　　　r——球体半径，m；

　　　θ——方位角，(°)。

在这种情况下，球体在视线范围内。

当延伸时，当接收面与球体($\theta > \pi/2 - \phi$)相交时，接收器无法"看到"整个发射器(图 A-1)。因此，如下计算视角系数 F：

$$F = \frac{1}{2} - \frac{1}{2}\sin^{-1}\left[\frac{(L_r^2-1)^{\frac{1}{2}}}{L_r}\right] + \frac{1}{\pi L_r^2}\cos\theta\,\cos^{-1}\left[-(L_r^2-1)^{\frac{1}{2}}\cot\theta\right] - \frac{1}{\pi L_r^2}(L_r^2-1)^{\frac{1}{2}}(1-L_r^2\cos^2\theta)^{\frac{1}{2}}$$

$$式(A.2)$$

式中　r——火球半径($r=D/2$)，m；

　　　D——火球直径，m；

　　　L——到球体中心的距离，m；

　　　θ——表面法线与点到球体中心连接线之间的角度，(°)；

　　2ϕ——视角，(°)；

　　　L_r——折算长度 L/r。

不完全可见的视角系数如图 A-2 所示。

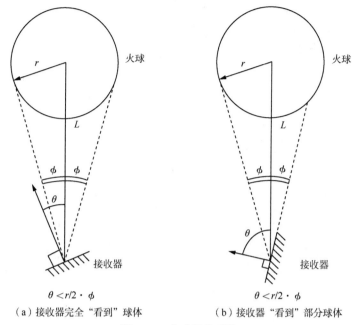

$\theta < r/2 \cdot \phi$
（a）接收器完全"看到"球体

$\theta < r/2 \cdot \phi$
（b）接收器"看到"部分球体

图 A-1 火球视角系数

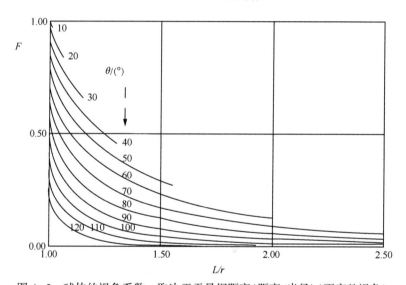

图 A-2 球体的视角系数，取决于无量纲距离（距离/半径）（不完整视角）

A-2 直立圆柱体的视角系数

池火的火焰可以用一个垂直放置的圆柱体来表示（在没有风的情况下），圆柱体的高度为 h，地面半径为 r。在给定圆柱体轴线的条件下，按照以下公式计算法线位于垂直面内的地平面上的一个平面的视角系数（图 A-3）：

$$h_r = h/r \qquad\qquad 式（A.3）$$

$$X_r = X/r \qquad\qquad 式（A.4）$$

$$A = (X_r+1)^2 + h_r^2 \qquad\qquad 式（A.5）$$

$$B = (X_r-1)^2 + h_r^2 \qquad\qquad 式（A.6）$$

对于水平表面（$\theta=\pi/2$）：

$$F_h = \frac{1}{\pi}\left\{ \tan^{-1}\left[\left(\frac{X_r-1}{X_r+1}\right)^{\frac{1}{2}}\right] - \frac{X_r^2-1+h_r^2}{\sqrt{AB}}\tan^{-1}\left\{\left[\frac{(X_r-1)A}{(X_r+1)B}\right]^{\frac{1}{2}}\right\} \right\} \qquad 式（A.7）$$

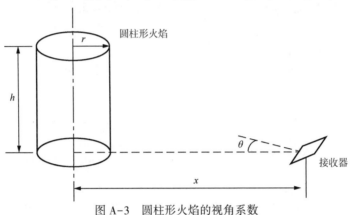

图 A-3 圆柱形火焰的视角系数

对于垂直表面（$\theta=0$）：

$$F_v = \frac{1}{\pi X_r}\tan^{-1}\left[\left(\frac{h_r^2}{X_r^2-1}\right)^{\frac{1}{2}}\right] + \frac{h_r(A-2X_r)}{\pi X_r\sqrt{AB}}\tan^{-1}\left\{\left[\frac{(X_r-1)A}{(X_r+1)B}\right]^{\frac{1}{2}}\right\} - \frac{h_r}{\pi X_r}\tan^{-1}\left[\left(\frac{X_r-1}{X_r+1}\right)^{\frac{1}{2}}\right]$$

$$式（A.8）$$

如下计算最大视角系数：

$$F_{max} = (F_h^2 + F_v^2)^{0.5} \qquad\qquad 式（A.9）$$

关于倾斜圆柱体的视角系数，参见 Raj（1977 年）的文献。根据式（A.7）和式（A.8）计算的视角系数见表 A-1 和图 A-4。

表 A-1 直立圆柱发射器的视角系数 $h_r = 2L/d_f$；$X_r = 2X/d_f$

X_r	h_r									
	0.1	0.2	0.5	1.0	2.0	3.0	5.0	6.0	10.0	20.0
水平目标（$1000\times F_h$）										
1.1	132	242	332	354	360	362	362	362	363	363
1.2	44	120	243	291	307	310	312	312	313	314
1.3	20	65	178	242	268	272	177	278	278	279
1.4	11	38	130	203	238	246	250	251	252	153
1.5	6	24	97	170	212	222	228	229	231	232
2.0	1	5	27	73	126	145	158	160	164	166
3.0			5	19	50	71	91	95	103	107
4.0			1	7	22	38	57	62	73	78
5.0				3	11	21	37	43	54	61
10.0					1	3	7	9	17	26
20.0							1	1	3	8

续表

X_r	h_r									
	0.1	0.2	0.5	1.0	2.0	3.0	5.0	6.0	10.0	20.0
垂直目标($1000 \times F_v$)										
1.1	330	415	449	453	454	454	454	454	454	455
1.2	196	308	397	413	416	416	416	416	416	417
1.3	130	227	344	376	383	384	384	384	384	385
1.4	94	173	296	342	354	356	356	357	357	357
1.5	71	135	253	312	329	332	333	333	333	333
2.0	28	56	126	194	236	245	248	249	249	250
3.0	9	19	47	86	132	150	161	163	165	167
4.0	5	10	24	47	80	100	115	119	123	125
5.0	3	6	15	29	53	69	86	91	97	100
10.0		1	3	6	13	19	29	32	42	48
20.0				1	3	4	7	9	14	21
最大视角系数($1000 \times F_{max}$)										
1.1	356	481	559	580	581	581	581	581	581	581
1.2	201	331	466	505	517	519	520	521	521	521
1.3	132	236	287	448	468	472	474	474	475	475
1.4	94	177	323	398	427	433	436	436	437	437
1.5	72	138	271	355	392	400	404	404	405	406
2.0	28	56	129	208	267	285	294	296	299	300
3.0	9	19	48	88	141	166	185	189	195	197
4.0	5	10	24	47	83	106	129	134	143	147
5.0	3	6	15	29	54	73	94	100	111	117
10.0		1	3	6	13	19	30	34	45	55
20.0				1	3	4	7	9	14	22

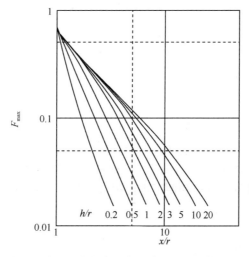

图 A-4　圆柱形火焰的最大视角系数取决于至火焰轴线的无量纲距离

A-3 垂直平面的视角系数

对于垂直平面，假设发射器和接收器彼此平行。根据表面Ⅰ和表面Ⅱ的视角系数之和计算视角系数（图A-5）。表面Ⅰ和表面Ⅱ定义为穿过接收器中心并垂直于接收器与地面交点的平面的左侧和右侧。

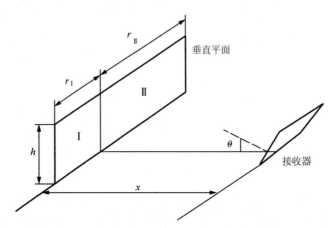

图 A-5　垂直平面的视角系数

对于两个表面中的每一个：

$$h_r = h/b \qquad\qquad 式（A.10）$$

$$X_r = X/b \qquad\qquad 式（A.11）$$

$$A = \frac{1}{(h_r^2 + X_r^2)^{0.5}} \qquad\qquad 式（A.12）$$

$$B = \frac{h_r}{(1+X_r^2)^{0.5}} \qquad\qquad 式（A.13）$$

对于地平面上的水平目标（$\theta = \pi/2$），按照以下公式计算视角系数：

$$F_h = \frac{1}{2\pi}\left[\tan^{-1}\left(\frac{1}{X_r}\right) - AX_r \tan^{-1}(A)\right] \qquad\qquad 式（A.14）$$

对于垂直面（$\theta = 0$）：

$$F_v = \frac{1}{2\pi}\left[h_r A \tan^{-1}(A) + (B/h_r)\tan^{-1}(B)\right] \qquad\qquad 式（A.15）$$

按照以下公式计算最大视角系数：

$$F_{max} = (F_h^2 + F_v^2)^{0.5} \qquad\qquad 式（A.16）$$

必须注意的是，除非 $b_Ⅰ = b_Ⅱ$，否则 F_{max} 不是距发射器任何距离 C 的最大视角系数。只需对平面Ⅰ和平面Ⅱ的视角系数求和便可得出视角系数 F_h、F_v 和 F_{max}。取决于 X_r 的视角系数 F_{max} 的值见表 A-2 和图 A-6。

表 A-2 垂直平面发射器的视角系数 $h_r = h/b$；$X_r = X/b$（图 A-5）

X_r	h_r								
	0.1	0.2	0.3	0.5	1.0	1.5	2.0	3.0	5.0
水平目标（$1000 \times F_h$）									
0.1	146	276	341	400	443	456	461	465	467
0.2	53	146	221	310	389	413	423	430	435
0.3	25	83	144	236	337	371	386	397	403
1.4	11	38	130	203	238	246	250	251	252
0.5	9	34	68	137	249	296	318	336	346
1.0	2	8	17	42	111	161	190	219	238
1.5	1	3	6	17	53	88	114	146	170
2.0		1	3	8	28	51	71	100	126
3.0			1	3	10	20	31	50	75
5.0				1	2	5	9	16	31
垂直目标（$1000 \times F_v$）									
0.1	353	447	474	489	496	497	497	497	498
0.2	223	352	414	461	484	488	489	490	490
0.3	156	274	349	421	466	474	ALL	478	479
0.5	94	178	245	335	416	435	442	445	447
1.0	41	80	117	180	277	318	335	347	352
1.5	22	44	65	105	179	222	245	264	274
2.0	14	17	41	66	120	157	180	204	218
3.0	7	13	20	32	62	86	105	129	148
5.0	2	5	7	12	24	35	45	61	80
最大视角系数（$1000 \times F_{max}$）									
0.1	382	525	584	632	665	674	678	681	682
0.2	229	381	469	555	621	639	647	652	655
0.3	158	286	377	483	575	602	613	622	626
0.5	94	181	255	362	484	526	544	558	565
1.0	41	80	188	185	299	356	385	410	425
1.5	22	44	66	106	187	239	270	302	322
2.0	14	27	41	67	123	165	194	227	252
3.0	7	13	20	33	62	88	109	138	165
5.0	2	5	7	12	24	36	46	63	86

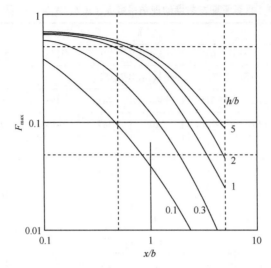

图 A-6　取决于至发射器的无量纲距离的平面最大视角系数

附录 B　以公制单位表示的气体特性列表

以公制单位表示的气体特性见表 B-1。

表 B-1　以公制单位表示的气体特性

气体或蒸气	化学式	相对分子质量	绝热指数	临界条件	
				绝对压力/bar	绝对温度/K
乙炔	C_2H_2	26.05	1.24	62.4	309.4
空气	N_2+O_2	28.97	1.40	37.7	132.8
氨气	NH_3	17.03	1.31	112.8	406.1
氩气	A	39.94	1.66	48.6	151.1
苯	C_6H_6	78.11	1.12	49.2	562.8
正丁烷	C_4H_{10}	58.12	1.09	38.0	425.6
异丁烯	C_4H_8	56.10	1.10	40.0	418.3
二氧化碳	CO_2	44.01	1.30	74.0	304.4
一氧化碳	CO	28.01	1.40	35.2	134.4
氯气	Cl_2	70.91	1.36	77.2	417.2
乙烷	C_2H_6	30.07	1.19	48.8	305.6
氯乙烷	C_2H_5Cl	64.52	1.19	52.7	460.6
乙烯	C_2H_4	28.05	1.24	51.2	283.3
氦气	He	4.00	1.66	2.3	5.0
正庚烷	C_7H_{16}	100.20	1.05	27.4	540.6
正己烷	C_6H_{14}	86.17	1.06	30.3	508.3
氢气	H_2	2.02	1.41	13.0	33.3
硫化氢	H_2S	34.08	1.32	90.0	373.9
甲烷	CH_4	16.04	1.31	46.4	191.1
天然气	—	18.82	1.27	46.5	210.6
氮气	N_2	28.02	1.40	33.9	126.7
戊二烯	C_5H_{10}	70.13	1.08	40.4	474.4
氧气	O_2	32.00	1.40	50.3	154.4
丙烷	C_3H_8	44.09	1.13	42.5	370.0
水汽	H_2O	18.02	1.33	221.2	647.8

附录 C 相关量值的国际单位制换算系数

数字前的 * 表示有准确的换算系数，所有后面的数位都为零（表 C-1）。

表 C-1 国际单位制换算系数

原 单 位	新 单 位	换算系数
Btu（英国热量单位，国际表示）	焦耳（J）	1.0550559×10^3
Btu/（lb·F） （比热容）	焦耳/（千克·开尔文） J/（kg·K）	4.1868000×10^3
Btu/h	瓦特（W）	$2.93077107 \times 10^{-1}$
Btu/s	瓦特（W）	1.0550559×10^3
Btu/（ft²·h·°F） （传热系数）	焦耳/（平方米·秒·开尔文） J/（m²·s·K）	5.6782633
Btu/（ft²·h） （热通量）	焦耳/（平方米·秒） J/（m²·s）	3.1545907×10^{-3}
Btu/（ft·h·°F） （导热系数）	焦耳/（米·秒·开尔文） J/（m·s·K）	1.7307347
°F（华氏度）	开尔文（K）	$t_k = (t_f + 459.67)/1.8$
°R（兰金度）	开尔文（K）	$t_k = t_r/1.8$
fl. oz（液体盎司，美国）	立方米（m³）	$*2.9573530 \times 10^{-1}$
ft	米（m）	$*3.0480000 \times 10^{-1}$
ft（美国勘测）	米（m）	3.0480061×10^{-1}
ftH₂O（英尺水柱，39.2°F）	帕斯卡（Pa）	2.98898×10^3
ft²	平方米（m²）	$*9.2903040 \times 10^{-2}$
ft/s²	米/秒²（m/s²）	$*3.0480000 \times 10^{-1}$
ft²/h	平方米/秒（m/s）	$*2.5806400 \times 10^{-5}$
ft·lbf（英尺·磅力）	焦耳（J）	1.3558179
ft²/s	平方米/秒（m²/s）	$*9.2903040 \times 10^{-2}$
ft³	立方米（m³）	2.8316847×10^{-2}
gal（加仑，美国，液体）	立方米（m³）	3.7854118×10^{-3}
g	千克（kg）	$*1.00000000 \times 10^{-3}$
ft	米（m）	$*2.54000000 \times 10^{-2}$
inHg（英寸汞柱，60°F）	帕斯卡（Pa）	3.37685×10^3

续表

原 单 位	新 单 位	换算系数
inH$_2$O(英寸水柱,60°F)	帕斯卡(Pa)	2.48843×10^2
in^2	平方米(m^2)	*6.4516000×10^{-4}
in^3	立方米(m^3)	*1.6387064×10^{-5}
kcal	焦耳(J)	*4.1868000×10^3
kgf(千克力)	牛顿(N)	*9.8066500
mi(美国法规)	米(m)	*1.6093440×10^3
mi/h	米/秒(m/s)	*4.4704000×10^{-1}
mmHg(毫米汞柱,0℃)	帕斯卡(Pa)	1.3332237×10^2
lbf(磅力)	牛顿(N)	4.4482216
lbf·s/ft^2	帕斯卡·秒(Pa·s)	4.7880258×10
lbm(磅质量,常衡)	千克(kg)	*4.5359237×10^{-1}
lbm/ft^3	千克/立方米(kg/m^3)	1.66018463×10
lbm/ft·s	帕斯卡·秒(Pa·s)	1.4881639
psi	帕斯卡(Pa)	6.8947573×10^3
t(长吨,2240lbm)	千克(kg)	1.0160469×10^3
t(短吨,2000lbm)	千克(kg)	*9.718474×10^2
torr(托,毫米汞柱,0℃)	帕斯卡(Pa)	1.3332237×10^2
W·h	焦耳(J)	*3.6000000×10^3
yard(码)	米(m)	*9.1440000×10^{-1}

索引